Això no estava al meu llibre de botànica

ROSA PORCEL

@bioamara

Això no estava al meu llibre de botànica

Traducció de Jordi Vidal Moral

GUADALMAZÁN

© Rosa Porcel Roldán, 2020
© Traducció de Jordi Vidal Moral, 2025
© Talenbook, s.l., 2020

Primera edició: octubre de 2020
Primera edició en català: maig de 2025

Guadalmazán · Col·lecció Divulgació Científica
Director editorial: Antonio Cuesta
Edició d' Ana Cabello

www.editorialguadalmazan.com
pedidos@almuzaralibros.com - info@almuzaralibros.com

Talenbook, s.l.
C/ Cervantes, 26 • 28014 • Madrid

Imprimeix: black print
ISBN: 978-84-19414-77-9
Dipòsit legal: M-11935-2025
Fet i imprès a Espanya - *Made and printed in Spain*

En memòria de la meva germana,
l'altra flor de la meva primavera

Per a Fran, l'arrel de tot.

Índex

Introducció

LES PLANTES, LES GRANS OBLIDADES

Estimada lectora, estimat lector, aquest llibre tracta sobre plantes. Sí, sobre plantes. Quan vaig estudiar Biologia, eren ben pocs els que optaven per orientar la seva especialitat cap a la botànica; alguns s'encaminaven més cap a la zoologia, però la majoria triava una especialitat que contemplava assignatures més orientades a la recerca en medicina o biologia animal (jo inclosa). La casualitat, juntament amb la generositat d'unes persones que van dipositar la seva confiança en mi, van fer que de sobte em veiés dos anys abans d'acabar la carrera en un centre de recerca del CSIC, l'Estació Experimental del Zaidín, a Granada, dedicat íntegrament a les ciències agràries. Jo, treballant amb plantes! Aquells temps van fer que em piqués el cuc. I aquell cuc va haver de fer-me una bona mossegada, perquè vaig acabar fent la tesi allà i encara hi estic treballant uns quants anys després. Durant aquell primer contacte amb la recerca en microbiologia i en plantes, vaig aprendre a comprendre-les i a valorar-les. Eren unes grans desconegudes.

Un mico gaudint de la seva fruita còmodament,
i sobretot segur, a dalt d'un arbre.

En l'actualitat, pel que fa als estudis de biotecnologia, el panorama és semblant i la majoria opta per la investigació vermella (medicina) o blanca (microbiologia, indústria) respecte als que ho fan per la verda (plantes). En aquest llibre, intentaré exposar-te el paper que han tingut les plantes al llarg de la nostra història, els seus mecanismes per alimentar-se, relacionar-se i defendre's, a més dels seus moments més íntims, i et demostraré que tenen molt d'encant i glamur.

D'antuvi, si estàs llegint aquest llibre, és gràcies a les plantes. No només perquè el paper es fa de cel·lulosa, que és la forma de totes les estructures rígides dels vegetals. La cellulosa és també el principal component del cotó, material del qual probablement estigui feta la roba que portes ara mateix, i els tints que han servit per a donar-li color potser també siguin d'origen vegetal. Però anem més enllà. Tu i jo, en la nostra condició d'animals, som organismes heteròtrofs. Això vol dir que no som capaços de sintetitzar la nostra pròpia matèria orgànica a partir de fonts inorgàniques com podrien ser el CO_2, el sulfat o l'amoni. Tampoc no podem aprofitar l'energia com la llum solar, la qual cosa ens obliga a alimentar-nos de plantes o animals que hagin menjat plantes. Necessitem una planta, o un alga o un microorganisme capaç de fer la fotosíntesi perquè converteixi el CO_2 en sucre i així poder introduir energia a la cadena tròfica. Per això, és molt complicat trobar un ecosistema on no hi hagi plantes, però en canvi sí que podem trobar-lo sense animals, ja que gairebé tots depenen de la fotosíntesi (l'excepció serien els ecosistemes de les fumaroles oceàniques). Una extinció de totes les plantes podria acabar amb la vida sobre la Terra, però una extinció de tots els animals no seria definitiva. Seguramente, s'extingirien les plantes que depenen d'insectes o d'ocells per a pol·linitzar, però altres plantes que no en depenguin ocuparien el seu lloc. Les abelles estan sobrevalorades. Per tant, si estàs viu, és gràcies a les plantes. Sense elles, no podries alimentar-te, encara que la teva dieta fos 100% carnívora, ja que aquests animals que et nodreixen també s'han nodrit de plantes. I si la teva dieta és 100 % carnívora, fes-t'ho mirar abans no et rebentin els ronyons, se't solubilitzin els ossos per un excés d'àcid úric o se't taponin les artèries pel colesterol. Una dieta equilibrada està formada principalment per productes d'origen vegetal, així que, ja ho saps, molta fruita i amanides és bàsic per a la salut.

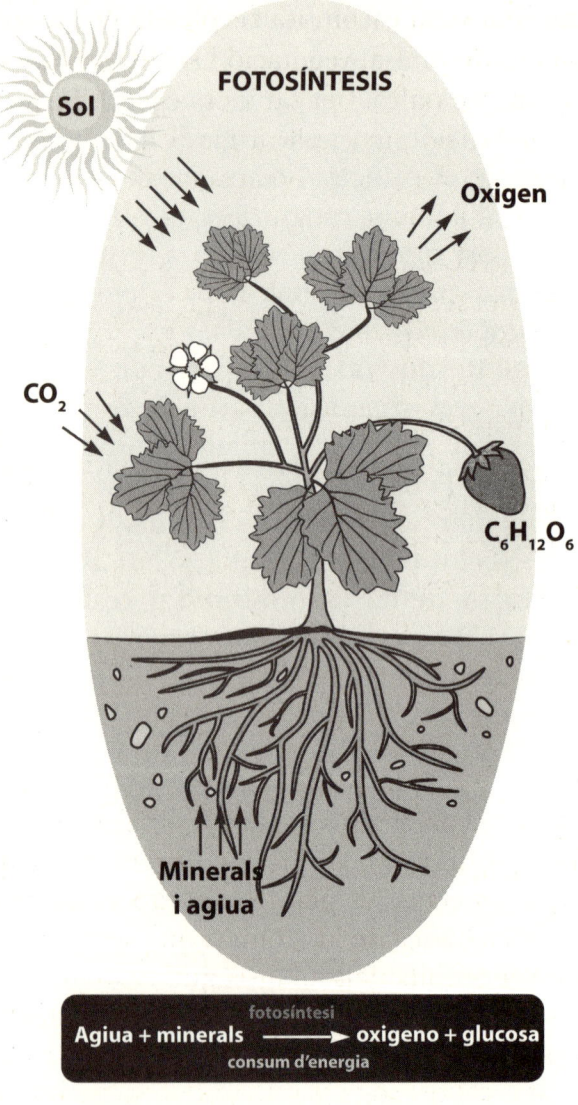

Esquema simplificat del procés de fotosíntesi.

El gran poeta portuguès Fernando Pessoa va parlar en un poema de «Les nostres germanes les plantes, aquelles santes a qui ningú prega». Això va servir d'inspiració a la fotògrafa Ouka Leele per a compondre una obra del mateix títol. Una fotògrafa nostàlgica i trista, però a la vegada profundament evocadora i que transmet una gran pau i emotivitat, o si més no, això és el que sento cada cop que la veig. La fotografia representa una vella escombra recolzada en un arbre entre pedres plenes de molsa, vegetació i soledat. L'escombra està feta de canya i de balca, per tant, és vegetal. L'arbre, la vegetació i la molsa no cal explicar-los, i les pedres serien els únics elements no vegetals de la composició.

Deixant de banda el sentiment religiós que ens pugui suscitar el títol de l'obra, el cert és que les plantes han estat les grans oblidades als llibres de biologia o de ciència en general. La divulgació científica peca de zoocentrisme. Només cal veure la quantitat de documentals sobre el món animal que s'emeten per la televisió, però quants parlen de plantes? I pel que fa als llibres editats, és si fa no fa el mateix. Agafa qualsevol títol que tingui a veure amb la biologia i normalment parlarà d'animals. Tant és que el llibre tracti sobre virus, sobre la percepció de la llum o de l'evolució. Això no deixa de ser una injustícia clamorosa. T'has preguntat mai quants avenços en biologia s'han fet investigant plantes i no pas animals o microorganismes?

La primera cèl·lula va ser descoberta per Hooke, que estudiant el suro va descobrir unes cel·les que va anomenar «cèl·lules». El primer virus va ser descobert per Ivanovski i Beijerinck, que miraven de trobar l'agent que causava una malaltia que afectava les plantes del tabac. La cromatografia, una tècnica bàsica de la química que serveix, entre altres coses, per a fer molts dels anàlisis que et mana el metge, va ser desenvolupada pel botànic rus Mijail Tsvet, que intentava separar una mescla de pigments de plantes. Si vols fer la prova a casa, nomes cal que agafis una tira de cartolina blanca i hi trituris una fulla o una flor en alcohol. Després, deixa caure una gota en un extrem de la cartolina, col·loca-la en verti-

15

cal i veuràs com es va difonent. Els diferents pigments (no pensis que només hi ha clorofil·la) migren a diferents velocitats, la qual cosa produirà una preciosa i ordenada taca multicolor. La primera evidència que els cromosomes s'entrecreuen durant la divisió cel·lular i que al genoma existeixen element mòbils la va obtenir Barbara McClintock estudiant el blat de moro. Això explica fenòmens tan fonamentals com el fet que els germans siguin diferents i no siguin clònics entre ells, o l'evolució dels genomes. I, per descomptat, un monjo agustí, treballant al pati del seu monestir a Brno (actual República Txeca) i fent creus amb pèsols o mongetes, va aconseguir desxifrar les lleis de l'herència, mundialment conegudes com a lleis de Mendel, les quals són bàsiques en genètica.

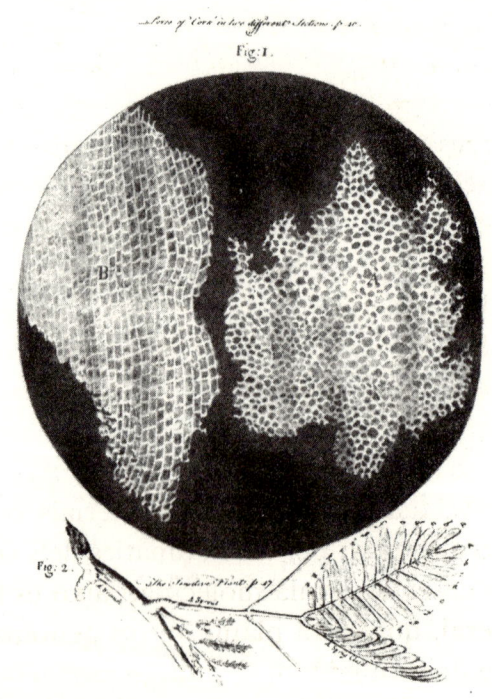

Il·lustració realitzada per Robert Hooke i publicada al seu llibre *Micrographia*, on s'observen cel·les de suro que va anomenar «cèl·lules».

I això no és pas casualitat. Hem descobert més processos bàsics en plantes que en animals, perquè la seva biologia és molt més interessant i complexa que la d'un animal. Quan a una vaca li pica una bestiola, mou la cua; quan té set, busca aigua; i quan té calor, es posa a l'ombra. Davant qualsevol circumstància adversa, la resposta es basa en tenir un sistema nerviós que capta tots els senyals, els processa i envia ordres al sistema muscular esquelètic perquè es mogui i trobi la solució o defugi el problema. En canvi, les plantes són organismes sèssils, és a dir, viuen immòbils (encara que, com ja veurem en aquest llibre, no sempre és així). No es mouen, però això no vol dir que no puguin defensar-se. Porten milions d'anys sobrevivint a dures circumstàncies ambientals i a animalons que se les volen cruspir, la qual cosa indica que tenir músculs o cervell no són avantatges tan grans (desenvolupar-los acostuma a ser excloent). Davant qualsevol situació complicada, les plantes activen una resposta basada en l'activació i repressió de gens per a sintetitzar molècules tòxiques que les protegeixin dels depredadors, antioxidants que les emparin de l'excés de llum solar, molècules solubles que retinguin l'aigua, etc. Per això, la seva biologia és tan fascinant.

Des de fa temps, sabem que les plantes són una font de productes curiosos i força útils, i sabem com treure profit d'aquesta impressionant riquesa química. Les plantes no només ens procuren aliment, sinó que també ens donen teixits que ens vesteixen i medicines que ens guareixen, colorants que serveixen per a tenyir o materials com la fusta, la cel·lulosa o el cautxú per als neumàtics dels cotxes, entre moltes altres coses. A escala molecular, això es tradueix en què, en general, qualsevol planta té un genoma força més gran que el d'un animal i un nombre més elevat de gens.

L'organisme amb el genoma més gran conegut fins ara, com ja hauràs endevinat, és una planta: *Paris japonica*, una espècie ornamental. Per aquesta raó, estudiar com es regulen i com interaccionen aquest gens per generar aquestes molècules és molt complicat i apassionant a la vegada, però gràcies a això podem, entre altres coses, obtenir aliments de forma més eficient. No deixa de ser curiós que en l'actualitat consumim molts més recursos en investigar processos relacionats amb la biologia animal que amb la vegetal, quan la població mundial continua creixent i el que ens cal és augmentar la producció d'aliments.

Paris japonica, la planta amb el genoma més gran que es coneix.

Com et deia, aquest llibre versa sobre plantes, però no és un tractat de botànica. Plegats, farem un recorregut per la història amb l'objectiu de saber com han influït en la nostra cultura, com es nodreixen, com viuen, com es relacionen i quins mecanismes tenen per a defensar-se o adaptar-se a l'entorn. I acabarem amb la reproducció i l'origen d'una nova planta. Veuràs que, darrere de cada brot verd, de cada flor o de cada arrel, s'hi amaga una història increïble. Les formes, colors i textures de les plantes, i especialment de les seves flors, són variades i, en alguns casos, veritablement sorprenents. Gaudeix de les il·lustracions d'aquest llibre i anima't a cercar a internet les imatges de plantes que veuràs en aquest viatge. Estic segura que entendràs millor la meva passió per elles.

Espero que gaudeixis de la lectura i que, quan arribis al final, t'hagi transmès la mateixa fascinació que sento per les plantes després de vint anys d'investigació.

Comencem.

PART I.
LES PLANTES I NOSALTRES

Al principi, hi havia...

«Verd és el color principal del món i a partir del qual sorgeix la seva formosor». Calderón de la Barca (1600–1681), escriptor del Segle d'Or espanyol.

Em dic Rosa i vaig arribar al món el primer dia de la primavera, quan la verdor i els perfums de la natura ens abracen després del dur hivern. El prodigi de la primavera desplegava tot el seu esplendor regalant-nos estampes belles i ganes de viure. Tot tipus de plantes exhibien la seves renovades games de colors i formes com si volguessin indicar-nos la seva existència i recordar-nos que la terra sempre està viva.

Ni molt menys soc l'única. Tinc companyes que es diuen Assutzena, Margarida, Violeta o Azalea, i no manquen els nois, amb noms com ara Narcís o Jacint. Fins i tot, tinc algun amic basc que es diu Aritz, que significa «roure». Tota una declaració de la nostra relació amb l'entorn que ens envolta i al qual sempre parem atenció. És difícil que l'esser humà, quan treu el cap per la finestra i observa el món, no albiri un arbre, una petita herba o una minúscula flor.

Però, quan vam néixer, el regne vegetal ja hi era esperant-nos. Si posem en context la nostra existència amb la de les plantes, el nostre món particular es fa més petit. Si s'estima que l'aparició del gènere *Homo* es va produir fa uns 2,5 milions d'anys, i particularment a l'*Homo Sapiens* se li atribueix una edat de 350.000 anys, és hora de saber que a la Xina s'han trobat microfòssils d'algues verdes de fa 1.000 milions d'anys i que podrien ser l'avantpassat de les primeres plantes terrestres que es trobaren els nostres ancestres.

En aquell incipient món d'éssers vius primitius format per arqueus, bacteris i eucariotes, i prenent d'aquells la seva matèria primera, el regne vegetal es va avançar en la colonit-zació de terra ferma.

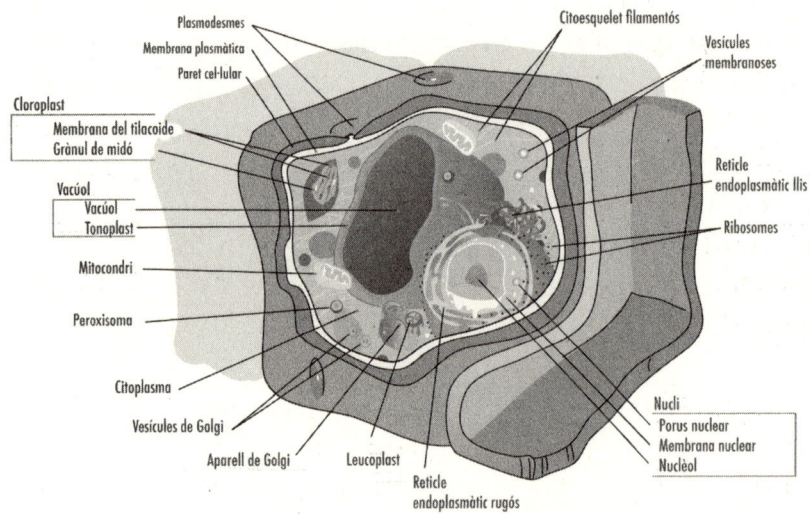

Estructura esquematitzada d'una cèl·lula eucariota vegetal. Autora: Mariana Ruiz Villarreal.

Un organisme eucariota, del grec *eu* («veritable») i *karyon* («nucli»), és aquell el material genètic del qual està aïllat del citoplasma de la cèl·lula dins un nucli amb una membrana veritable. Però per a l'aparició de les plantes calia quelcom més. Molts cops, a la natura, igual que succeeix entre les persones, el que millor funciona és allò que associa entitats diverses i que proporciona benefici mutu. No obstant això, en aquest cas s'hi va afegir un altre esdeveniment: un seguit d'unions que van permetre el naixement d'un organisme cel·lular nou i amb trets extrets de tots els que van participar en la seva original construcció.

En primer lloc, dos procariotes, menys evolucionats, primitius i sense un material genètic confinat, com en el cas dels eucariotes, es fusionen. Aquesta unió es produeix entre un organisme que respira oxigen i un altre d'aquàtic que no en necessita. Aquí sorgeix fa uns 2.000 milions d'anys quelcom transcendental per a qualsevol ésser viu: un organisme complex, capaç de respirar i aquàtic, precursor de les mitocòndries (aquells orgànuls que fabriquen energia a través de la respiració cel·lular). I després, aquest eucariota engola i incorpora (perquè no pot digerir-lo) un cianobacteri, que són bacteris que duen a terme la fotosíntesi aprofitant l'energia de la llum solar. Això va crear, a la vegada, un nou tipus de cèl·lula encara més complexa amb mitocòndries que aprofitaven l'oxigen i cloroplastos, a fi d'«alimentar-se» gràcies al sol. Aquí tenim les cèl·lules que originarien les algues verdes aquàtiques, els ancestres de les cèl·lules vegetals actuals. Lynn Margulis va anomenar això «endosimbiosi seriada» el 1967.

Durant els últims 470 milions d'anys, l'evolució de les plantes ha vist transicions evolutives importants, com ara el salt de les plantes de l'aigua a terra ferma i els orígens dels teixits vasculars, les llavors i les flors. Tanmateix, no ens imaginàvem que la complexitat de l'estratègia reproductiva fos tan antiga. Aquest any 2020 a la revista *Current Biology* s'ha publicat la troballa del fòssil d'una planta de fa 400 milions d'anys, que ja comptava amb un sistema reproductiu complex: produïa espores de diferents mides per a garantir-se la reproducció.

Continuem amb les algues verdes aquàtiques. Com van arribar a ser terrestres?

Les plantes terrestres o embriòfits van aparèixer com a descendents de les algues verdes multicel·lulars. Durant més d'un segle, als llibres de text s'ha dit que van sorgir a partir de les algues verdes des del medi aquàtic, però cada cop tenim més proves que no va ser pas així. És possible que les algues verdes arribessin a terra ferma fa uns 850 milions d'anys i que hi romanguessin uns milions d'anys més abans d'evolucionar a plantes terrestres. El que era una hipòtesi ha adquirit el significat de teoria amb les últimes troballes. Per exemple, a les algues verdes apareix la paret cel·lular, típica d'organismes terrestres (la funció de la qual seria servir de suport quan ja no estan flotant). A més, perden estructures típiques d'organismes aquàtics i, el que és més interessant, comparteixen gens amb les plantes terrestres que s'encarreguen d'aportar-los resistència contra l'excés de llum o la sequera, per motius obvis. Les teories més recents sostenen que l'aparició de les plantes terrestres va venir acompanyada de dues explosions genètiques, que són uns períodes temporals en els quals, per diferents circumstàncies, es produeix una gran diversitat genètica en poc temps. La primera explosió va ocórrer abans de colonitzar la terra i explica l'origen de la multicel·lularitat, mentre que la segona concorda amb l'origen de les plantes terrestres, atenent als gens, que, com hem vist, comparteixen i estan relacionats amb l'adaptació.

Les algues verdes aquàtiques es van anar adaptant a la terra. Podrien haver sobreviscut fora de l'aigua, a la sorra, a prop del seu medi original, simplement amb l'aportació de l'aigua de pluja i el pas del temps, amb una sèrie d'adaptacions per a sobreviure a terra ferma. Per exemple, algunes d'aquestes adaptacions serien una cutícula de material cerós que serviria per a suportar períodes cada cop més llargs de sequera, flavonoides per a protegir-se de la radiació ultraviolada, estomes (uns petits porus que els serveixen per a estar en contacte amb l'aire) o la fotorespiració, un procés metabòlic que els permetrà viure en presència d'altes temperatures i una concentració d'oxigen més elevada.

Per conseqüent, les primeres plantes terrestres van ser les molses, antocerotes i hepàtiques, englobades en els briòfits, que posteriorment es van diversificar per a originar les plantes vasculars, antecessores de totes les que coneixem avui en dia. No tenien veritables fulles, tiges ni arrels, però sí estructures anàlogues que, juntament amb el desenvolupament de les adaptacions que ja hem esmentat abans i l'associació amb altres organismes, com els fongs micorrízics, com veurem més endavant, els van permetre sobreviure en un nou medi amb unes condicions completament diferents i no gaire favorables.

I es van adaptar! I tant que ho van fer!

Marchantia polymorpha coneguda com a herba freixurera.

Lycopodiella cernua, una planta que pot viure
en zones d'altes temperatures.

Allà on arriba l'ésser humà hi ha plantes, i més enllà...
L'Antàrtida ha estat massa seca i freda per a suportar plantes vasculars durant milions d'anys. El fet que hi hagi poca vegetació es deu a la temperatura, la manca de llum solar, la escassa pluja, la mala qualitat del sòl i la manca d'humitat. Encara que et sembli mentida, malgrat que hi ha aigua, les plantes no poden absorbir-la si es troba en forma de gel, així que la flora actual de l'Antàrtida es compon de líquens, molses, algunes hepàtiques i cents d'espècies d'algues terrestres i aquàtiques. Amb temperatures de −57 °C de mitjana, a més de l'altitud i de l'elevada radiació ultraviolada, únicament dues plantes han aconseguit adaptar-se a aquestes dures condicions: el clavell antàrtic (Colobanthus quitensis) i la pastura antàrtica (Deschampsia antarctica). I, si parlem de calor, en zones volcàniques de Nova Zelanda, amb un sol a 72 °C, habita Campylopus pyriformis o Lycopodiella cernua, una planta que pot viure a 68 °C. Si a l'Índia escalem fins als 6.150 metres sobre el nivell del mar, on l'absència d'oxigen és mortal per a l'ésser humà i el fred és intens, veurem, entre d'altres, exemplars de la Draba alshehbazii, Draba altaica, Ladakiella klimessii, Poa attenuata, Saussureea gnaphalodes o Waldheimia tridactylites. On hi ha molta aigua, i salada!, s'estenen els manglars, on viuen desenes d'espècies de mangles, com ara la Rhizopora mangle. I, a l'extrem oposat, adaptats a la manca d'aigua, existeixen els cactus del desert o les plantes de fulles carnoses.

Com veus, les plantes ja hi eren quan vam arribar nosaltres i hem pogut recórrer, juntament amb elles i gràcies a elles, alguns dels esdeveniments de la història, la medicina i la ciència que veurem en aquest llibre. És un bon moment perquè comenci aquesta particular primavera.

Plantació de vainilla, *Vanilla planifolia.*

Els vegetals que van fer història i ens van descobrir el món

«El primer que cal fer per a entendre un nou país és olorar-lo».
Rudyard Kipling (1865–1936), escriptor i poeta britànic.

Ja hem vist que les plantes tenen una importància vital per a l'ésser humà i l'han acompanyat al llarg de la seva història. I, sens dubte, el comerç de les espècies ha estat un dels catalitzadors de les proeses més èpiques, les quals han servit per a omplir molts llibres i han estat un important precursor primitiu de la globalització.

Es coneix des de fa molt de temps la utilització de diferents parts de les plantes, com ara les llavors, l'escorça, la tija, la beina, el capoll, els estams, els estigmes o les fulles d'algunes plantes, aprofitant les parts amb una concentració més gran d'aroma i sabor com a medicament, conservant, assaonador o amaniment de perfums. Els regnes bíblics de Sumèria i Acàdia, a l'antiga Mesopotàmia, pels volts del 3.000 a. de C., ja utilitzaven espècies. Al llibre de l'Èxode, durant l'episodi de la fugida d'Egipte, Déu assenyala Moisès que l'encens que cal utilitzar al tabernacle havia d'estar constituït per mirra i canyella. Quan era una nena em preguntava què era allò de la mirra amb la qual els Reis Mags van obsequiar el nen Jesús... Es tracta d'una substància resinosa que era valorada llavors per les seves propietats aromàtiques i medicinals i que s'obté d'una planta del mateix nom (*Commiphora myrrha*). A l'Egipte dels faraons, a més de la mirra, s'emprava el comí per a les momificacions i els embalsamaments; la civilització xinesa invocava el món dels esperits amb clau, i l'Europa medieval recorria a la nou moscada per a tractar la pesta.

Commiphora myrrha, planta a partir de la
resina de la qual s'obté la mirra.

L'ús de les espècies en l'actualitat s'ha generalitzat arreu del món i també el seu cultiu, però, fins a arribar a aquest punt, les plantes han tingut una trajectòria fascinant. L'Índia n'és el principal productor mundial, acaparant les tres quartes parts del total. Aquesta posició dominant d'avui dia no és pas casualitat. Quan Alexandre Magne es va llançar a la conquesta d'aquest vast territori el 327 a. de C., començava el comerç de les espècies entre Grècia i la potència asiàtica, que incloïen, a més, l'or i la seda.

El safrà va jugar un paper important durant el període clàssic grecoromà, tal com apareix retratat als frescos palatins, quan s'emprava com a cosmètic i medicament. Hipòcrates, el 400 a. de C., enumerava més de 400 medicaments fets amb espècies i herbes. La primera recepta escrita en què es va utilitzar una espècia, vieires amb pebre, va ser obra del grec Dífil de Signos, al segle IV a. de C. S'explica que Alexandre Magne obligava els seus soldats a curar-se les ferides amb safrà, atribuint-li un poder cicatritzant. Fins i tot, el conqueridor exigia menjar arròs acolorit amb aquesta espècia. Amics valencians, us sona d'alguna cosa? Bé, podríem considerar, doncs, Alexandre Magne com un dels vectors d'expansió de les espècies. Però no va ser l'únic. Amb el seu frenètic comerç, els fenicis també les van donar a conèixer a l'Europa mediterrània. Es tractava de les espècies que venien de la zona d'Egipte (com el sèsam, la mostassa i el safrà). I seguim amb els àrabs, que van crear el camí daurat de Samarcanda entre el sud d'Àsia i Turquia, convertint aquest país en un altre dels llocs destacats en el comerç i producció d'aquestes exquisideses. Sabent que tenien tot un tresor a les seves mans, van mirar de envoltar de misteri l'origen dels seus proveïdors, a fi d'evitar la competència. Era el moment del comí, el clau i la canyella.

Durant els primers quatre segles després de Crist, l'Imperi Romà va estendre la cultura de les espècies per Europa, que obtenia intercanviant el seu preuat argent i, després del seu declivi, van ser els propis àrabs els que van controlar i monopolitzar el lucratiu comerç que convertia en aquell moment la nou moscada en una mercaderia més valuosa que l'or.

Els navegants venecians, després de la incursió de Marco Polo a la Xina, van esdevenir intermediaris entre Orient i Europa, situant Venècia com el port comercial més important i el seu mercat d'espècies com el més esplendorós. Els acords amb els àrabs a Constantinoble i Egipte propiciaven valuosos intercanvis. Eren freqüents les rutes marítimes en direcció a la costa meridional d'Àsia entre els segles XI i

XIV. Això va crear l'antecedent dels ambaixadors, com una mena d'agents que, residint al país estranger i coneixent la seva idiosincràsia, afavorien el comerç internacional entre països, i amb aquesta finalitat Alexandria va esdevenir el port d'operacions.

Basar tradicional amb espècies a Tashkent, capital de l'Uzbekistan.

Eren uns temps en què el pebre negre s'emprava com a moneda de canvi i era molt cobejat. Es comptava gra a gra durant els intercanvis. Es valorava molt l'ús d'espècies que permetessin aromatitzar els vins i begudes i, sobretot, donar sabor i matisos a una alimentació poc variada, a base de cereals i carn, sense unes adequades tècniques de conservació com les actuals. El domini del comerç mediterrani del qual gaudien els venecians va arriba a la seva fi pels volts del 1453 amb la caiguda de Constantinoble per l'Imperi Otomà, fet que va dificultar l'ús d'aquesta via marítima, però al mateix temps va suposar el tret de sortida per a les grans proeses que succeirien al llarg dels anys següents.

Els preus eren massa atractius per a renunciar al negoci en tot el seu ple. Es tractava d'un producte que ocupava poc i el preu del qual en origen era molt menor que en la destinació. L'escassesa de la mercaderia i la dificultat per aconseguir-la la feien molt preuada, al mateix temps que augmentava la seva demanda, encara que només estava a l'abast de les classes més pudents. Això va fer que s'exploressin noves vies marítimes per part de les potències del moment. Les rutes comercials que eren eminentment per mar van servir per a millorar l'enginyeria naval i expandir els coneixements geogràfics, a més de propiciar un important trànsit comercial. Això va fer que en aquelles circumstàncies, gràcies a les rutes de les espècies, aquest fos un moment clau en la història de la humanitat. Portuguesos i espanyols pugnaven per a fer valer el seu poder i el coneixement científic que emanava d'unes universitats de prestigi, com és el cas de la Universitat de Salamanca, institució clau per al descobriment d'Amèrica.

Aquí és on apareix Cristòfol Colom i el seu projecte d'arribar a les Índies Occidentals, Cipango (el Japó actual) i a les terres del Gran Khan, navegant cap a l'oest per l'Atlàntic, a la recerca d'una nova ruta de les espècies. La seva arriscada empresa es basava, entre altres coses, en les aventures de Marco Polo. Un cop la idea va ser refusada per Portugal, aquesta va ser acollida i finançada al Regne de Castella per Isabel I i escripturada mitjançant les Capitulacions de Santa Fe el 1492. I aquí es quan comença l'època dels viatges de Colom, que, sense voler-ho, i per un error en els càlculs de la circumferència de la Terra, es va topar amb Amèrica. Època de conqueridors, descobriments, exploracions i intercanvis culturals amb el continent americà que van introduir a Europa el pebre de Jamaica, el xili i la vainilla. Tota una revolució cultural. A tall de curiositat, has de saber que la vainilla i el cacau van ser introduïts a Europa pels espanyols abans que la patata o el tomàquet.

Gairebé de forma paral·lela, Portugal, amb Vasco de Gama, trobava una nova ruta cap a Àsia circumdant Àfrica a través del cap de Bona Esperança, convertint-se en tota una potència pel que fa al comerç de les espècies a l'Índic provinents d'Àsia i Àfrica (Zanzíbar).

Cultiu de pebre, *Piper nigrum.*

Arribats a aquest punt, és quan Carles I d'Espanya recolza el projecte del portuguès Magallanes (també refusat per Portugal) el 1519. Navegant per l'Atlàntic i circumdant el continent americà pel sud, va entrar al Pacífic i va arribar a les illes de les espècies, les illes Moluques, a prop d'Indonèsia. I es va fer sense solcar mars dominats pels portuguesos, tal com s'havia acordat en el Tractat de Tordesillas. Allò va propiciar la primera volta al món en vaixell, completada per Juan Sebastián Elcano el 1522, que va implicar una nova i important ruta comercial que dominava Espanya des de les Filipines, passant per Amèrica fins a Europa, la qual cosa ha deixat una empremta molt reconeixible en la cultura popular. Et sona l'escena de *La verbena de la Paloma* en què es canta allò de «*¿Dónde vas con mantón de Manila?*». Doncs els mantons de Manila arribaven per aquesta ruta comercial. Era tan important que s'obviava que l'origen d'aquestes cobejades peces de vestir era xinès i no filipí, encara que certament el seu nom es deu al fet que sortia del famós port comercial de Manila.

Vers el 1600, els anglesos i els holandesos van crear les seves pròpies companyies de les Índies Orientals amb l'objectiu de trencar el monopoli d'Espanya i Portugal. Aquestes dues noves potències que entraven en escena es van enfrontar en guerres pel domini de l'Índic i d'Indonèsia, per tal de no quedar-se endarrere davant el monopoli dels ibèrics catòlics. Els holandesos, que van ser els guanyadors, van desplaçar els portuguesos i van copar el comerç fins al segle XVIII, quan els preus de les espècies van començar a baixar perquè el seu cultiu s'havia estès arreu del món.

Avui dia, els principals productors són l'Índia, gran dominador, i després trobaríem Turquia, Bangladesh, la Xina, Indonèsia, el Pakistan, Etiòpia, el Nepal, Colòmbia i Sri Lanka. Les espècies no falten a les nostres cuines segons els costums culturals de cada país. A Espanya, el pebre, el pimentó, la regalèssia, la caiena, el safrà, la nou moscada, el clau, la canyella, el comí, l'anís i el sèsam perfumen els nostres plats i postres. N'hi ha al voltant de cinquanta i també n'hi ha de combinades, com ara el curri. Les espècies més cares segons el pes són el safrà, la vainilla i el cardamom. Entre les més consumides, trobem el pebre, el pimentó, el xili, el cardamom, el clau, la càssia, la nou moscada i la canyella.

Comerciants d'espècies de Bagdad a començaments del segle XX.

Perquè et facis una idea, el safrà a Espanya actualment costa entre 2.500 i 5.000 euros el quilo, i calen entre 200.000 i 250.000 flors per elaborar un quilo. S'obté amb molt de compte de tres estigmes secs de la flor que s'extreuen un a un. Quina feinada, oi? La vainilla ve d'una varietat d'orquídia que es pol·linitza a mà aplegant l'estam mascle i l'estigma femella amb una fina estella, tècnica que accelera la producció de la beina fins a uns nou mesos; després, s'asseca durant quatre mesos més. La nou moscada que ens acompanya en un plat tan nostrat com les croquetes prové d'un arbre de gran alçada, uns 25 metres. En realitat, del fruit s'obtenen dues espècies. La nou moscada prové de la pròpia llavor i l'altra del seu embolcall carnós un cop assecat (conegut com a «macís»). Tot i que l'espècia més consumida és el pebre negre, segurament també coneguis el pebre verd o el pebre blanc. Totes aquestes varietats són el fruit de la planta anomenada *Piper nigrum*, encara que el moment de la recol·lecció i tractament posterior és diferent, la qual cosa fa que les seves propietats, aromes i intensitat variïn. En el cas del pebre verd, es tractaria de la baia immadura i fresca, mentre que el vermell és el gra verd que ha madurat a la planta i es torna d'aquest color; el pebre blanc és la baia madura vermella, assecada i pelada; i la negra estaria a mitja maduració i assecada al sol. Se'n consumeixen més de 400.000 tones l'any.

Espanya és el segon productor mundial de safrà després d'Iran. Però, com va arribar a la península Ibèrica? Es pensa que es va introduir en la zona de La Manxa en l'època del califat de Còrdova a través dels musulmans del nord d'Àfrica. I a partir d'aquí el camí fins a arribar a la paella és ben curt... Hi ha qui considera que les herbes aromàtiques, que s'obtenen de la fulla, també són espècies. N'hi ha una trentena. Com que és molt senzill obtenir-les als jardins, no són tan valorades com les espècies de les quals estem parlant en aquest capítol.

A propòsit d'això, potser no sàpigues que quan consumeixes canyella molta a Espanya de fet no és tal, sinó càssia o falsa canyella, *Cinnamomum casia*. La càssia té un origen xinès i s'obté d'una planta que res té a veure amb la de la canyella. Tot i que s'asssembla en el sabor i l'aspecte, no té la delicadesa de la *Cinnamomum verum* (la veritable canyella). La càssia és més picant i té un color més fosc. Conté una quantitat més elevada de cumarina, una molècula vegetal que també es troba en una alta concentració en altres plantes, com ara la fava tonca, el gram d'olor o l'aspèrula flairosa. Malgrat que aquest compost té propietats medicinals interessants que estan en contínua evolució, el seu consum pot ser molt tòxic per al fetge, fins al punt que les agències europees de salut adverteixen del perill de prendre fins i tot baixes quantitats d'aquesta falsa canyella. Per molt agradable que ens resulti l'olor, i em costaria creure que no t'agrada l'olor de la canyella, la cumarina té un sabor amarg. La seva funció és dissuadir els possibles animals amb el seu mal sabor i evitar així que la planta sigui menjada. A més, podria provocar-los una hemorràgia interna en certes condicions.

Extracció d'estigmes del safrà, *Crocus sativa.*

La veritable canyella és la varietat de Ceilan (Sri Lanka), *C. verum,* que s'obté a partir d'un arbre que triga un any a créixer. S'extreuen unes làmines que posteriorment s'assequen. Encara que a l'Àsia n'hi ha en forma de làmines, l'habitual és trobar la canyella enrotllada, en forma de neula o pur, el que coneixem com a «canyella en branca». Al contrari, la càssia té una escorça molt més gruixuda, rugosa i dura, i s'assembla, veient-la a través del seu tall, a les volutes d'una columna jònica. Cerca a internet *càssia* i *Ceilan* i notaràs la diferència clarament si les veus una al costat de l'altra. Jo ja vaig fer els deures quan vaig descobrir això i t'asseguro que, malgrat que la majoria del que s'ofereix al mercat és la càssia, hi ha alguns llocs i algunes marques que venen la de Ceilan. Com que no podem estar segurs de quina és la que venen molta, el que et recomano és que compris Ceilan en branca i que la trituris tu.

Aspecte de la falsa canyella o càssia (esquerra) i la veritable Ceilan (dreta).

Encara que no és pròpiament una espècia, no volia deixar d'esmentar el pal de campetx, avui en perill d'extinció. Es tracta d'un arbre del qual s'extreu un tint vegetal molt cobejat en el passat. Abans del descobriment d'Amèrica, el color negre resultava gairebé impossible de fixar als tèxtils i era un senyal de distinció. Es va descobrir a l'Amèrica Central, i Felip II, al segle XVI, va promocionar aquest color en un moment en què la moda europea estava molt influïda per la cort espanyola. El comerç del campetx va esdevenir un lucratiu negoci per a Espanya que aviat va trobar competidors i l'ambició de pirates anglesos i francesos, la qual cosa va provocar que s'establissin concessions per a la tala d'arbres i fustes a les companyies angleses interessades en explotar el pal de campetx, que ràpidament establiren assentaments il·legals a l'Amèrica Central. Aquesta circumstància va tenir un paper important en la independència dels Estats Units d'Amèrica.

Extracció de càssia a Fort de Kock, Sumatra. Recollint la primera barra. Fotografia de 1927. Font: Tropenmuseum, Amsterdam.]

Com veus, les plantes i alguns dels seus productes han modelat la nostra existència; han provocat guerres, avenços científics, intercanvis culturals i han originat alguns dels episodis que tots estudiem al col·legi. I ara, no oblidis afegir-hi una mica de canyella (Ceilan) al teu arròs amb llet mentre passo a explicar-te una història de bruixes.

Detall de les flors de *Haematoxylum campechianum*, el pal de campetx.]

Entre la màgia i la ciència: la saviesa de les bruixes

«Rates, arrels i esquelets / tot mesclat en un gresol
/ ho poso a fermentar / dues hores ni una més».
«Esclava del mal», Alaska i Dinarama.

Si hi ha un període de la història que veritablement em fascina és, sens dubte, l'Edat Mitjana. Mil anys que s'han vist representats al cinema i la literatura com una època obscura d'ignorància, superstició, barbàrie, creuades, batalles i conquestes, masmorres i castells, malalties i brutícia. I en realitat hi ha molt de cert en tot això, però també va ser l'època del naixement de les primeres universitats europees, com la Universitat de Bolonya, Oxford i Cambridge o la de Salamanca a Espanya. Fou un període en què l'art medieval va ser riquíssim i va estar ple d'influències. Soc de Granada, així que comprendràs que aquest art no m'és indiferent. He crescut entre temples, monestirs, abadies i palaus, com l'Alhambra i el Generalife; he recorregut barris sencers una vegada i una altra, com el barri jueu del Mauror o l'Albaicín, amb les seves muralles, aljubs i miradors; m'he imaginat gaudint dels banys àrabs, com els d'El Bañuelo, contemplant l'herència reflectida en els noms de molts carrers i gaudint de la gastronomia... Fou un moment d'un enorme floriment intel·lectual i grans contribucions vitals per al desenvolupament de la ciència tal com avui la coneixem, malgrat els mètodes i les condicions. Per sort, la impremta de Gutenberg va ser decisiva per a difondre el coneixement generat i propiciar una autèntica revolució cultural.

Els dimonis i les bruixes arriben al dissabte. Gravat de J. Aliamet segons D. Teniers el jove, segle XVIII. Galeria de Wellcome Collection. Extret de: https://wellcomecollection.org/works/mbud3hap CC-BY-4.0

Però l'Edat Mitjana també va ser època de bruixes.

Sempre hi va haver fetilleres que amb els seus sortilegis afirmaven ser capaces de dominar voluntats d'enamorats, llançar maleficis, curar malalties, provocar-les o, fins i tot, predir el futur. Sabien com convèncer i manipular el seu públic, un públic que, perquè no dir-ho, també era molt crèdul. Amb tot, de fet, les bruixes eren hereteres de les curanderes de l'Antiguitat, d'aquelles dones sàvies que coneixien els poders curatius i les propietats psicotròpiques d'aquelles herbes. L'Església cristiana temia aquest poder i al Segon Concili de Braga, l'any 572, va prohibir «recollir herbes medicinals i fer ús de les supersticions i encanteris». Així que, a partir d'aquell moment, aquelles pràctiques van passar a considerar-se actes herètics de bruixeria i, com a tals, van ser ferament perseguides. Uns anys després, al Concili de Toledo de 633, es van prohibir les consultes als mags. Les dones sàvies, dipositàries del coneixement de les plantes màgiques, es van convertir en la font de tots els mals. Tot i així, l'Església no va aconseguir que desapareguessin. Seguia havent-hi curanderes, fetilleres i parteres que feien les seves pocions i encanteris, ja que eren les dones a les quals acudia la gent del poble quan estaven malats o els sobrevenia qualsevol desgràcia. Eren temudes, és veritat, però també es necessitava el seu ajut.

El fet que les bruixes estiguessin convençudes de l'efectivitat dels seus embruixos amb l'ajuda del seus ungüents i pocions els proporcionava un poder extraordinari. La icònica escombra de les bruixes té una història darrere. Vols conèixer-la?

Al llibre Plantas de los dioses, Richard Evans Schultes i Albert Hoffmann relaten que l'any 1324, davant la sospita de bruixeria, es va dur a terme una investigació. Es va informar que «en revisar l'armari de la dama es va trobar un tub d'ungüent amb què engreixava un bastó; sobre el qual cavalcava al trot i al galop contra vent i marea i com li plagués». Més tard, al segle XV, un document similar deia:

Però la plebs creu, i les bruixes confessen, que en certs dies i nits unten un pal i el munten per arribar a un lloc determinat, o bé s'unten elles mateixes sota els braços o en altres parts velloses, i a voltes porten amulets entre els cabells.

Efectivament, als rituals de sàbat o aquelarres, com es coneixen més popularment, les bruixes cavalcaven damunt les seves escombres «engreixades», però probablement el que no deien és que ho feien nues i abans s'havien untat la pell, inclosos els genitals i l'anus, amb aquells ungüents. Amb el fregament més o menys vigorós del pal, els arribaven les substàncies actives d'aquelles plantes i, donat que la mucosa que revesteix la vulva i l'interior de la vagina és molt permeable a moltes substàncies, els alcaloides dels ungüents emprats ràpidament passaven al torrent sanguini, i no em vull ni imaginar la festa. No només estaven convençudes que volaven, sinó que havien copulat amb Lucífer en persona; a més de convèncer el poble inculte, la mateixa Santa Teresa de Jesús, Baltasar Gracián, oïdors de la Inquisició, clergues, altes jerarquies de l'Església i fins i tot el papa també ho creien. Els testimonis oculars afirmaven que aquestes dones deliraven durant les seves orgies, tenien al·lucinacions i la seva pell s'enrogia.

Les bruixes i fetilleres sortien al bosc a recollir els ingredients de les seves pocions quan el sol es ponia, quan gairebé ja no hi havia llum i la nit anava caient. Està clar que el motiu principal era la seva pròpia seguretat. La situació no convidava a arriscar-se que els seus propis veïns les veiessin recollint plantes verinoses, donat que les culparien de bruixeria i serien condemnades a la foguera. Però l'altre motiu és encara més interessant. Fruit del coneixement heretat durant segles, elles sabien perfectament que les plantes que empraven acumulen una major quantitat de principis actius durant les hores de sol, els quals augmenten al llarg del dia i assoleixen el màxim al fer-se vespre, que era el moment idoni per a recollir-les.

Si en una recepta típica d'un conte o en una pel·lícula has sentit algun cop una bruixa llançant ingredients en un gran calder a la vora del foc, del qual sortien pompes i flamarades, mentre deia «llengua de serp, orella de llebre, cua de cavall o ungla de gat», no t'ho creguis pas, que no havien anat de caça. Són noms comuns de plantes: *Ophyioglossum vulgatun, Cynoglossum officinale, Equisetum ramosissimum i Uncaria tomentosa.* Però sí que és cert que alguns animalons, similars a gripaus i granotes, queien al calder. Abans que res perquè la seva pell contenia bufonina o batracotoxina, que són potents alcaloides. El que no podia pas faltar, com l'arròs a la paella, era l'extracte de jusquiam, la belladona, la mandràgora i, en tot cas, per a donar-li sabor, l'estramoni, la cicuta o el cànnabis.

Els components principals del jusquiam, la belladona, la mandràgora i l'estramoni tenen uns efectes semblants, degut al fet que són uns gèneres de plantes pertanyents a la mateixa família: les solanàcies. Sí, com la patata, el tomàquet o l'albergínia, per bé que milers d'anys d'agricultura i selecció han aconseguit que avui dia aquest cultius ja no siguin tòxics. Aquestes espècies són silvestres i, com a tals, contenen una concentració relativament alta d'alcaloides, concretament atropina, hiosciamina i escopolamina (oi que et sona la burundanga? Doncs és el mateix, i quantitats de més de 100 mg poden matar un adult). Són extremadament tòxiques i qui les utilitza no recorda res del que ha viscut durant la fase d'intoxicació, perden el sentit de la realitat i dormen profundament... en el millor dels casos.

És el moment de sortir del bosc i recollir algunes plantes.

El jusquiam, *Hyoscyamus niger,* es coneix des de l'Antiguitat. El nom del seu gènere, *Hyoscyamus,* prové del grec *hyos* («porc») i *kyamos* («fava»), o sigui «fava de porc». Possiblement sigui una al·lusió a un episodi de l'*Odissea* en el qual Circe, una fetillera, transforma els companys d'Ulisses en porcs, fent-los beure una poció a base de jusquiam. Aquest gènere pertany a una família una mica complexa que es classifica en seccions i subseccions, però bàsicament, i encara que tots produeixen principis actius molt tòxics a tota la planta, hi destaca el jusquiam negre (*H. niger*) ¾que seria l'espècie representativa i la més tòxica, tot i que també menys abundant¾ i el jusquiam blanc (*H. albus*). Si t'explico quin aspecte té, no és perquè destaqui per la seva bellesa, sinó perquè la reconeguis i evitis mals majors. És una planta de tipus herbàcia, de mig metre d'alçària, que viu a la vora de camins i rases. Fa molt mala olor. La seva tija és cilíndrica i vellosa, amb flors de color groc pàl·lid, i el seu fruit té forma de càpsula que allibera llavors amb una superfície alveolada, com si estiguessin cobertes d'una malla o gandalla. Tant el jusquiam negre com el blanc es troben a Espanya.

Flors del jusquiam negre, *Hyoscyamus niger.*

Al *Papir Ebers,* descobert per l'egiptòleg alemany Georg Ebers, que data aproximadament del 1500 a. de C., es descriu el seu ús «ungint el sexe de les futures mares quan arribava el moment de donar a llum». Segles més tard, les bruixes medievals l'emprarien per a untar les seves escombres, donat que possiblement els seus principis actius fossin els responsables de fer creure a les bruixes que podien volar a causa de la sensació de lleugeresa i ingravidesa que produeix.

Des de temps molt remots, s'ha utilitzat, com veiem, per a mitigar el dolor, especialment en el cas dels sentenciats a tortura i mort. A més, tenia l'avantatge que induïa un estat de completa inconsciència, així que la mort resultava menys cruel. Dioscòrides va ser un metge, farmacòleg i botànic grec nascut l'any 40. La seva gran obra, anomenada *De Materia Medica,* de cinc volums, en què descriu més de 600 plantes medicinals, minerals i substàncies d'origen animal, fou el principal manual de farmacopea utilitzat durant tota l'Edat Mitjana i el Renaixement. Al seu tractat ja va advertir que el jusquiam es podia emprar per combatre el dolor i l'insomni, però que calia anar-hi amb molt de compte perquè podia ser mortal. Uns segles més tard, Cels (filòsof grec del segle II), en lloc d'utilitzar-lo per via oral, que es molt més tòxic, en feia un col·liri que injectava a les oïdes per a tractar una dolència com l'otorrea purulenta (una otitis tan greu que et surt pus). No sé si és la descripció més encertada, però possiblement sigui la primera de la qual tenim evidència. Es tracta de la del metge persa del segle X, Avicena, que va dir:

Els que ho mengen perden el sentit, creuen que els assoten tot el cos, tartamudegen, bramen com ases i renillen com cavalls. Els que han experimentat una intoxicació amb jusquiam senten una pressió al cap, la sensació que algú els està tancant les parpelles per força; la vista es torna poc clara, la forma dels objectes es distorsiona i es presenten les al·lucinacions visuals més estranyes. Sovint, la intoxicació va acompanyada d'al·lucinacions gustatives i olfactives. La son, interrompuda per al·lucinacions, posa fi a l'embriaguesa.

Entre això i llepar gripaus, tinc la impressió que no hi deu haver molta diferència. La belladona, *Atropa belladonna*, és un altre clàssic de la farmacopea de les herbes de les bruixes. És, sobretot, nadiua d'Europa, però s'ha naturalitzat a l'Amèrica del Nord. Cal aprendre a identificar-la, ja que, tal com succeeix amb el jusquiam, és una altra solanàcia, els alcaloides de la qual són altament tòxics. Es tracta d'un arbust que trobaràs abans en zones ombrívoles que solelloses. Mesura metre i mig i té fulles ovalades i flors acampanades verd-púrpura que no fan una olor especialment bona ni destaquen per la seva bellesa. Tal vegada el més característic siguin les flors, que són fàcils de reconèixer, i els fruits, que semblen olives negres quan estan madurs. Els ocells són immunes a aquests alcaloides i, quan es mengen les baies, s'encarreguen de dispersar les llavors a través dels seus excrements. De fet, els seus sucs gàstrics contribueixen a la seva germinació. Tanmateix, el sabor dolç dels fruits pot convertir aquesta planta en una veritable assassina per a altres animals, inclosos nosaltres. Prendre quatre o vuit baies pot significar la mort d'una persona adulta.

Segons moltes tradicions europees, la belladona segueix sent objecte de creences i llegendes. A l'antic Egipte, va ser emprada com a narcòtic; a les orgies dionisíaques gregues com a afrodisíac; a les ofrenes gregues a Atenea, deessa de la guerra, era emprada per a provocar el fulgor en la mirada dels soldats; a la mitologia romana, per a honorar Bel·lona, deessa de la guerra. Però a l'Edat Mitjana, i amb la seva aplicació formant part de pocions i ungüents, el seu ús i difusió va esdevenir un secret.

El seu nom genèric, *Atropa*, ve d'Àtropos, una de les tres moires de la mitologia grega que simbolitzaven el destí. Cloto, que significa «filadora», la més jove, filava els fils de la vida amb una filosa i un fus i decidia quan naixia una persona. Làquesis, que significa «la que tira a sorts», mesurava amb la seva vara la longitud del fil de la vida i, per tant, determinava quant de temps vivia una persona; i, finalment, Àtropos, que significa «inevitable», escollia el mecanisme de la mort i acabava amb la vida de cada mortal tallant el fil amb les seves «avorribles tisores».

Durant l'Edat Moderna, l'Europa rica i culta considerava un tret de bellesa el fet de tenir les pupil·les dilatades. *Belladonna* significa en italià «dona bella», ja que una dosi adequada d'aquesta planta aconseguia enrogir les galtes de les dames italianes d'alt llinatge i dilatar les seves pupil·les, trets que semblaven embellir-les i que tinguessin una mirada més captivadora.

I quins són els seus efectes?

Fruit de la belladona, *Atropa belladonna*.

Pel que fa als usos farmacèutics, el seu extracte en petites dosis provoca la contracció de la musculatura llisa, d'aquí que tingui l'efecte de dilatar les pupil·les. També s'empra per tractar malalties que tenen el seu origen en la musculatura llisa, de contracció involuntària o reflexa, encara que sempre sota estricte control mèdic. En dosis mitjanes, via oral, pot generar al·lucinacions, igual que el jusquiam, la mandràgora o l'estramoni, raó per la qual era emprada en bruixeria. En dosis més elevades, els seus efectes poden generar la mort gairebé instantània. Insisteixo, gairebé instantània.

La mandràgora, *Mandragora officinarum,* és una planta perenne no massa alta, mesura com a molt 30 cm. Tanmateix, l'arrel pot arribar a superar el metre de longitud i, amb imaginació (no dic quanta), pot assemblar-se a una figura humana. Els fruits que produeix són similars als d'altres cosines properes, en forma de baies vermelles semblants a petits tomàquets. Té tanta mala bava que només tocant-la resulta tòxica, de manera que cal evitar manipular fulls, fruits i sobretot arrels, perquè pot provocar marejos, dificultat respiratòria i bradicàrdia (ritme cardíac per sota del normal). La trobarem al sud i centre d'Europa, a àrees mediterrànies i al Camp de Gibraltar.

Aquesta planta es va fer famosa en l'àmbit de la màgia i la bruixeria a causa dels seus poderosos efectes narcòtics i per la forma tan estranya que té la seva arrel. Tot i que d'entrada no ho sembli, té tantes ramificacions i és tan retorçada que, ocasionalment, es pot arribar a semblar a un cos humà, fet que va ser descrit per Pitàgores al segle I a. de C. Des de l'Antiguitat, la mandràgora ha estat objecte de nombroses llegendes, supersticions i rituals per les seves propietats màgiques, figurant a tots els receptaris de pocions calmants i afrodisíaques de l'època. Els mags de l'Edat Mitjana tallaven una figura humana pressionant l'arrel a certa altura, a fi de donar-li forma de coll i tallant totes les bifurcacions fins a deixar-ne quatre, que serien les extremitats. Cercaven una forma humana i l'adoraven com si es tractés d'un déu.

Hi ha moltes creences entorn a la seva collita: que, malgrat ser una planta «viva», pot ser domada si és esquitxada d'orina i sang menstrual, o fins i tot, que un gos pot encarregar-se de collir-la. Sovint a les il·lustracions veiem un gos a prop de les mandràgores. Pura superstició. Un relat de l'època romana ens adverteix el següent:

L'home ha de abstenir-se d'extreure-la per si mateix, car la seva vida perillaria. Per això, cal lligar un gos negre a la part superior de la planta i aquissar-lo fins que la planta sorgeixi de la terra i s'alzini. En aquest precís moment, la planta de figura humana proferirà un esgarrifós xiscle i el gos caurà mort a l'acte. Per a sobreviure, el cercador de mandràgora haurà de prendre la precaució de tapar-se bé les oïdes amb cera.

I així, com un homenet que crida, la representa J. K. Rowling a les novel·les de Harry Potter.

Flors de la mandràgora, *Mandragora officinarum.*

Fructus mandragore. opío·frī. inj. fic.i ꝫ. Electɋ magni odorifer. unuaii. odorado ꝯtra fedi. calam·ꝛ uigilias· emplando electinie·ꝛ ifeciōiḃꝛ nigris cutis. neciiii. electar fenfus·Re noci. cū fructu etere· Quid enat nō e comeftibileꝯuenit. ca.iuieiḃꝛ eftate·ꝛ midianis.

La mandràgora al *Tacuinum Sanitatis,* un manual
medieval de salut de finals del segle XIV.]

56

A principis de l'Edat Mitjana, quan van tenir lloc les creuades, va sorgir una llegenda alemanya. Afirmava que el semen vessat en ocasions pels penjats fecundava la terra on queia a causa d'una ejaculació *post mortem*, i allà naixia la mandràgora amb forma d'homenet o de doneta. Era un amulet contra la bruixeria i procurava molts diners al propietari, però també dissort per a la resta d'habitants de la casa. També circulen llegendes entorn a Joana d'Arc. Es diu que sempre portava mandràgora sota l'escut i que gràcies a ella va poder suportar millor el dolor quan va ser cremada viva a la foguera. També s'afirma que la portava al seu pit perquè esperava que li donés una pròspera fortuna, riquesa i altres béns. Sembla que, quan la van jutjar argumentant que les veus que deia que escoltava pertanyien a Satanàs, en realitat, no eren més que deliris produïts per sobredosi de mandràgora, encara que el més probable és que patís d'esquizofrènia.

Atès que l'arrel de mandràgora, a l'igual que les altres solanàcies que ja hem vist, contenen alcaloides molt tòxics, com ara l'atropina, la hiosciamina i l'escopolamina, principalment, així com quantitats menors d'escopina i cuscohigrina. Per conseqüent, el seu consum efectivament té efectes al·lucinògens i narcòtics. En dosis baixes ha estat utilitzada en la medicina antiga per a induir un estat d'oblit, com a anestèsic, per a tractar la melancolia, les convulsions, etc. Els indis americans empraven l'arrel com a fort laxant, per a tractar cucs i paràsits i induir el vòmit; l'aplicaven tòpicament per les seves propietats antisèptiques i calmants del dolor. No obstant això, en dosis elevades, provoca estats de deliri i bogeria i fins i tot la mort.

Està clar que perquè avui en dia coneguem els efectes fisiològics i usos medicinals d'alguns compostos derivats de plantes, han hagut de passar segles i morts. Les llegendes i supersticions al voltant de la mandràgora avui tenen explicació. A finals del segle XVI, els botànics van començar a dubtar d'algunes de les llegendes associades a la planta. Ja el 1526, l'anglès William Turner havia negat que totes les arrels de la mandràgora tinguessin forma humana i va protestar contra les creences relacionades amb el seu antropomorfisme. Un altre botànic anglès, John Gerard, va escriure sobre la mandràgora el 1597: «Tots aquests somnis i contes de velles han de desaparèixer dels vostres llibres i de la vostra memòria sabent que tots són falsos i d'allò més fal·laciosos, car tant jo com els meus servents n'hem desenterrat, plantat i replantat moltes». Tanmateix, les supersticions que envoltaven a la mandràgora van perviure al folklore europeu fins ben entrat el segle xix.

Durant mil·lenis, mags, bruixes i fetilleres han realitzat pocions, tintures, olis i ungüents emprant substàncies d'origen vegetal. Encara que l'ús d'aquestes plantes ha estat causa freqüent de mort en el decurs dels rituals curatius del segle xiv, avui dia, els efectes poden ser explicats per la ciència i, actualment, molts d'aquests principis actius en la dosi adequada tenen una finalitat terapèutica, donat que les seves propietats han demostrat tenir un efecte positiu per a la salut... sense matar-nos.

Protagonistes secretes de la pàgina de successos

«La diferència entre un verí, una medicina i un narcòtic és només la dosi». Albert Hofmann (1906–2008), químic suís.

L'assassinat és tan antic com la pròpia humanitat. Des de sempre, hi ha hagut algú interessat en matar. Poder, herències, títols, fama, gelosia o eliminar una barrera que obstaculitza amors prohibits... eren les motivacions per a posar fi a una vida que resultava incòmoda. A més, si el mitjà era un verí, fins al segle XIX resultava impossible detectar-lo, amb la qual cosa era un delit que quedava impune. Es deia llavors que el verí era un arma de covards, encara que per a l'assassí suposava una mort neta, relativament ràpida, aparentment natural i que no deixava cap rastre: el crim perfecte.

La informació que tenim avui en dia s'ha anat assentant des de l'Antiguitat a través de papirs, notes i literatura religiosa, mèdica, botànica i universal.

Davant la necessitat d'alimentar-se, l'ésser humà es va veure obligat a consumir els productes que estaven al seu abast. No sabia si podria suposar un risc, així que, si després d'ingerir-lo seguia viu, era la prova irrefutable que era un producte comestible. En altres ocasions, no hi havia tanta sort i l'home coneixia els enverinaments pels seus efectes mortals. Sorgeix d'aquesta manera la primera aplicació dels verins com a armes de caça, la qual cosa dona origen al nom de toxicologia («fletxa enverinada»). Etimològicament, la paraula deriva del llatí toxicum, «verí», i aquesta, del grec toxik, «verí de fletxes», «verí», i –logi (ā), «estudi». S'han trobat puntes de llances i fletxes del Paleolític utilitzades per a la caça impregnades de substàncies tòxiques d'origen animal i vegetal.

Entre aquest verins era freqüent l'ús d'alcaloides, alguns dels quals eren molt tòxics, com l'aconitina, la coniïna, l'estricnina, la nicotina i la morfina, entre d'altres. Algunes tribus aborígens de l'Amazones, com els jívaros o els yanomamis, empraven una planta, Strychnos toxifera, entre d'altres, per a obtenir el curare, una pasta amb la qual untaven les seves fletxes o dards que utilitzaven per caçar... o matar.

La mort de Chatterton (1856) de Henry Wallis. Una obra prerafaelita que recull el suïcidi del jove poeta per una possible dosi d'arsènic o làudan. Versió del museu de Birmingham.]

Juan de la Cosa, cartògraf de Colom i autor del mapa més antic conservat on hi apareix el Nou Món, va morir el 1510 travessat per fletxes enverinades amb curare a la selva colombiana. El descobriment d'Amèrica va ampliar extraordinàriament el catàleg de plantes verinoses. També era molt comú utilitzar altres plantes, com el teix i l'el·lèbor (*Helleborus* sp.), que combina les propietats de tetanització (i provoca violentes contraccions musculars) al múscul estriat amb bradicàrdia (descens de la freqüència de contracció cardíaca per sota de 60 pulsacions per minut) i d'hipotensió cardiovascular. De fet, la paraula *helleborus* ve del grec *heleîn*, que significa «ferir», i *borá*, que significa «aliment», indicant que danya si és ingerida.

Des de l'Edat del Bronze ja es coneixien els efectes del cascall, del qual s'obté l'opi i, al llarg de la història, trobem referències a verins d'origen vegetal en alguns papirs famosos, com el *Papir Ebers* (1500 a. de C.), on es descriu l'opi, l'acònit, la hioscina (o escapolamina), l'el·lèbor, la coniïna i el cànem indi, a més de metalls tòxics com el plom o el coure.

A l'antiga Grècia, els verins es coneixien amb detall, però era l'Estat qui els controlava i els emprava com a armes d'execució o per al suïcidi, sempre que el suïcida exposés i argumentés les raons per abandonar aquesta vida. Aquest fet és narrat amb tota la seva cruesa per Plató a la seva obra *Fedó*.

«Amic, tu que tens experiència d'aquestes coses, em diràs el que haig de fer». I l'home va contestar: «No has de fer res més que passejar-te, moure les cames; aleshores t'ajeus al llit i el verí produirà el seu efecte». Havent dit això, va lliurar-li la copa a Sòcrates, qui la va prendre amb gest amable i, sense immutar-se, va mirar l'escarceller i li va dir: «Creus tu que puc fer una libació a un déu amb el verí?». L'home va respondre: «Preparem, Sòcrates, només la quantitat que jutgem necessària». «Comprenc —va replicar Sòcrates—; nogensmenys, abans de beure-ho, vull i haig de pregar als déus que em proteg eixin durant el meu viatge cap a l'altre món». I prenent la copa, sense vacil·lar, va beure el verí. Fins llavors, els deixebles que envoltaven Sòcrates havien pogut

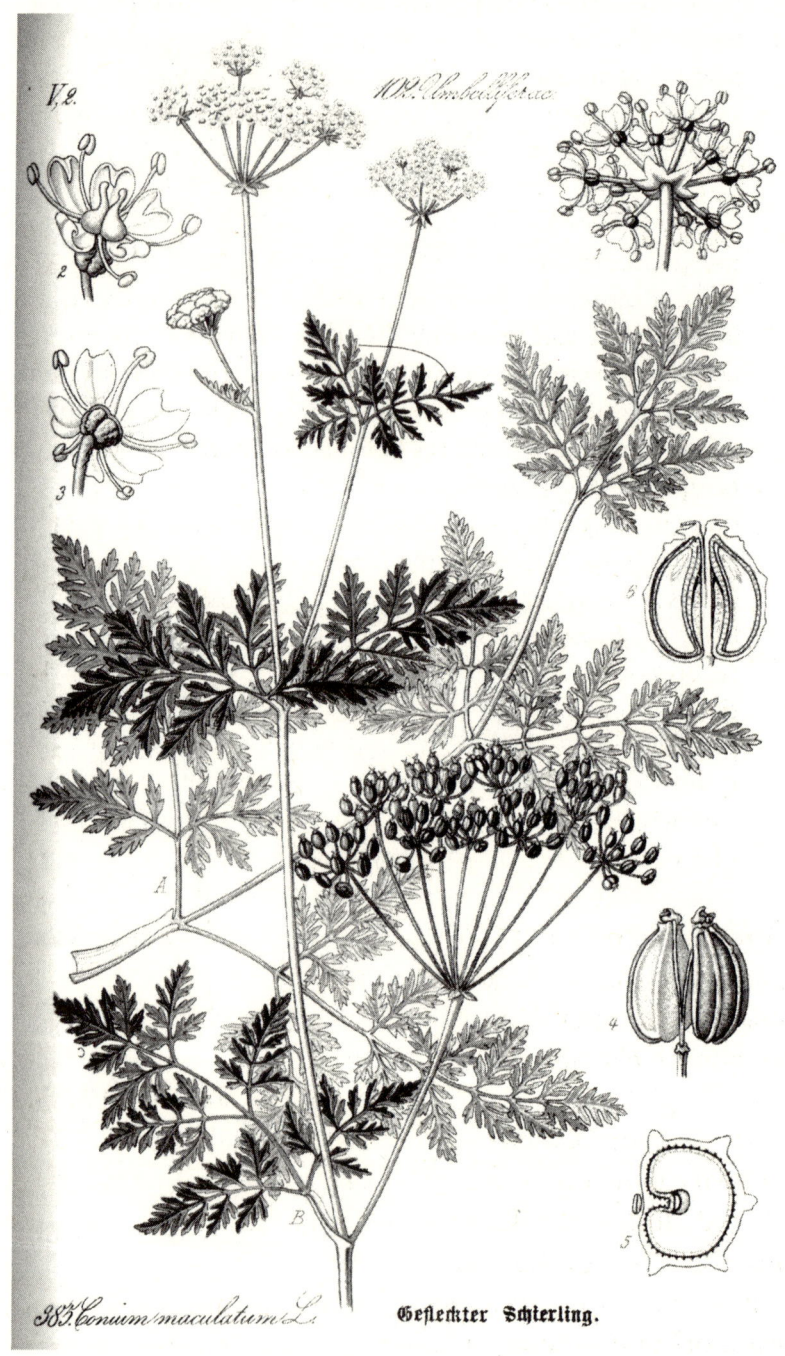

102. Umbelliferae.

383. Conium maculatum L. Gefleckter Schierling.

Cicuta, *Conium maculatum.*

contenir-se sense manifestar el seu dolor, però quan el mestre es va empassar el darrer glop de verí, van començar a plorar i gemegar. I fins i tot un d'ells, anomenat Apol·lodor, va prorrompre en plors alhora que se li escapava un tremend xiscle. Només Sòcrates es mantenia en calma. «Què estranys sorolls feu! —els va dir—; he manat que les dones se'n vagin perquè no ens molestin amb els seus plors, perquè jo crec que un home ha de morir en pau. Estigueu tranquils i tingueu paciència!». Sentint això, els deixebles es van avergonyir i van reprimir les seves llàgrimes. Sòcrates va continuar passejant-se fins que les seves cames no van poder sostenir-lo. Llavors, es va ajeure sobre el llit. L'escarceller li va tocar els peus i li va preguntar si ho notava, i ell va contestar que no. Després, li va palpar les cames i més a dalt, cosa que ens va revelar que ja tot ell estava fred i rígid. Sòcrates es va palpar també i va dir: «Quan el verí arribi al cor, serà la fi». Aviat va començar a tenir els malucs freds, i descobrint-se el cap, que ja s'havia tapat, va dir: «Critó, ara me'n recordo que li dec un gall a Asclepi». «Es pagarà, no ho dubtis —li va respondre Critó—; vols res més?». Però Sòcrates ja no va respondre a aquella pregunta. Al cap d'un o dos minuts va semblar moure's i els que envoltaven el seu llit el van descotxar. Tenia els ulls fixos, i Critó li va tancar la boca i les parpelles.

Era l'any 399 a.de C., i Sòcrates s'havia pres el «verí de l'Estat», la copa de cicuta, després de ser jutjat, declarat culpable i condemnat a mort per menysprear els déus atenencs i corrompre els joves, actes que van fer que s'allunyessin dels principis de la democràcia. A l'Atenes posterior a Pèricles, l'ús de verí com a mètode d'execució era quelcom habitual. Va morir als 70 anys i va acceptar serenament aquest final.

Des d'aleshores, els mètodes d'ajusticiament han vist forques, fogueres, guillotines, cadires elèctriques o injeccions letals, tot això aparentment més sinistre que la suposada idíl·lica mort que va tenir Sòcrates. Amb tot, els símptomes de l'enverinament per cicuta no quadren amb el que entenem com a mort plàcida. Plató no era un bon CSI...

Vegem per què.

La cicuta és una planta herbàcia bianual de la família de les apiàcies, *Conium maculatum*. És originaria d'Europa i el nord d'Àfrica, i acostuma a créixer en zones humides, com les ribes dels rius, però també a les vores dels camins i zones sense cultivar, fins al punt que se la considera una espècie invasora en dotze estats d'EUA.

Conium maculatum pot arribar fins als dos metres d'altura. Té una tija llarga i pelada amb taques púrpures. Les flors, blanques i petitones, es troben recollides en agrupacions en forma d'ombrel·la i els seus fruits són petits i ovalats de color verd clar. Les llavors són negres i, si veus les seves fulles, potser et recordi a una herba molt culinària. De fet, un parent pròxim, la cicuta menor, és coneguda com a «tora pudent» o, molt explícitament, com a «cicuta borda». Hi ha hagut casos d'emmetzinament de persones per ingestió accidental d'aquesta planta per confondre-la amb el julivert amb el qual assaonem els nostres plats.

La mort de Sòcrates de Jacques Louis David, 1787.

La varietat que creix a les ribes de rierols o estanys, la cicuta aquàtica (*Cicuta virosa*), és més verinosa que les varietats de secà i té un port menor: mesura entre seixanta centímetres i un metre d'alçada. Totes les varietats tenen una olor molt desagradable quan es trenquen o refreguen i contenen alcaloides tòxics. Aquests alcaloides es troben a tota la planta, encara que lògicament les seves proporcions són variables depenent de l'etapa de maduració i les condicions climàtiques: sempre són més abundants als fruits verds i més als fruits que a les flors. L'alcaloide responsable de la toxicitat de la cicuta major es la coniïna, també anomenada «cicutina». És un verí violent per a qualsevol classe de bestiar i n'hi ha prou amb uns pocs grams per a causar la mort a un humà.

Dèiem que els símptomes d'enverinament per cicuta no quadraven amb la plàcida mort de Sòcrates. Lluny de la paràlisi ascendent que va patir, la cicuta comença a mostrar símptomes d'intoxicació molt ràpids que condueixen a una mort desagradable, ja que no es perd la consciència en cap moment: fort mal de cap, nàusea, diarrea, vòmits, dolor abdominal, set, dificultat per a empassar i parlar, vòmits violents i paràlisi dels membres inferiors que va ascendint (això sí que coincideix amb la descripció de Plató, però gairebé és l'únic). Tot seguit, es produeix la dilatació de les pupil·les, la pèrdua de coordinació, el refredament de les extremitats i la ranera (so similar a les gàrgares que procedeix de la part de darrere de la gola i és propi de la persona moribunda). Arribats a aquest punt, l'intoxicat no pot parlar degut a una paràlisi de la faringe i de la llengua, encara que segueix estant conscient, i finalment, els músculs respiratoris es paralitzen i mor per insuficiència respiratòria.

Malgrat la terrible agonia que provoca la mort per enverinament amb cicuta, en l'època dels grecs es considerava una «mort dolça», un privilegi car al qual no tots els reus podien aspirar. Em pregunto com serien les altres morts. A Sòcrates no li van donar fruits ni fulles (amb 6-8 mg n'hi hauria hagut prou), sinó l'alcaloide pur. Una dosi letal de 0,2 g. Com que és poc soluble en aigua, però molt soluble en alcohol, potser que l'hi administressin dissolta en vi, i fins i tot que estigués barrejada amb altres narcòtics, com l'opi, la qual cosa suavitzaria els efectes reals de l'enverinament.

No hi ha antídots específics contra la coniïna. Actualment, amb un buidat gàstric, carbó activat, benzodiacepines per a les convulsions, una assistència mecànica renal i ventilació assistida, hi hauria la possibilitat que la millora fos ràpida i total, sempre que l'administració i l'atenció mèdica fos immediata. Però els centenars de ciutadans que van ser executats bevent cicuta durant el règim dels Trenta Tirans, pels volts del 404 a. de C., i el Govern que els va derrocar no van córrer la mateixa sort.

Inflorescència de *Conium maculatum*.

El beuratge era molt costós d'obtenir i no tots els condemnats podien pagar-lo, raó per la qual, a Sòcrates, que no tenia font d'ingressos (coneguda, si més no) i vivia com un pobre, l'hi van pagar els seus deixebles. Per a la preparació del verí, s'havia d'extreure el principi actiu de les llavors de la planta, per la qual cosa calia triturar les llavors i moldre-les en un morter, se'ls hi afegia aigua i es deixaven reposar. Després, filtraven el preparat i ja estava llest per a ser administrat.

A més de ser «el verí de l'Estat» emprat per a ajusticiar a l'Antiguitat, la cicuta va tenir altres usos. Està documentat que en èpoques de fam, vers el 63 a. de C–21 d. de C., era subministrada forçosament als més grans de 60 anys «pel bé comú», amb la intenció que els aliments disponibles fossin suficients per a la resta de la població. Ha estat emprada com a antiespasmòdic i sedant nerviós per a calmar dolors persistents. Per aquest motiu, s'aconsellava el seu ús com a antídot contra la estricnina. Té un efecte narcòtic persistent similar al de la belladona, ja que es prolonga més de 40 hores. Per via externa, s'ha utilitzat en liniments per a tractar la ciàtica o la neuràlgia del trigemin i per a combatre els dolors reumàtics.

Hi ha res més natural que una herba fresca i ufanosa que podem trobar a les ribes dels rius?

Seguim amb els enverinaments. Es diu que Alexandre Magne fou enverinat amb estricnina; Andrés Hurtado (el personatge de *L'arbre de la ciència* de Pío Baroja), amb aconitina; i Cleòpatra, amb una mescla de compostos tòxics obtinguts de plantes. Pensaves que li havia mossegat un àspid? Cleòpatra havia provat amb els seus esclaus i presoners cercant la substància perfecta que li proporcionés una mort immediata i deixés un bonic cadàver. Va desestimar el jusquiam negre i la belladona perquè, encara que eren ràpids, produïen molt de dolor. També va descartar l'estricnina perquè provocava convulsions i li hauria deixat una ganyota horrible a la cara, i ella volia romandre bella fins al final. Tot i que és popular la creença que va morir per la mossegada d'un àspid, és possible que això no fos del tot veritat. Seria una mort molt dolorosa.

El 2010, l'historiador alemany Christoph Schaefer va plantejar la hipòtesi que la darrera reina de l'antic Egipte hauria ingerit una barreja de cicuta, acònit i opi després d'abillar-se amb les seves millors gales dins d'una estança perfumada. Quan van trobar el cadàver de Cleòpatra (i era formós), no hi havia signes de cap mossegada, cap àspid a prop ni cap indici que n'hi hagués hagut.

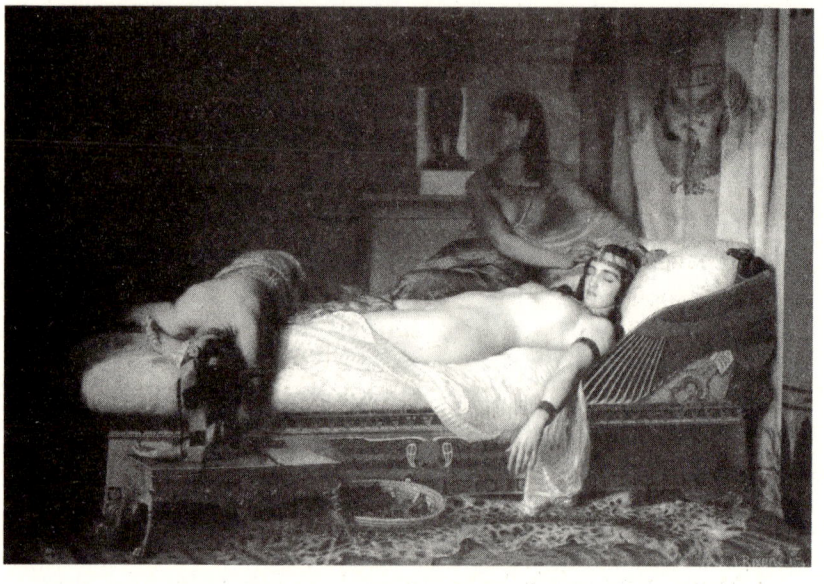

La mort de Cleòpatra de Jean-André Rixens, 1874.

A vegades, la llegenda es confon amb la realitat. La literatura o el cinema poden fer que pensem en certs enverinaments amb substàncies d'origen vegetal que en realitat no ho van ser pas. Tanmateix, el cianur sí que té el deshonrós honor d'haver estat el component actiu del Zyklon-B, un pesticida que va ser emprat profusament per a gasejar milions de jueus a la Segona Guerra Mundial.

Els verins han tingut modes segons l'època. A l'Edat Mitjana, els verins d'origen vegetal van tenir més d'un triomf i, com era d'esperar, també van arribar a palau. Sanç I (935–966), anomenat el Cras, rei de Lleó, fou assassinat pel comte gallec Gonzalo Menéndez, com si es tractés de Blancaneus, amb una poma enverinada.

El nom de la planta del tabac, *Nicotiana tabacum*, el va posar l'ambaixador francès a Portugal Jean Nicot de Villemain, qui va enviar tant el tabac com les llavors a Paris el 1560, el va presentar al rei de França i va promoure'n l'ús medicinal. A finals del segle XVII, el tabac es fumava i s'emprava com a insecticida. La nicotina és un alcaloide, com veurem més endavant, un dels grups de metabòlits secundaris més importants de plantes perquè inclou molècules que tenen un efecte enorme en humans, encara que estem parlant de dosis molt petites. Es troba principalment a la planta del tabac (encara que també en una quantitat molt més petita en altres solanàcies, com ara albergínies, patates, tomàquets o pebrots) i, en aquesta, es localitza a les fulles, malgrat se sintetitzi a l'arrel. No va ser fins al 1828 quan el metge alemany Wilhelm Heinrich Posselt i el seu compatriota, el químic Karl Ludwig Reimann, van aïllar la nicotina i la van considerar un verí. Sí, encara que et sembli mentida, és un potent verí. El que passa és que en baixes concentracions actua com a estimulant i és, en gran mesura, responsable de l'addicció al tabac. En altes concentracions té altres finalitats menys dignes.

A Mons, una ciutat belga prop de la frontera amb França, es troba el castell de Bitremont, una residència que, a més de ser testimoni mut de bacanals i pomposes caceres, va ser el lloc on es va cometre un dels molts assassinats premeditats del segle XIX. El comte de Bocarmé, Hipòlit de Visart, es va casar amb una senyoreta de bona família, Lidia Fougnies. El nivell de vida dels comtes aviat va esgotar l'herència de la comtessa, per tant, la forma d'escapar de la pobresa era matar el germà d'aquesta, que gaudia de la seva part de l'herència paterna. Si ell moria, els seus béns els heretaria la seva germana i, tenint en compte que estava molt malalt i amb una cama acabada d'amputar, ningú sospitaria. Gustav Fougnies, malgrat el seu delicat estat de salut, anava a casar-se, i el 20 de novembre de

1850 tenia previst anar al castell per anunciar als comtes la seva imminent boda, cosa que no va fer sinó avançar el seu pla. El comte era aficionat a la química i coneixia el secret dels verins. Havia aconseguit destil·lar la nicotina. La pròpia comtessa va servir el menjar. El que va succeir després només ho sabien els que es trobaven a l'estança perquè, malgrat els sorolls i planys de Gustav, a les donzelles no se'ls va permetre entrar. Quan van poder fer-ho hores després, el germà de la comtessa jeia mort a terra. La comtessa va prendre la roba del seu germà, la va rentar amb aigua sabonosa bullint, va cremar la seves muletes, va fregar el terra del menjador i va raspar l'entarimat amb un ganivet. El metge va dictaminar una mort per apoplexia, però els xafardejos del poble indicaven que la mort no havia estat natural, de manera que el jutge de pau va començar una investigació perquè, quan va visitar el castell, es va adonar que els comtes miraven d'ocultar ferides molt severes a la boca i a la llengua del difunt. La boca del germà de la comtessa estava ennegrida, com si hagués sigut regada amb àcid sulfúric. Va manar que es prenguessin tots els òrgans i que els enviessin a un jove químic i mèdic de 37 anys, el Dr. Jean Serváis Stas. Aquest expert va realitzar un anàlisi exhaustiu posant en pràctica per primer cop un mètode nou i rellevant per a localitzar un alcaloide, fins i tot en un cadàver. Va arribar a concloure que el verí que havia matat Gustav era la nicotina, sabent que amb 50 mg d'aquesta substància n'hi havia prou per a matar una persona en uns minuts. La boca, juntament amb el seu cos, exhalava una olor a acètic, perquè l'havien rentat amb vinagre i li havien fet beure per a camuflar l'olor a verí, mentre que l'extracte de nicotina l'havia begut prèviament camuflat en una ampolleta com aigua de colònia. La seva roba no tenia residus perquè havia estat curosament rentada, però sí que els van trobar a les taules del sòl. El 8 de desembre de 1850, el jutge i els guàrdies van trobar enterrats les restes de gats i gossos amb els quals el comte havia experimentat prèviament. Hipòlit de Visart fou executat a Mons el 19 de juliol de 1851; la seva dona Lidia, també acusada, fou declarada innocent.

Després de la Segona Guerra Mundial, s'empraven en agricultura més de 2.500 tones d'insecticida amb nicotina, però des del 2014 ja no s'utilitza cap ni un als Estats Units. Et sonen els neonicotinoides? Van ser uns insecticides força utilitzats des dels anys 90 perquè, a més de ser eficaços, eren menys tòxics per a aus i mamífers que altres existents. Després, s'ha comprovat que pot existir una relació entre alguns neonicotinoides i el col·lapse de les colònies d'abelles mel·líferes (encara que no és l'únic motiu), i, des del 2018, a Europa s'ha prohibit l'ús dels tres neonicotinoides més importants en espais oberts.

Els límits entre els efectes adversos, la sobredosi i la intoxicació intencional (cas en què ja parlaríem d'assassinat) poden arribar a ser molt subtils i difícils de provar. Un dels casos més horribles va ser protagonitzat pel més gran assassí en sèrie de la història del Regne Unit (i, segons alguns, d'arreu del món): el Dr. Harold Shipman, més conegut com el Dr. Mort. Tot i que va ser oficialment provat l'assassinat de 15 dones que eren pacients seves amb sobredosi de morfina, se sospita que van arribar a ser 250, i sembla que van morir 459 persones que estaven sota la seva atenció. Kathleen Grundy, la filla d'una de les pacients mortes, va descobrir al llegir el testament que la seva pròpia mare l'havia desheretat i que havia deixat tots els seus béns al Dr. Shipman. Sense ser-ne conscient, va descobrir el pastís. El cadàver de la seva mare va ser exhumat i l'autòpsia va revelar grans quantitats de morfina, una potent droga opiàcia que s'empra amb finalitats mèdiques pel seu poder analgèsic i que s'obté del cascall. La investigació va demostrar aquest fet amb 15 casos més, per la qual cosa el Dr. Mort va ser jutjat i condemnat l'any 2000 a 15 cadenes perpètues pels crims ocorreguts entre 1995 i 1998, que hauria hagut de complir si no l'haguessin trobat penjat dels barrots de la cel·la de la presó de Wakefield el 13 de gener de 2004. Després d'aquelles primeres investigacions, les noves perquisicions van concloure que almenys 250 persones van ser assassinades de la mateixa forma, encara que en realitat es va tancar la investigació oficialment amb 218 casos altament probables des de 1975.

Moltes de les morts ocorregudes en estranyes circumstàncies en la història de la humanitat no han estat degudes a l'ús de verins, òbviament, però segur que moltes —moltíssimes— de les morts certificades com a naturals tampoc ho han estat realment... Les substàncies tòxiques d'origen vegetal s'han emprat des de sempre per a assassinar. Ja hem vist que els verins poden fer-nos perdre el cap, gairebé tant com la bellesa d'una flor.

La bellesa sí que va tenir un preu i nosaltres, una crisi financera

«M'estimo més tenir roses a la meva taula que diamants al meu coll». Emma Goldman (1869–1940), activista anarquista russa.

Avui als Països Baixos es troba el mercat de flors més gran del món, amb 155 quilòmetres quadrats repartits entre Aalsmer, Naaldwijk i Rijnsburg, raó per la qual cosa a aquest país se'l coneix com la «floristeria del món». Cada 24 hores es reben 30 milions de flors que es comercialitzen en poques hores. La *Royal Flora Holland,* la cooperativa més gran de la indústria de la flor, factura gairebé 5.000 milions d'euros anuals, el doble que tot el sector editorial espanyol junt, amb 2.400 milions d'euros.

Ja hem vist que l'existència de les plantes és anterior a la vida humana i que la seva comercialització i utilitats han modelat grans moments de la història.

Ara veurem com una flor, sense un perfum emborratxador ni un ús medicinal ni culinari, com succeeix amb d'altres, es va acabar convertint en la imatge identificadora d'un país, motiu d'una de les crisis paradigmàtiques que s'estudien en història econòmica i autèntic malson per a molts: la tulipa.

Camp de tulipes amb els típics molins neerlandesos al fons.

Alguns tractats antics sobre plantes, «els herbaris», atribuïen a les tulipes propietats per a quallar la llet i fer formatge, encara que aquest ús no tindria una gran transcendència i només el seu valor com a element estètic justificava el seu cultiu. Se sap amb certesa que el seu origen es trobaria a les muntanyes de Kazakhstan, Iran i Afganistan, d'on hauria passat a la regió turca d'Anatòlia fa uns 1.000 anys. La flor, a la qual se li va conferir un caràcter religiós, va assolir una notable distinció als palaus, mesquites, indumentàries i ceràmiques de l'Imperi turc otomà.

El seu nom turc, *lale*, conté les lletres en àrab d'*Alà*. *Lale* és un dels noms femenins més comuns a Turquia. Sobre el seu nom europeïtzat existeix la teoria que això podria deure's a l'adaptació de la paraula turca otomana *tülbend*, el significat del qual, «turbant», podia fer al·lusió a la forma dels bulbs. També és possible que l'adaptació del nom de la flor es relacioni amb una simple casualitat... Alguns sostenen que es va emprar de manera ornamental a al-Àndalus al segle XI, però va entrar a Europa de manera definitiva al segle XVI, gràcies a un ambaixador de l'Imperi Austríac a Turquia que, impressionat per la bellesa de les tulipes vermelles, va voler que lluïssin als jardins imperials de Viena, per la qual cosa va introduir alguns bulbs des de Constantinoble vers el 1554. S'anomenava Ogier Ghislain de Busbecq. I aquí és on apareix l'altra versió sobre l'origen de la paraula *tulipa*.

En certa ocasió, l'ambaixador es va adreçar a un home que portava al seu cap un turbant típic adornat amb una tulipa. Encuriosit per aquella flor desconeguda, va preguntar pel seu nom, però, per un malentès, l'home abillat amb aquella peça al seu cap va pensar que la pregunta es referia al mateix accessori del cap, i li va respondre: «*Tülbend*». Vet aquí l'altre possible origen de la denominació europea de la flor.

El botànic holandès Charles de L'Écluse, més conegut com Carolus Clusius, un dels més prestigiosos del moment i amic de l'ambaixador, fascinat per aquella flor, la va portar als Països Baixos, atès que, gràcies a Ogier, havia aconseguit uns bulbs per al seu estudi a la Universitat de Leiden.

L'insigne botànic va trasplantar les exòtiques tulipes a uns jardins de la Universitat, l'*Hortus Botanicus*, el jardí botànic més antic dels Països Baixos i un dels més antics del món. Havia vist aquella estranya flor en un dibuix d'un tractat de Conrad von Gesner de 1561, naturalista suís. Aviat, aquells bulbs despertaren gran admiració entre els seus conciuta-

Il·lustració de 1772 d'una tulipa escarlata (*Tulipa coccinea, alberscentibus, oris Eyst.*). Biblioteca de la Societat d'Horticultura de Massachusetts.

dans, malgrat el zel amb el qual el botànic volia conservar el seu tresor. Va aconseguir noves varietats mitjançant encreuaments i altres exemplars que creixien amb facilitat als jardins neerlandesos, i va acabar tenint una col·lecció única a Europa.

Una nit, algú va robar els bulbs del jardí de Carolus Clusius, i va resultar que, tal com ja havia comprovat el botànic, els Països Baixos era el lloc més adient per al creixement d'aquesta flor, per la qual cosa el seu cultiu es va establir ràpidament i es va estendre amb molt d'èxit per tot el país. Però això no és pas tot. Quelcom extraordinari que els experts del moment no podien explicar ocorria davant l'astorament general.

L'exitosa germinació de la planta, afavorida per les característiques climatològiques i geològiques dels Països Baixos amb terreny guanyat al mar, anava acompanyada d'una transformació incontrolable que feia que els bulbs neerlandesos fossin únics, amb colors aleatoris i intensos, pètals ratllats de colors capritxosos, motejats... Tota una raresa que els feia més valuosos, exòtics i irrepetibles. Les flors monocromàtiques es transformaven en un llenç de formosos colors. Aquelles tulipes que lluïen la seva bellesa canviaven els seus colors sense cap explicació, resultant encara més belles.

Durant molt de temps, els botànics britànics més prestigiosos van mirar de domesticar el procés de canvi de color sense èxit. El propi Clusius també va cercar una explicació i el 1576 va anomenar «rectificació» l'estrany fenomen que es produïa a la planta. No servia de res cultivar-les amb els fems més estranys o vulgars, plantar-les a diferents profunditats, sotmetre-les a condicions climatològiques extremes ni posar-les amb contacte amb els vins de millor qualitat, que, segons alguns teoritzaven, podia ser el mitjà per al control de tan extraordinària i bella transformació. Cap manipulació dels bulbs podia aconseguir-ho, només l'atzar i el capritx de la natura. Es pensava que alguna condició ambiental incontrolada produïa el fenomen, però no s'encertava a explicar quina.

Tanmateix, no tot eren bones notícies. Aquella bellesa sobrevinguda era etèria i la planta semblava acusar-la; es debilitava, tal com va descriure Carolus Clusius el 1585.

Retrat d'un erudit, probablement Carolus Clusius, de Marten van Valckenborch, 1535.]

En aquells temps, les flors eren tot un fenomen cultural, un símbol de distinció i d'estatus social. Les més belles flors exòtiques lluïen als jardins i eren portades per homes i dones com si fossin joies. Resulta difícil d'entendre avui dia, però a la societat d'aleshores tenien molt d'impacte, i no només als Països Baixos. El país, a través de la seva exitosa Companyia Neerlandesa de les Índies Orientals, havia aconseguit una prosperitat social i econòmica que destacava davant el declivi d'alguns dels ports comercials del Mediterrani de gran importància fins a aquell moment. Era el país més ric d'Europa i dominava el comerç internacional.

A més dels adinerats aristòcrates, una emergent classe de comerciants, amb prou riquesa per gastar en productes sumptuaris, adornaven les seves mansions amb preciosos jardins, on cultivaven les plantes i flors més extravagants. No els importava pagar sumes importants de diners sempre que les seves cases tinguessin les tulipes més exclusives. Es pot dir que era el luxe del bon gust del segle xvii. Això va provocar que el mercadeig de tulipes exòtiques es generalitzés davant la gran demanda, i molts comerciants van començar a veure aquest negoci com una forma lucrativa de vida. L'ànsia d'obtenir els exemplars més rars que després podrien vendre feia que, un cop que aconseguien una varietat única, molts dormissin amb ella per por als robatoris.

El cultiu de les tulipes des de la llavor suposava una espera de set anys i es requeria grans dosis de paciència perquè l'aleatòria «rectificació» aconseguís que algun d'aquells bulbs fos únic entre els molts que s'havien cultivat.

Els extravagants i valuosos bulbs tenien noms segons la varietat aconseguida: Generalíssim, Admiral Liefken, Viceroy... Però, entre tots, un sobresortia pel seu valor i escassesa: el *Semper Augustus*. El 1624, nomes hi havia 12 exemplars de *Semper*.

Es va veure que les varietats rares es podien clonar utilitzant tanys del bulb mare per mitjà de la reproducció asexual, i no mitjançant llavors produïdes per fecundació després de la pol·linització. No obstant això, era un procés costós, ja que els bulbs mutats, més petits de l'habitual, gairebé no produïen tanys. I, a més, el procés de reproducció era lent i difícil. A la primeria de 1637, els botànics van observar que, empeltant bulbs amb «rectificació» en bulbs normals, el resultat era un bulb amb transformacions de color. Això faria que l'escassesa de les millors varietats multipliqués exponencialment el preu que es pagava. Per tant, el cultiu i la venda de tulipes esdevindria un negoci extremament rendible.

Semper Augustus. Famosa per ser la tulipa més cara venuda durant la «tulipmania» ocorreguda als Països Baixos del segle XVII.

De forma paral·lela, el mercat anava augmentant amb una demanda més gran, no només als Països Baixos, i a qualsevol preu! Cada cop més gent s'incorporava a la producció i comerç dels bulbs. Les tulipes eren venudes i revenudes diverses vegades, la qual cosa multiplicava el seu preu a mesura que passaven d'unes mans a unes altres. El valor que se li atribuïa a aquesta flor s'apropava al de les pedres precioses. En una pintura flamenca d'autor desconegut de 1640, avui exposada al Frans Hals Museum de Haarlem (Països Baixos), hi apareix Flora, la deessa de les flors, els jardins i la primavera, equilibrant bulbs de tulipa *Semper* amb pedres precioses en una balança.

Els tripijocs comercials tenien lloc a les tavernes, on els comerciants registrats duien a terme les seves transaccions entre cerveses, àpats i tabac. Els mercats neerlandesos també centren gran part de la seva activitat econòmica en els intercanvis de tulipes, arribant fins i tot al mercat de valors.

Van sorgir catàlegs florals, com el d'Emanuel Sweert i el seu *Florilegium,* on s'anunciaven fins a 560 bulbs diferents, amb l'objecte de posar a la venda aquestes flors, la qual cosa el converteix en el primer del seu gènere. L'expansió del negoci arribava a aquells països als quals s'exportaven les plantes, i aviat van sorgir nous catàlegs amb delicades il·lustracions. El creixement de l'activitat es realitzava de manera caòtica. Els preus pujaven cada cop més, i l'atracció de l'elevada rendibilitat feia que s'incorporessin al negoci persones alienes a la classe comerciant. Totes les classes socials hi participaven.

Va ser llavors quan va sorgir el que es coneix com el «negoci de l'aire». Els tanys del bulb mare es venien fins i tot quan no s'havien recollit i estaven sembrats sota terra. Un negoci perillós, amb molt de risc. Podem dir que és un precedent del que avui es coneix al món borsari com a «futurs». En aquells Països Baixos calvinista, els predicadors avisaven que el fet de no tenir temprança en els guanys era contrari a la religió, però tothom es feia el desentès, en vista del qual els religiosos profetitzaven una plaga bíblica com a forma de càstig diví.

I la realitat va semblar donar-los la raó. Una temuda plaga va arribar, la de la pesta negra, afavorida per les rates que viatjaven a bord dels vaixells neerlandesos durant aquell frenètic anar i venir comercial. Tanmateix, aquella temuda malaltia no va fer sinó augmentar el comerç de tulipes. Davant la possibilitat de la imminent desgràcia i les grans rendibilitats que s'estaven assolint en el mercadeig de tulipes, l'aversió al risc inversor era cada cop menor. Com veieu, eren impulsos de consum irracionals motivats per una pandèmia, com ha passat amb el coronavirus i la COVID-19 en els nostres dies.

Els preus pujaven a mesura que passaven els anys. Vers 1623, el sou mig d'un neerlandès s'acostava als 150 florins, mentre que un únic bulb es podia vendre per 1.000. El 1635, es pagaven més de 4.000 florins per un *Semper Augustus*. Es va arribar a canviar una residència de luxe a Amsterdam per una sola flor *Semper*. El zenit dels preus es va assolir durant les primeres setmanes de 1637. En una subhasta de 99 bulbs, el 5 de febrer d'aquell any, es va pagar la suma de 90.000 florins, l'equivalent actual a uns quants milions d'euros. L'endemà, en una nova subhasta, mig quilo de bulbs van sortir amb un valor de 1.250 florins i no hi va haver compradors... El mercat de tulipes havia col·lapsat.

En el «mercat de l'aire», l'excés d'oferta i uns preus exorbitants havien acabat amb el pròsper negoci i amb moltes fortunes que es van veure en risc pels compromisos adquirits que no es podien complir. Va ser un dels desastres financers més grans de la història.

Malgrat que l'exitós llibre de 1841 de Charles Mackay, *Extraordinary Popular Delusions and the Madness of Crowds*, es va nodrir del mite de la «tulipmania», descrivint com la gent arruïnada se suïcidava llançant-se als canals i que les fallides eren massives, Anne Goldgar, en la seva obra *Tulipmania: Money, Honor, and Knowledge in the Dutch Golden Age*, ho desmenteix, encara que no hi ha dubte que a molts els va passar factura.

Durant els sis anys de febre, què no hauríem donat per saber què va descobrir la Dra. Dorothy M. Cayley el 1928!

La Dra. Cayley va concloure les seves investigacions a l'Institut d'Horticultura John Innes de Norwich, Regne Unit, i va determinar que aquella raresa de les tulipes que les feia tan exòtiques amb colors aleatoris ¾anomenada «rectificació»¾, no era sinó una malaltia de la planta provocada per un virus, el vector de transmissió del qual era el pugó. De la mateixa manera que les tulipes van trobar als Països Baixos el mitjà òptim per al seu cultiu, l'insecte transmissor vivia en condicions favorables als jardins protegits de les brises. Fou llavors quan va canviar la hipòtesi mantinguda durant segles que sostenia que la ruptura de color es produïa per factors ambientals.

El virus TBV (*Tulip Breaking Virus*), quan infecta un bulb de tulipa, depenent de la varietat i de l'edat de la planta en el moment de la infecció, afecta la capa d'epidermis més superficial dels pètals, modificant el seu aspecte. Es debilita la coloració original o, al contrari, hi ha un excés de pigments, la qual cosa provoca que es descriguin combinacions originals de colors degut al fet que les antocianines ¾els pigments que donen color a diferents parts de les plantes¾ estan repartides de forma irregular per la superfície epidèrmica. Es pot apreciar, a més, una paleta de color diferent a l'anvers i el revers del pètal.

Tal com va observar Clusius, el patogen debilita la planta i, en conseqüència, fa cada cop més difícil la reproducció del bulb mitjançant tanys del bulb mare. De la mateixa manera, la descendència obtinguda per tanys acusa aquest debilitament progressivament i en relació directa amb el nombre de reproduccions successives.

I aquesta és la raó per la qual algunes de les varietats de tulipes amb color trencat més famoses avui són història, com, per exemple, la *Semper Augustus*. Però ni la crisi econòmica que va originar la «tulipmania» del segle XVII ni aquesta extinció de les varietats més emblemàtiques va acabar amb la tulipa.

Milions de tulipes segueixen florint entre els mesos de març i maig en immensos camps on la vista es perd entre els tapissos multicolors de vermells, liles, blancs i grocs... i amb belles formes que imiten les plomes de les aus i altres capritxoses figures. Al costat d'Amsterdam, podem trobar el jardí més gran de tulipes del món, Keukenhof, amb 800 varietats diferents.

Avui en dia, hi ha importants festivals de tulipes a Nova York i Holland (Michigan), dues ciutats d'Estats Units amb importants arrels neerlandeses. I a Istanbul (Turquia) es celebra l'Istanbul Lale Festivali, fent patent la presència mítica d'aquesta flor al país des d'on es va introduir a Europa i que va donar peu a l'episodi històric que t'acabo de explicar. Durant els 100 anys posteriors al desastre, la «tulipmania» es va satiritzar i ridiculitzar en pintura i literatura, com una mena de lliçó moral d'allò que no s'hauria d'haver fet. Semblava complir-se la dita de Quevedo que va popularitzar segles després Antonio Machado: «Només el babau confon valor amb preu».

Com diu el refranyer espanyol: «L'home és l'únic animal que ensopega dues vegades amb la mateixa pedra». Un segle més tard, els Països Baixos tornarien a caure en una altra febre: aquest cop pels jacints, però aquesta és una altra història...

Les plantes en la cultura: el desvetllament dels sentits

«Hi ha tres coses que cada persona hauria de fer durant la seva vida: plantar un arbre, tenir un fill i llegir un llibre». José Martí (1853–1895), escriptor i polític cubà.

Les plantes formen part de la nostra vida, i tant és així que, a més de satisfer totes les nostres necessitats bàsiques, formen part de la nostra cultura. En l'Antiguitat grega i clàssica, molts mites s'associaven a les plantes i alguns han sobreviscut en el nostre llenguatge. A Narcís li agradava tant veure la seva imatge reflectida en un estany que els déus el van convertir en la flor del mateix nom. El pare de Dafne la va convertir en un arbre de llorer perquè escapés de l'assetjament d'Apol·lo. L'arbre de llorer fou des d'aquell moment sagrat per a Apol·lo. Ceres era la deessa de l'agricultura, la filla de la qual, Prosèrpina, fou raptada per Plutó perquè es convertís en reina dels morts, però cada sis mesos tornava a la Terra amb la seva mare i, en senyal de la seva alegria, Ceres omplia tota la terra de plantes i flors, portava la primavera i les collites brotaven.

A la mitologia grecoromana les pomes també hi són molt presents. Hi havia pomes daurades al jardí de les Hespèrides, protegides pel drac de cent caps Ladó i robades per Hèrcules.

Probablement fossin taronges, tan estranyes, exòtiques i cares en temps de l'Imperi Romà que ben bé semblaven d'or. També Hipòmenes utilitzava pomes daurades per distreure la caçadora Atalanta i guanyar-li una cursa, ardit que li va servir per casar-se amb ella. I una poma va crear la discòrdia durant el judici de Paris entre Hera, Atenea i Afrodita.

De tots el mites grecoromans relacionats amb les plantes, un dels meus preferits és un dels menys coneguts. Un bon dia, Zeus anava per l'illa de Kynaros, quan va veure una bella jove a la platja. La noia, de nom Cynara, era tan bella que aquell déu se'n va enamorar (això li passava sovint), de manera que li va donar el do de la immortalitat, convertint-la en deessa, i se la va emportar a l'Olimp, però la pobre noia s'avorria i estranyava la seva família, per la qual cosa un dia se'n va anar sense acomiadar-se i va tornar a la seva illa. Allò va irritar Zeus (això també li passava molt, Zeus era un déu molt previsible), que no va poder tolerar que una deessa tan bella estigués a la vista dels humans, així que va fer que de la seva pell comencessin a brotar escates verdes que la van envoltar.

Carxofa en flor, *Cynara scolymus*.

La va convertir en una planta molt lletja, l'escarxofa, però a l'interior de la carxofa van quedar atrapats tota la tendresa i l'amor de la formosa Cynara. Per això, cal treure les fulles dures de l'exterior de la carxofa i menjar-se el cor, que té un sabor dolç amb un punt amarg, exactament com l'amor. Per a un cristià, el cos de Crist es pa àzim, però, per a un romà, menjar-se una carxofa era menjar-se una deessa. El nom científic de la carxofa, *Cynara scolymus*, fa referència a aquest mite.

La mitologia grecoromana no és l'única que es nodreix de mites vegetals. El llibre sagrat dels maies, el *Popol Vuh* o Llibre de la Comunitat, ens explica que hi havia dos déus avorrits, Kukulkan i Tepeu, que es van plantejar crear éssers perquè els adoressin, perquè, al cap i a la fi, de què serveix ser déu si ningú t'adora. Llueix molt poc, com si diguéssim. Per començar, van separar la terra del mar i van crear tota la vegetació, tant la silvestre com la que podia cultivar-se per a nodrir les persones. Després, van crear els animals, però no van reeixir. Quan havien d'adorar-los, només eme-tien sons inintel·ligibles. Allò els va enfurismar molt i, com a càstig, els van condemnar a menjar-se els uns als altres durant tota l'eternitat. Llavors, es van proposar aprendre de l'error i fer un ésser capaç d'adorar-los, a més de portar els comptes dels dies (els maies es delien pels almanacs). A aquest efecte, van emprar fang, però van fallar novament. No s'aguantava dret, es desfeia amb la pluja i ni parlava ni es reproduïa, així que el van descartar. Després, van fer una altra versió que, ara sí, era d'origen vegetal. Van utilit-zar fusta, però tampoc no van tenir èxit. Era millor que el de fang, però no tenia ànima ni memòria, per la qual cosa oblidaven quins eren els seus creadors i no els adoraven. Es van enutjar tant que van enviar un diluvi i els van matar a tots, encara que van sobreviure uns quants d'aquests éssers, que van anomenar «micos». Després de tants fracassos, els dos déus, ja desesperats, van canviar l'estratègia i van utilit-zar com a punt de partida la més valuosa de les seves crea-cions: el blat de moro.

Malus domestica de Royal Charles Steadman, 1918.
Original de la col·lecció d'aquarel·les pomològiques del
Departament d'Agricultura d'EUA, Col·leccions Rares
i Especials, Biblioteca Nacional d'Agricultura.

A partir del blat de moro van modelar la figura humana, i amb el blat de moro vermell van fer la seva sang. Per conseqüent, per als maies, els homes no som més que un vegetal modificat genèticament.

La mitologia judeocristiana recollida a l'Antic Testament també és rica en mites relacionats amb els vegetals, des de la poma d'Eva a l'esbarzer ardent on Déu s'hi apareix, o la branca d'olivera que porta el colom com a símbol de vida després del diluvi. Al Levític s'especifiquen les lleis relacionades amb el cultiu de vegetals i quins cultius són impurs si es cultiven junts. De fet, la terra promesa ho és pel seu valor per a l'agricultura, com deixa clar el propi Déu al capítol 8 del Deuteronomi (versicles del 7 al 9):

> Ara, Iahvè, el teu Déu, t'introduirà en una bona terra, terra de rierols, de fonts, d'aigües profundes, que broten a les valls i a les muntanyes; terra de blat, de civada, de vinyes, de figueres, de magraners; terra d'oliveres, d'oli i de mel: terra on menjaràs el teu pa en abundància i no et mancarà res; terra on les pedres són ferro i de les seves muntanyes surt el metall (el coure).

Un altre dels molts exemples seria el que s'exposa al segon Llibre dels Reis, capítol 18, versicle 31, on es relata el següent:

> No feu cabal a Ezequies, car així parla el rei d'Assíria: Feu les paus amb mi i rendiu-vos a mi i cadascú menjarà dels fruits de la seva vinya i de la seva figuera i beurà l'aigua de la seva cisterna fins que jo vingui a traslladar-vos a una terra com la vostra, terra de gra i de most, terra de pa i de vinyes, terra d'olives i de mel.

Al Levític 19:19 i al Deuteronomi 22:11 es prohibeix cultivar juntes dues espècies diferents i portar roba de lli i de llana ensems. Un altre dels passatges que més m'ha cridat sempre l'atenció és que, a l'Antic Testament, es parla sovint d'exterminis i sacrificis i, amb tot, Déu explícitament parla de protegir els arbres al Deuteronomi 20:19:

Quan assetgis una ciutat, lluitant contra ella molts dies per a prendre-la, no destruiràs els seus arbres a cop de destral, perquè en podràs menjar; i no els talaràs, perquè l'arbre del camp no és cap home que pugui revoltar-se contra tu enlloc.

Durant la festa jueva del Sucot (o dels Tabernacles) s'utilitzen quatre espècies, totes d'origen vegetal: tres branques amb fulles de palma, de salze i de murta, i un fruit d'una varietat de poncemer anomenada «etrog», que ha de conservar l'estigma i el peduncle. Atès que la majoria dels cítrics ho perden durant el procés de maduració, existeixen unes varietats d'aquest fruiter que no poden ser hibridades ni empeltades i que es cultiven sota la supervisió rabínica, encara que es permet el tractament amb una hormona vegetal anomenada «auxina» perquè compleixi amb els requeriments per formar part del tabernacle.

Al Nou Testament també hi ha moltes referències a vegetals. De fet, es pot interpretar tota la vida de Jesús des d'una perspectiva vegetal. En el seu naixement, Jesús jeu en un llit de palla, i els Reis Mags li porten or, encens i mirra: dos d'aquests tres productes són d'origen vegetal. Al llarg de la seva vida pública, maleeix una figuera, explica paràboles sobre vinyaters, multiplica els pans i converteix l'aigua en vi, i amb aquests dos aliments d'origen vegetal institueix l'eucaristia a l'Últim Sopar. Durant la seva passió i mort, és capturat en un hort d'oliveres, coronat amb espines, crucificat en fusta i enterrat amb un sudari de lli. Tota una vida al voltant de les plantes.

Un altre símbol cultural poderós relacionat amb les plantes són els arbres de junta o consell, a l'ombra dels quals es celebraven assemblees o es prenien decisions importants. El més conegut en el nostre àmbit cultural probablement sigui l'arbre de Guernica, un roure situat a l'actual Parlament Basc. També fou a l'ombra d'un arbre on el príncep Siddharta va trobar la il·luminació i es va convertir en Buda.

Fora de l'àmbit religiós, les plantes també han servit com a poderosos referents culturals. Ja a l'antiga Grècia els capitells corintis es decoraven amb representacions en pedra de fulles d'acant. Quan passis a prop d'una catedral, fixa't en els relleus i decoracions en pedra. Quants relleus veus que representin fulles, plantes o flors? De fet, hi ha una llegenda dedicada a aquest fet a la meva terra d'adopció. A València, quan algú és molt hipocondríac o sempre està queixant-se de la salut, es diu que sembla «la delicada de Gandia», que li va caure una flor al cap i es va morir. La història és real, però el que no narra la llegenda és que el que li va caure al cap va ser una flor de pedra de 400 quilos d'un dels rosetons de la façana de la Col·legiata de Santa Maria de Gandia. Sembla ser que els fets van tenir lloc el 1498, i la delicada es deia Inés de Catani, una dama noble d'origen llombard.

De fet, si no fos per les plantes, no tindríem ni literatura ni pintura. Oi que no hi havies pensat? Les primeres referències escrites es van fer en pedra o en os, però allò era poc pràctic. Fins que no van arribar els primers manuscrits en papir i després en paper, transmetre informació escrita era una feina molt enutjosa. L'avantpassat de la impremta era la xilografia, que es feia sobre planxes de fusta, i les primeres impremtes de Gutenberg, que realment eren impremtes de tipus mòbil, es van fer també de fusta... Com diu la dita: «La lletra amb material vegetal entra». I la pintura, igual. Com creus que es feien els llenços que empraven Botticeli, Caravaggio, Velázquez, Picasso o Dalí? Doncs, amb lli, cotó o cànem, és a dir, sense plantes només tindríem escultures.

Hi ha una part més interessant en què les plantes tenen un paper fonamental. Si ara vols pintar o escriure, és tan fàcil com anar a una botiga i comprar els olis, les aquarel·les o les tintes del color que vulguis. Però durant la major part de la història no existien botigues de pintura ni papereries, per la qual cosa cada escrivà o pintor havia de preparar-se els seus propis colors. Per fer-ho, empraven preparats a partir de plantes, minerals o extractes d'animals. Moltes vegades, utilitzaven fórmules secretes que només ells coneixien per mantenir el seu prestigi i el seu toc personal. El secret de molts d'aquells pigments encara no el coneixem, per bé que alguns els estem descobrint gràcies a la ciència. Et sona una planta anomenada «tornassol»? Sí, ja sé que era el científic despistat que acompanyava Tintin en les seves aventures. El professor Tornassol està inspirat en el científic Auguste Piccard, amic d'Hergé, que fou l'inventor del batiscaf, submarí que va permetre batre rècords de profunditat en el seu moment. No és pas casualitat que el primer invent del professor Tornassol que surt a *El tresor de Rackam el Roig* sigui un submarí en forma de tauró.

Però, tornant al tema, realment el tornassol és un tint que s'utilitza des del segle XIII als manuscrits medievals. Tenia la particularitat que canviava de color del blau al vermell, passant pel púrpura. Això es devia al pH del medi. La reacció normal del paper a mesura que passa el temps és que es vagi acidificant i adquireixi aquest aspecte groguenc del paper vell. Això fa que la majoria de colors desapareguin. Tanmateix, el tornassol adquiria un color més vistós amb el temps, i per aquesta raó era tan preuat. De fet, antigament, al paper que s'emprava per a mesurar si una solució era àcida o alcalina se l'anomenava «paper tornassolat». Recentment, s'ha descobert el secret d'aquest pigment. S'obté d'una planta anomenada *Chrozophora tinctoria*, originària de la Mediterrània, i s'extreia dels fruits recollits a l'agost i al setembre, la qual cosa indica que possiblement sigui una de les molècules que la planta utilitza per protegir-se del calor i la dessecació, però nosaltres la utilitzàvem per als manuscrits. Ja saps, sense plantes no hi ha cultura.

En el món pictòric, els motius vegetals han estat en alguns casos gèneres en si mateixos, com ara els bodegons o els quadres amb motius florals, a banda de totes les representacions mitològiques o religioses que acostumaven a produir-se en entorns bucòlics amb profusió d'espècies vegetals, que en molts casos ens han servit per a estudiar quina ha estat l'evolució de la vegetació o els aliments. Un dels pintors amb gust pels motius vegetals (seleccionant entre els molts que n'hi ha) va ser Giuseppe Arcimboldo, pintor italià del segle XVI, famós per representar figures humanes amb vegetals. Al segle xix, els impressionistes també foren uns grans amants de les plantes. Només cal veure les exuberants representacions de jardins als quals la Fundació Thyssen-Bornemisza va dedicar una exposició; o els que va pintar Sorolla, que també foren objecte d'una exposició a la Fundació Bancaja; o els nenúfars de Monet; els gira-sols de Van Gogh; o, ja al segle xx, els impressionants quadres de flors de Georgia O'Keefe; les selves d'Henri Rousseau; les flors fantàstiques de Seraphine Louis; les magranes, carxofes i panotxes de Dalí; o les sopes de tomàquet d'Andy Warhol.

Seria molt llarg i avorrit fer un recorregut per la influència que han tingut les plantes a la literatura universal, però ho farem més divertit. Tanca els ulls i digues-me els primers llibres que et vinguin al cap amb plantes en el seu títol. Et dic els meus: *La dama de les Camèlies,* de Dumas; *El raïm de la ira,* de John Steinbeck; *Préssecs gelats,* d'Espido Freire; *Entre tarongers* i *Flor de maig,* de Blasco Ibáñez... Bé, no te'n vagis, que no hem acabat. Ara farem el mateix joc però amb el cinema. Tres, dos, un... ja! *La dàlia blava, La dàlia negra, Espina de ferro, Malvaloca, Flors d'altre món, Tomàquets verds fregits, L'olivera, Flors trencades, Lliris trencats, Flors de foc, Cirerers en flor...* Vaja, m'ha sortit una mescla rara de pel·lícules clàssiques i actuals. Amb la música estic convençuda que et ve al cap un bon nombre de cançons en què el títol o el protagonista és una planta o una flor. Només amb roses ja trobem alguna de Mecano, Seal, Outkast, Bon Jovi, La Oreja de Van Gogh, Joaquín Sabina o Sting.

Les plantes s'han convertit en una icona i un símbol tan poderós que alguns països les han incorporat a la seva bandera, com ara el símbol del regne de Granada, i la flor de lis, com a símbol dels Borbó (en realitat, és símbol de la reialesa des de l'Edat Mitjana). El cedre és el símbol del Líban, i la fulla d'auró, de Canadà. A la bandera de Xipre hi ha dues branques d'oliver i a la d'Eritrea, una. Sens dubte, la planta campiona de la vexil·lologia és el llorer. Trobem branques de llorer a les banderes de Mèxic, El Salvador, Paraguai, Moldàvia, Guatemala, San Marino, República Dominicana i les illes Verges d'Estats Units. D'aquesta planta ve la paraula «llorejat», que significa «guanyador» o «premiat».

Pel que fa a les plantes menys freqüents, la bandera de Belize porta un arbre de caoba; la d'Haití, una palmera d'oli; la de Guinea, un capoquer; i la de l'illa caribenya de Granada, un fruit de nou moscada. I no puc deixar d'esmentar la bandera de la República de Fiji, on trobem un hort sencer: un cocoter, una branca d'oliver, un ramell de plàtans i un fruit de cacau. Tot i que no apareixen a les banderes nacionals, al Japó se'l coneix com el regne del crisantem. La rosa blanca era el símbol de la casa de York, i la vermella, de la casa de Lancaster; d'aquí que a la guerra civil entre aquestes dues cases al segle xv se l'anomenés la Guerra de les Dues Roses. L'actual símbol és el de la rosa de la casa Tudor, que és rosa per la barreja dels dos colors. Per cert, no et recorda a *Joc de Trons*? Aquesta és la història real que va inspirar George R. R. Martin per a escriure les seves exitoses novel·les. Les cases Lancaster i York tenen la seva equivalència en les poderoses Lannister i Stark.

Escut d'Espanya en què hi apareixen la flor
de lis dels Borbó i la magrana.

El trèvol és considerat un símbol de bona sort si té quatre fulles, no pas tres, sobretot perquè és difícil de trobar. Aquest significat prové dels celtes, i les quatre fulles representen l'esperança, la fe, l'amor i la bona sort. Però, per als irlandesos, el trèvol és omnipresent (visita una botiga de records i ho veuràs) i té un altre significat. La llegenda diu que Sant Patrici intentava explicar als celtes el concepte de la Santíssima Trinitat, però els celtes no ho comprenien (no els en culpo pas). Sant Patrici ja no sabia què fer i, mirant a terra, va veure un trèvol entre els brins d'herba. El va arrencar i ho va tornar a intentar. Així, els va explicar que, igual que d'una única tija del trèvol surten tres fulles diferents, en el cas de la Santíssima Trinitat, el Pare, el Fill i l'Esperit Sant també venen d'un de sol. I finalment els celtes ho van comprendre. Després d'allò, els irlandesos van relacionar el trèvol amb Sant Patrici i van convertir aquesta planta en símbol nacional i el sant en patró del país, la festivitat del qual se celebra el 17 de març.

Rosella silvestre, *Papaver rhoeas.]*

Poppies a la Torre de Londres.

Hi ha un dia especial per a tots els ciutadans de la Commonwealth. Si et trobes al Regne Unit, Canadà, Austràlia o Nova Zelanda des de mitjans d'octubre, fixa't que molts dels seus ciutadans llueixen a la roba un fermall d'una rosella. Les veuràs també a les botigues, als monuments... Aquesta rosella és la forma de commemorar el *Remembrance Day*, dia del Record, dia de la Rosella o *Poppy Day*, celebrat generalment l'11 de novembre per a honorar els militars que van perdre la vida a la Primera Guerra Mundial. L'any 2014, a la Torre de Londres, es van «plantar» un total de 888.246 roselles de ceràmica, algunes fetes pels familiars, que representen cadascú dels soldats anglesos que van morir a la guerra. Et preguntaràs: i per què una rosella? Durant la Primera Guerra Mundial, el tinent coronel mèdic John McCrae, del Cos Expedicionari Canadenc desplegat a Flandes, va veure morir el seu amic i antic alumne, el tinent Alexis Helmer. L'endemà de la seva mort, el 3 de maig de 1915, McCrae, totalment destrossat, va observar la quantitat de roselles que creixien entre les creus dels caiguts i va rendir homenatge a Helmer i a tants altres soldats escrivint el poema *In Flanders Fields.* La referència del poema a les roselles que creixen sobre les tombes dels soldats caiguts ha fet que aquesta flor sigui un dels símbols per a recordar els soldats morts durant un dels conflictes armats més sagnants de la història.

Per tant, com veus, les plantes han modelat gran part de la teva cultura, i també de la teva vida... Menjar, viure, estimar, tothom ho fa. També les plantes.

PART II.
MENJA.... LES PLANTES TENEN GANA I S'ALIMENTEN

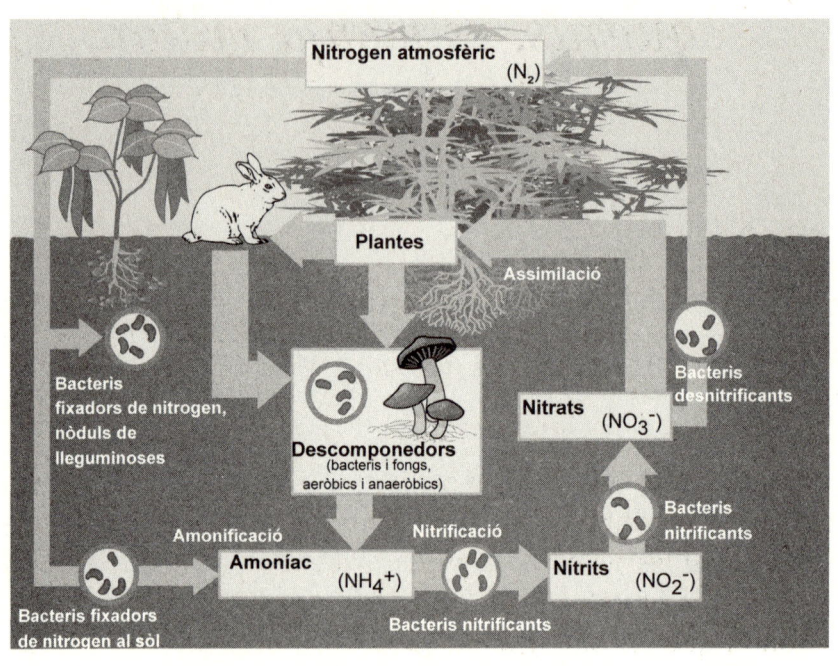

Cicle del nitrogen a la natura (Wikimedia).

Allà on mengen uns quants, es menja millor

«Quan convides algú a asseure's a la teva taula i vols cuinar per a ells, l'estàs convidant a entrar en la teva vida». Maya Angelou (1928–2014), poeta, cantant i activista pels drets civils.

Perquè les plantes creixin i es desenvolupin mitjanament bé, requereixen llum, aigua i nutrients, que són diferents molècules que les plantes no poden sintetitzar per si mateixes i necessiten prendre-les del medi, com nosaltres les vitamines. Són el que en biologia o ecologia s'anomena «factors limitants», és a dir, que si hi ha menys (o també en excés), es frena el creixement d'una població. Ho hauràs notat en qualsevol test que tinguis a casa i que hagis oblidat regar durant un temps. Suposant que les necessitats de llum i aigua estiguin cobertes, el nutrient més important és el nitrogen. Totes les plantes el necessiten, entre altres coses, per a formar proteïnes, àcids nucleics, hormones, etc., de manera que la manca de nitrogen minva el creixement d'una planta, el de les seves fulles i també el dels seus fruits. Tingues en compte sempre que, en termes agrícoles, si una planta creix poc, produirà menys collita, així que el que ens interessa als biotecnòlegs i als milloradors clàssics és aconseguir plantes grans i fortes que siguin més productives.

Fins al començament del segle XX, el nitrogen s'aportava als sòls a través dels adobs orgànics (era l'agricultura ecològica del passat, perquè no hi havia una altra cosa). L'ús de la femta és la causa d'alertes alimentàries en l'agricultura ecològica avui en dia per la presència de certs ceps perillosos de bacteris fecals (es clar, és caca), però una de les bondats d'aquest producte com a adob és que, a més de ser una bona font de nutrients, millora les característiques físiques del sòl, perquè està més airejat i manté l'aigua de forma òptima. Va arribar un moment en què calia augmentar la productivitat i no hi havia prou matèria orgànica, així que va entrar en escena el fertilitzant nitrogenat d'origen natural: el salnitre, més conegut com a nitrat de Xile. A principis del segle XX encara se n'importaven a Europa 100.000 tones anuals. A Espanya s'emprava, per exemple, per a la canya de sucre a Màlaga i per a l'arròs i els tarongers a València. Era un excellent adob compost per nitrats i nombrosos elements en petites proporcions. En alguns pobles, encara es veuen anuncis fets amb rajoles amb la silueta negra sobre fons groc d'un genet amb un barret i la llegenda «Aboneu amb nitrat de Xile». Es va arribar a utilitzar tant que es va pronosticar el seu esgotament cap al 1940, però, poc abans, el nitrat havia començat a sintetitzar-se químicament.

El salnitre fou substituït pel fertilitzant nitrogenat d'origen sintètic obtingut mitjançant el procés de Haber-Bosch, en el qual es forma amoníac a partir de nitrogen i hidrogen. Tant a F. Haber com a C. Bosch els va valer la concessió del Nobel de Química el 1918 i el 1931, respectivament. Actualment, el 80 % dels fertilitzants químics de nitrogen es fabriquen aplicant el procés Haber-Bosch, que genera milions de tones de fertilitzant nitrogenat l'any.

Òbviament, la fertilització d'origen sintètic ens ha procurat aliments i ha permès el creixement de la població mundial des d'abans de la segona revolució verda, però presenta una sèrie de problemes, En primer lloc, el procés en si mateix consumeix molta energia i molts combustibles fòssils, la qual cosa el fa insostenible a llarg termini. Però el principal problema és mediambiental. El cicle de Haber-Bosch produeix amoníac (nitrogen unit a tres àtoms d'hidrogen), que és molt reactiu i serveix com a fertilitzant, mentre que el nitrogen de l'atmosfera està unit a un altre àtom de nitrogen per un enllaç químic triple, la qual cosa fa que sigui pràcticament inert. El cas és que aquest nitrogen té una sèrie d'efectes perjudicials per a les plantes i els animals, i, de retruc, també per a nosaltres. Més del 50 % del nitrogen que s'aplica als cultius acaba a les aigües, situació que afavoreix el creixement d'algues als rius, llacs i estuaris, i provoca la manca d'oxigen que incideix en la biodiversitat animal i vegetal.

D'altra banda, el nitrogen reactiu que passa a l'atmosfera com a conseqüència de la desnitrificació de l'adob i de la combustió del petroli i derivats provoca la presència de composts perjudicials a l'ambient i el deteriorament de la capa protectora d'ozó, a més de contribuir a l'efecte hivernacle amb tanta o més intensitat que l'anhídrid carbònic.

L'ús d'aquest nitrogen d'origen sintètic suposa un problema econòmic per la despesa generada per a pal·liar el dany ambiental i protegir la salut pública, però, a més, aquests fertilitzants, que són produïts als països industrialitzats de l'hemisferi nord, haurien de transportar-se a l'hemisferi sud, i això genera elevades despeses. Fet i fet, els que surten més perjudicats són els agricultors (i els consumidors) de les zones més pobres, donat que la producció agrícola serà més baixa i, segurament, més cara.

Pel que sembla, l'única opció és aportar nitrogen a les plantes, ja sigui orgànic o de síntesi, oi? Doncs, ves per on, existeix una opció biològica que no és nova ni de bon tros. Té uns 60 milions d'anys. Tot i que el nitrogen és abundant a l'atmosfera (78 %), la major part del nitrogen disponible al sòl es troba en forma orgànica i les arrels de les plantes únicament poden prendre-ho en forma d'ions de nitrat (NO_3) i amoni (NH_4+); per tant, es requereix una activitat microbiològica que faci el nitrogen assimilable per a la planta.

La fixació biològica del nitrogen (coneguda per les seves inicials com a FBN) és el procés que ho permet, i ha estat objecte d'una intensa investigació des que el 1888 fou descoberta, encara que empíricament ja era aprofitada pels romans quan observaren l'efecte beneficiós de la rotació dels cultius. Una dada: de les 275 milions de tones de nitrogen l'any que s'incorporen a la biosfera, 175 milions provenen de la fixació biològica. Dels 100 milions restants, un 30 % prové de causes naturals, com ara les descàrregues elèctriques, erupcions volcàniques, etc., i un 70 %, de la fixació industrial a través del procés Haber-Bosch.

Des del punt de vista ecològic, la FBN té un enorme interès, ja que pot evitar l'ús excessiu de fertilitzants nitrogenats, amb el conseqüent estalvi en el consum d'energia i la disminució de la degradació del medi. A més, convé assenyalar la importància de la FBN al mar, atesa la necessitat de nitrogen

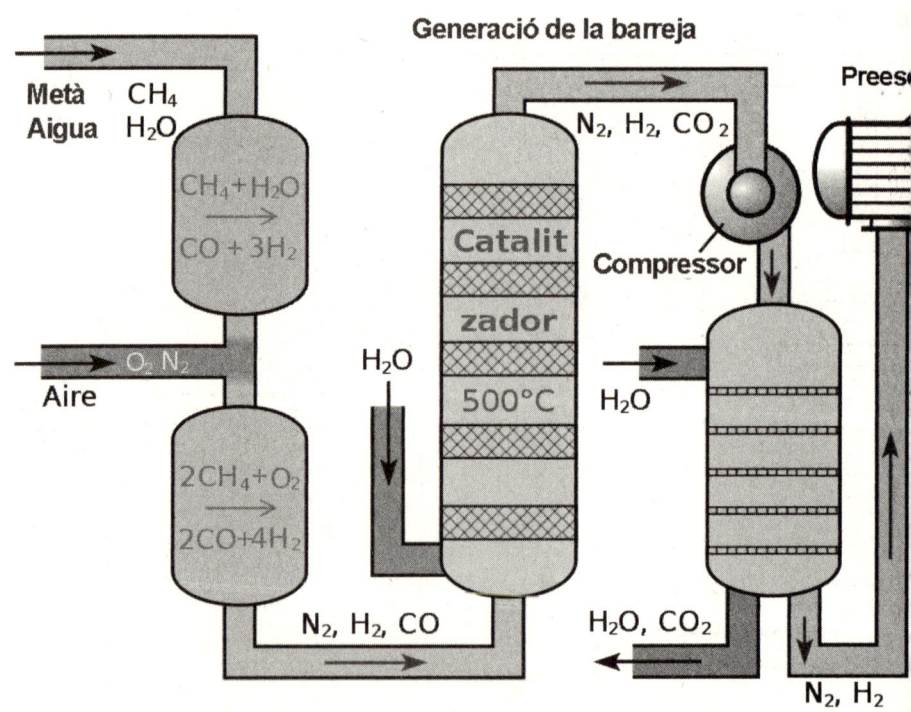

assimilable disponible que requereixen els oceans per actuar com a col·lectors del CO_2 de l'atmosfera.

Aquest procés microbiològic és dut a terme pels bacteris del sòl que viuen de forma lliure o associats a les plantes formant una simbiosi mutualista, aquella associació biològica en la qual tots dos organismes obtenen un guany mutu. Com a bacteris de vida lliure, hi ha alguns gèneres més coneguts, com ara *Klebsiella, Clostridium, Anabaena, Thiobacillus...*, però, en realitat, els que tenen més rellevància, com pots imaginar, són aquells que estan associats amb espècies vegetals d'interès per a l'agricultura. I, en aquest cas, tot es redueix pràcticament a un grup de bacteris amb diferents gèneres (principalment, *Rhizobium, Bradyrhizobium, Azorhizobium, Mesorhizobium* i *Sinorhizobium*), anomenats de forma genèrica

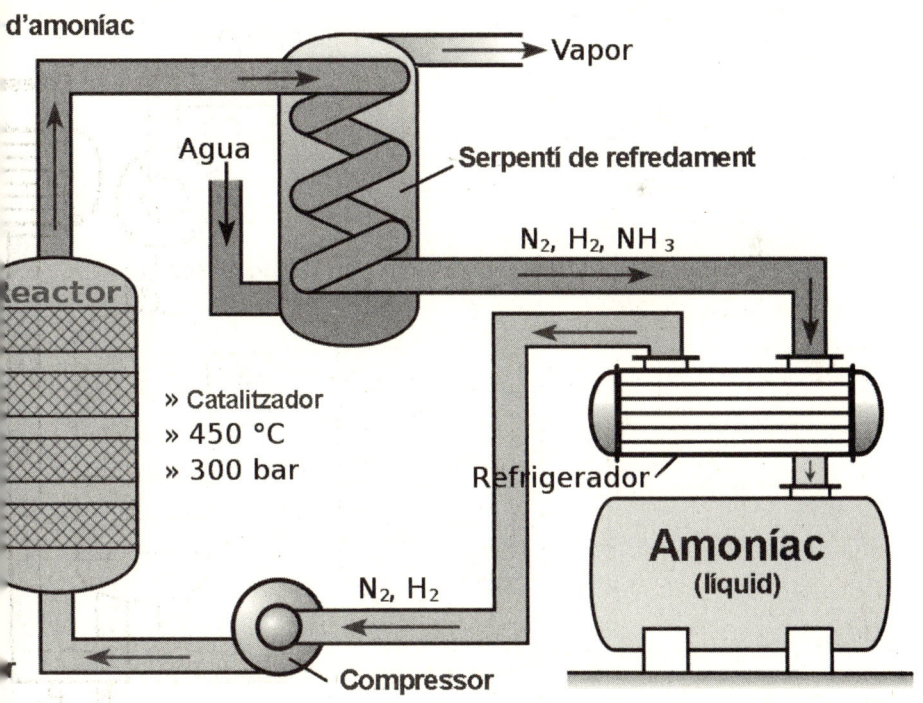

Procés de Haber-Bosch

«rizobis», i per l'altre, uns pocs gèneres (com *Azospirillum, Azotobacter o Bacillus*) que s'associen amb gramínies (perquè ens entenguem, els cereals del mateix tipus que el blat, l'arròs o el blat de moro).

L'associació *Rhizobium*-lleguminosa (en general, s'anomena així, encara que es refereixi als rizobis), és la que proporciona més quantitat de nitrogen als ecosistemes terrestres, i té, a més, un gran impacte en l'àmbit agronòmic i ecològic. Dels 175 milions de tones de nitrogen abans esmentats, que s'obtenen mitjançant FBN, 140 milions de tones venen a través d'aquesta associació *Rhizobium*-lleguminosa, i la resta, mitjançant l'acció dels bacteris de vida lliure. Si mai tens la possibilitat, arrenca una planta de pèsol o alfals i observa'n l'arrel. Fixat'-hi bé. Veuràs unes petites boletes visibles a simple vista de color rosat o brunenc. Aquí és on té lloc la fixació del nitrogen. Són els nòduls. El color es deu a la presència de la leghemoglobina. Si aquest nom et recorda a l'hemoglobina que dona color a la nostra sang, no vas gaire errat. Curiosament, aquesta proteïna només la trobem a les lleguminoses quan s'associen amb els rizobis, i d'aquí és on prové la part *leg* del seu nom.

Tot i que aquesta associació possiblement ha estat la que més s'ha estudiat al llarg de la història en biologia, reproduir-la en altres plantes és molt difícil. És un procés molt complex i està perfectament establert entre la planta i el bacteri, fruit de la coevolució de milions d'anys, així que aïllar els components genètics o moleculars necessaris perquè tingui lloc fora d'aquesta unió és pràcticament impossible. Hi ha una comunicació entre ambdós organismes a través d'unes molècules produïdes per la planta, que indiquen al bacteri que ja pot començar a penetrar l'arrel i activar els gens per a formar els nòduls. És una forma de dir-li: «Ara. Ja estic llesta perquè m'envaeixis i comencem a fixar nitrogen». A més, és molt especifica i només s'estableix quan al sòl hi ha el rizobi o els rizobis característics de cada planta. Per exemple, l'alfals només «s'ajunta» amb *Sinorhizobium meliloti*;

el pèsol o la llentia, amb *Rhizobium leguminosarum bv. viciae*; i la soja, amb *Bradyrhizobium japonicum.*

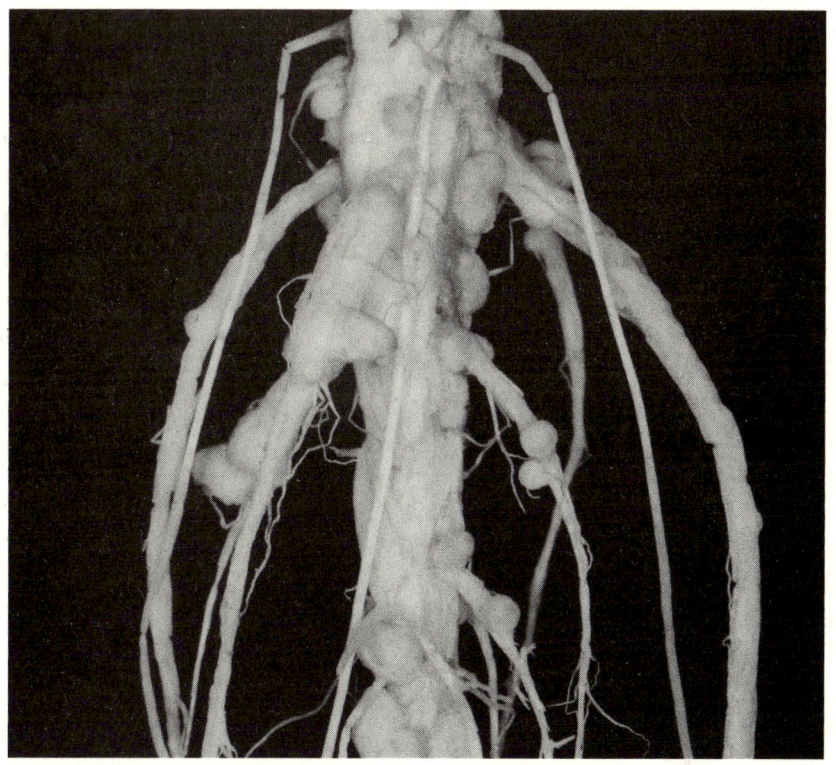

Detall d'uns nòduls en una arrel.

Malgrat aquestes dificultats, no creguis que no s'està intentant. Els principals cultius que nodreixen el món són el blat de moro, el blat i l'arròs. I tots depenen de fertilitzants nitrogenats, ja sigui adob, compost o fertilitzants sintètics. Si els gens implicats poguessin transferir-se i expressar-se amb èxit en els cereals, ja no caldrien fertilitzants químics per a agregar el nitrogen necessari, perquè aquest cultius podrien obtenir nitrogen per si mateixos. T'imagines la quantitat de fertilitzant que s'estalviaria amb això i els danys colaterals que s'evitarien? El que succeeix és que aquests gens bacterians s'organitzen en grups, i no només caldria transferir els grups, sinó que, com que es tracta d'un diàleg molecular, també s'haurien de transferir els sistemes de la planta que controlen aquests gens. Tal com hem esmentat abans, és complicat.

Recentment, s'ha conegut un avenç importantíssim en aquest camp, que no s'ha fet abordant els gens, sinó els orgànuls, és a dir, les diferents estructures localitzades al citoplasma de les cèl·lules. Ha estat un grup d'investigació liderat per Christoph Voigt, del Departament d'Enginyeria Biològica de l'Institut de Tecnologia de Massachussets (MIT). La proteïna clau en el procés de fixació del nitrogen és d'origen bacterià i s'anomena «nitrogenasa». Però té un problema: si hi ha molt d'oxigen a l'entorn, no funciona. Te'n recordes que abans t'he dit que els nòduls eren vermells perquè hi havia leghemoglobina? La funció que té és precisament unir-se a l'oxigen per a treure'l del mig i protegir la nitrogenasa, mentre que l'hemoglobina de la sang s'encarrega de transportar-lo. La idea és intentar que les mitocòndries i cloroplasts de les plantes produeixin aquesta proteïna.

Per què mitocòndries i cloroplasts? Doncs, en primer lloc, perquè ambdós orgànuls cel·lulars tenen evolutivament un origen bacterià (hauria de ser mes fàcil per la proximitat evolutiva) i tenen el seu propi genoma; i, en segon lloc, perquè de nit els nivells d'oxigen existents tant als cloroplasts com a les mitocòndries de les plantes no perjudicarien la nitrogenasa. Fins al moment, s'ha aconseguit inserir els gens relacionats amb la síntesi de nitrogenasa en un organisme model com el llevat, així que, expressant-ho d'una altra manera, s'ha fet un primer pas creant un eucariota (organisme les cèl·lules del qual tenen el material genètic aïllat en un nucli; en aquest sentit, el llevat és eucariota, com les plantes) capaç de tenir l'eina imprescindible per a fixar el nitrogen. Si tot va bé, en breu es provarà en plantes.

Però no només de nitrogen viuen les plantes! El còctel essencial per a tenir un bon estat de salut estaria format per nitrogen, fòsfor i potassi, que serien els macronutrients, però també necessiten petites quantitats de calci, magnesi i sofre, coneguts com a micronutrients. Per sort, hi ha molts microorganismes que els donen un cop de mà a l'hora de menjar. El fòsfor és molt important per al metabolisme de les plantes. No només ho requereixen per a la fotosíntesi i la respiració, sinó que forma part del material genètic. La seva deficiència retarda el creixement i provoca la baixa qualitat de llavors i fruits. Per exemple, les micorrizes, que són uns fongs associats també a les arrels de forma simbiòtica (i de les quals et parlaré més endavant en detall), hi col·laboren ajudant a nodrir la planta, ja que, per un costat, li aporten fòsfor i, per un altre, tenen la particularitat de desenvolupar-se al voltant de l'arrel. La importància d'això és que aconsegueixen que l'arrel explori el sòl i arribi més lluny, cosa que li permet captar aigua i nutrients de llocs que serien inaccessibles per a ella si estigués sola.

Els fongs dels gèneres *Aspergillus, Penicillium* i *Rhizopus*, juntament amb bacteris com *Bacillus* i *Pseudomonas*, solubilitzen les formes orgàniques i inorgàniques del fòsfor procedents de la descomposició d'animals i plantes, així com dels fertilitzants, respectivament, i el transformen en fosfats assimilables per a les plantes. Aquests gèneres de fongs i bacteris, i alguns més també, contribueixen a la nutrició vegetal solubilitzant potassi. Aquest element té un paper clau controlant l'entrada i sortida d'aigua a la planta mitjançant el tancament de les estomes, aquells petits orificis que ja et vaig explicar que les plantes tenen a les fulles per a transpirar. Com en el cas dels humans, és un mecanisme que regula la temperatura i el consum energètic, ja que a través d'aquests porus entra el CO_2 i surt l'oxigen de la fotosíntesi. A més, el potassi millora la resistència a les malalties, la mida de les llavors i dels grans, i també la qualitat de fruites i verdures, a més de determinar la tolerància de la planta a la sequera i la salinitat.

Com veus, l'activitat dels microorganismes que viuen a dins o a prop de les arrels de les plantes les ajuda a estar alimentades i créixer de forma saludable. Però, en ocasions, sembla no ser suficient i la planta cerca fora el que no té a casa... sense moure's. Vols que descobrim com ho aconsegueix? Passem al següent capítol.

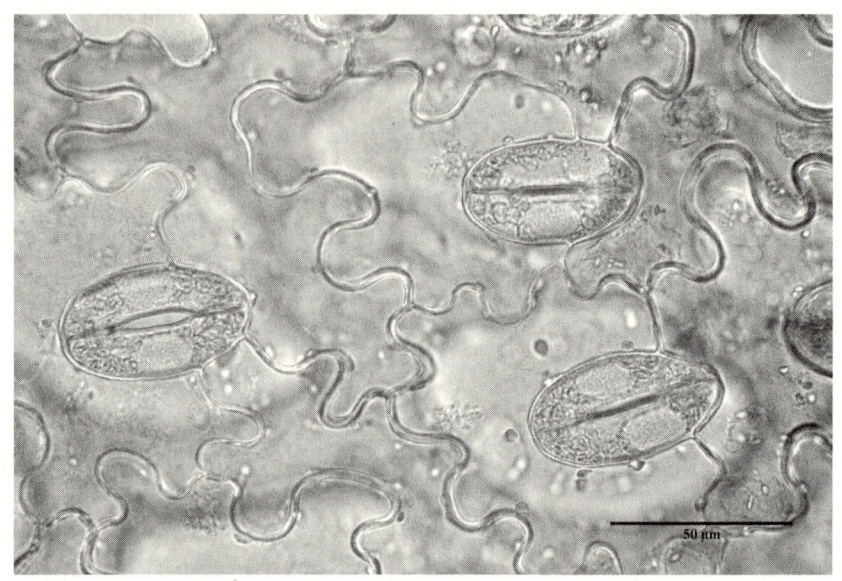

Estomes oberts (esquerra) i tancats (dreta).

Plantes carnívores

«Allà fora hi ha alguna cosa que ens està esperant i no és cap home, tots morirem». Depredador (1987).

Pel·lícules com *La petita botiga dels horrors* (1986), *Jumanji* (1995) o *La vida de Pi* (2012), i un sens fi de contes i llegendes han perdurat al llarg de generacions parlant de plantes i arbres que devoraven homes. En alguns casos, com a *La invasió dels ultracossos* (1978) o a *L'enigma d'un altre mon* (1951), eren plantes extraterrestres que arribaven a la Terra per convertir els homes en zombis o per cruspir-se'ls. Les plantes també han desvetllat els pitjors terrors de petits i grans durant segles.

Des de finals del segle XIX, ens han arribat textos on es narren històries d'arbres carnívors. Deien que eren prou grans per matar i empassar-se persones i animals de grans dimensions, amb tentacles més grans que serps i amb la voracitat de lleons. Res de tot això és cert. Tant la criptobotànica com la criptozoologia pretenen provar l'existència de plantes o animals mitològics que la ciència no ha pogut trobar. Com t'imaginaràs, ambdues son pseudociències.

L'Àfrica, el sud-est asiàtic, Madagascar, el Brasil, l'Amazònia, Bolívia, el Paraguai... Poques localitzacions se salven de la presència d'aquests arbres maleïts. La seva estratègia es basa en la formació de branques amb aspecte de circells que atrapen la presa quan passa per sota, l'aixequen i se la mengen, com fa el Yateveo o el Duñak, descrit aquest últim a les llegendes tribals de les Filipines i del sud-est asiàtic. Tot i que hi ha tantes estratègies com arbres (l'arbre carnívor de Madagascar, l'arbre diable del Brasil, l'arbre trampa de mico de l'Amazònia, la flor de la mort del Pacífic Sud, etc.), no s'ha demostrat l'existència de cap i possiblement no siguin més que els hàbits exagerats d'alguna planta carnívora real o un relat del qual se n'ha fet un gra massa.

Imatge proporcional de *La botiga dels horrors* en la versió de 1986. © 1986 The Geffen Film Company / Warner Bros.]

Quan els naturalistes del segle XIX exploraven la muntanya Kinabalu de Borneo, van trobar quelcom molt estrany: plantes amb grans cavitats en forma de càntirs. Dins d'un d'aquests hi havia el cos parcialment digerit d'una rata. De ben segur que, ni en els seus pitjors malsons, podia imaginar el rosegador que seria devorat... per una planta! Aquesta troballa va encuriosir molt un gran naturalista de l'època,

Charles Darwin. Amb el temps, Darwin va demostrar que algunes plantes atrapaven insectes i després digerien els seus cossos amb mètodes estranys i sorprenents.

Perquè una planta sigui carnívora, ha d'atrapar i matar les seves preses. Hi ha més de 650 espècies, però pràcticament totes tenen en comú que viuen en sòls molt pobres, especialment en nitrogen, com ara les zones pantanoses o rocalloses, amb la qual cosa, com ja saps, han d'obtenir nutrients per una altra via. Les seves estratègies per a aconseguir-ho són tan curioses com retorçades. Moltes actuen com un paper atrapamosques, que acostuma a ser la pròpia fulla modificada impregnada de gotes enganxoses que s'adhereixen als insectes. Altres tenen forma de càntir ple de líquid que ofega i digereix la presa, mentre que hi ha d'altres que han evolucionat i tenen trampes amb dissenys força elaborats.

Carl von Linné, naturalista i botànic suec del segle XVIII i pare de la taxonomia, va rebre un espècimen d'una planta carnívora. Quan la va avaluar, sorprès, va arribar a afirmar que es tractava d'una blasfèmia, que anava contra el que Déu havia establert, contra natura. Es revelava contra aquella idea i va negar que les plantes poguessin ser carnívores. Va arribar a la conclusió que només atrapaven insectes per accident, i que, tan bon punt el pobre insecte deixés de forcejar, la planta sens dubte obriria les fulles i el deixaria lliure. No s'ho pensi pas, Sr. Linné. No ho dic jo, sinó el Sr. Darwin, que ho va demostrar més d'un segle després.

Charles Darwin va començar els seus experiments el 1860 amb la dròsera o herba de la gota. El fascinava fins al punt d'afirmar: «M'importa més aquesta planta que l'origen de qualsevol altra espècie del món». No deixa de ser curiós que el científic més influent de la història, pare de l'evolució i autor de *L'origen de les espècies*, fes aquesta asseveració. Aquesta planta té les fulles transformades en tentacles amb un tipus de mucosa adherent. Els insectes, quan s'hi apropen, es queden enganxats. Darwin va passar mesos fent experiments amb la dròsera. Deixava caure mosques sobre les fulles i observava com s'enganxaven lentament els tentacles agafallosos per empresonar la seva presa. Hi va posar aigua, llet, carn, pedres, papers i orina a les seves fulles i va registrar les reaccions de la planta. La llet va fer que els tentacles es dobleguessin, igual que la carn i l'orina. Però amb la pedra i el paper, la planta no reaccionava (si estàs pensant en les tisores, tampoc no hi hauria reaccionat). Per a Darwin era meravellós observar que una gota d'aigua tampoc no desencadenava aquesta resposta. Només ocorria davant qualsevol substància que tingués nitrogen. No es tractava d'un accident, com va pensar Linné, sinó d'una estratègia encaminada a l'obtenció d'aquest nutrient.

La dissort es va aliar amb aquest petit insecte que va quedar atrapat per les enganxifoses fulles d'una dròsera.

114

La forma d'obtenir nitrogen d'aquestes plantes és capturar i matar insectes. Les fulles responen als moviments del seu presoner i, lentament (no hi ha pressa, perquè no s'escaparà immediatament), els tentacles estrenyen la víctima i l'apropen a les glàndules, que alliberen un còctel d'enzims a fi d'anar descomponent-la. En algun moment, Darwin va arribar a dir: «Per Júpiter, de vegades penso que la dròsera és un animal disfressat!». Era carnívora com un animal.

Però no pensis que les plantes carnívores són petites. N'hi ha que viuen a nivell de terra, però també n'hi ha carnívores d'entre 2 i 3 m d'alçada. Les trampes enganxoses funcionen tan bé que altres plantes han evolucionat imitant tècniques similars, com ara la rorídula, el gènere de la qual (*Roridula*) té només dues espècies que viuen a Sud-àfrica. Aquesta planta forma unes gotes de resina, molt més adhesives que les de la dròsera. Atrapa insectes més grans i durs. És curiós que aquesta planta, a diferència d'altres carnívores, no té glàndules que segreguin enzims per a digerir l'insecte. Si t'estàs preguntant com ho fa, prepara't per conèixer un mètode propi d'un avesat caçador. La rorídula s'associa amb un insecte, que podríem qualificar «d'assassí», anomenat *Pameridea roridulae* (fixa't que el nom de l'espècie li està donant l'exclusivitat a la planta associada). Aquest depredador es passa tota la vida sobre aquesta planta i, per tal de no quedar-s'hi enganxat, té una coberta de cera antiadherent que li permet moure's-hi lliurement. La planta en pot tenir cents d'aquests associats. *Paremidea* estableix amb la rorídula una simbiosi mutualista. L'insecte, gràcies a la capacitat d'atracció de la planta, menja sense esforç qualsevol altra presa més petita que s'apropi a la trampa. El soci de la rorídula espera que altres insectes quedin atrapats, lluitin per escapar i, finalment, s'esgotin, moment en què ell se'ls cruspirà. I, al seu torn, la planta es nodreix del nitrogen procedent dels excrements de la digestió de *Pameridea*. Aquests excrements són el fertilitzant perfecte, prefabricat i predigerit.

La venus atrapamosques, *Dionaea muscipula*, ha evolucionat de la dròsera. És l'única espècie d'aquest gènere, i

Darwin també la va estudiar en detall. La va cultivar en un hivernacle i la va observar. A banda de les espines situades al voltant de la vora de la fulla, que fan de barrots quan es tanca, va observar tres pèls fins i petits en un extrem. Va assumir que eren gallets que accionaven un mecanisme i els va provar. Quan tocava un no es disparava la trampa, però quan tocava tots dos es disparava sempre. Activar la trampa requeria energia. Que la trampa es disparés en una dècima de segon sense ajuda dels músculs o nervis és un fet que ha sorprès els científics durant anys. Avui sabem que la planta disposa d'un sistema d'estalvi d'energia que li permet distingir entre les preses i altres estímuls. Un cop activats els dos petits pèls, una càrrega elèctrica estimula les cèl·lules exteriors de la fulla, i això permet que canviï ràpidament de forma, de convexa a còncava, i que els dos lòbuls que la formen es tanquin l'un sobre l'altre encaixant perfectament.

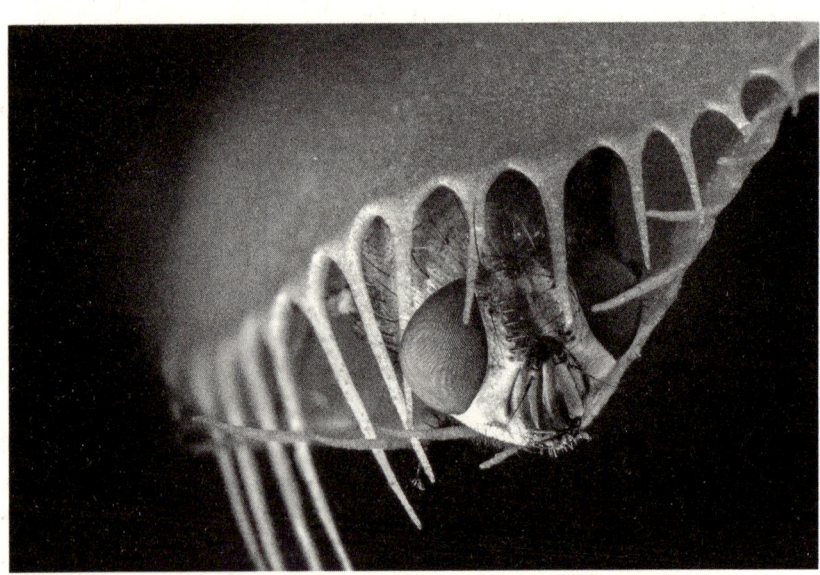

Venus atrapamosques, *Dionaea muscipula*.

Aquestes plantes viuen on plou molt i contínuament, així que una gota de pluja no podia desencadenar la reacció. A aquest efecte, dos d'aquests petits pèls han de tocar-se amb una diferència màxima d'uns 20 segons. L'insecte toca el primer pèl. La planta es posa en alerta. Amb un altre toc, la trampa es tanca ràpidament, fins i tot més veloç que el moviment de la víctima, en una dècima de segon (és a dir, quatre vegades més ràpid que el que trigues a parpellejar), i queda atrapada en una presó. El nombre de contactes amb aquest petits pèls informa la planta de la mida de l'insecte i de si l'interessa posar en marxa tota la maquinària per a menjar-se'l. Si no és rendible, la presa tindrà una segona oportunitat i, encara que la trampa s'hagi tancat, li permetrà escapar: un menjar insuficient no mereix tanta inversió d'energia. Però sembla que la venus atrapamosques no només valora la grandària de la seva presa, sinó també el seu contingut nutritiu, i en funció d'això és capaç de generar un còctel enzimàtic específic per a una digestió apropiada.

Darwin la va anomenar «la planta més meravellosa del món». No hi estàs d'acord? T'explicaré un petit secret: pots cultivar a casa teva la teva pròpia venus atrapamosques i experimentar el mateix que Darwin, alimentant-la tu i veient-la menjar. Cuidar-la és prou senzill i no requereix massa atenció. Només hauràs de mantenir la seva terra humida i procurar que li doni el sol. Si la tens dins de casa, te la mantindrà lliure de bestioles.

Un parent menys conegut de l'atrapamosques és una planta aquàtica, l'*Aldrovanda vesiculosa*, pertanyent al gènere *Utricularia*. En castellà es anomenada també «planta noria» per la forma que adopten les seves branques, convertides en trampes letals que absorbeixen les seves preses com aspiradores subaquàtiques. Aquestes trampes es consideren les estructures més complexes del regne vegetal. Cadascuna d'elles està coberta amb uns petits pèls sensibles que funcionen com els de la venus atrapamosques, però només tenen uns quants mil·límetres de longitud. Quan un protozou, rotífer o petit crustaci toca aquests pèls, la trampa el succiona en menys d'una mil·lèsima de segon, juntament amb l'aigua que després es drena a través de les parets. El més lleu fregament d'un dels pèls connectats a la porta de la trampa activa la seva apertura i s'allibera l'energia emmagatzemada a les parets de la trampa, la qual cosa genera una mena de tornado amb una acceleració que pot arribar a ser fins a 600 cops la força de la gravetat. Aquesta tremenda força no li dona a la víctima pràcticament cap oportunitat d'escapar. En dues mil·lèsimes de segon, la porta es torna a tancar.

En els boscos pantanosos de l'Amèrica tropical, els arbres estan plens de bromèlies, unes plantes que estan emparentades amb les pinyes. Moltes són epífites, és a dir, viuen sobre branques i troncs d'arbres aprofitant la llum solar, així que no poden captar nutrients del sòl com la resta de les plantes. En lloc d'això, les fulles de les bromèlies formen un pou que s'omple d'aigua quan plou, però també de fulles que cauen de l'arbre, les quals li serveixen d'aliment. Molts insectes veuen aquest pou com si fos un spa, però totes no són tan acollidores. *Brocchinia reducte*, una de les poques bromèlies carnívores, té fulles que estan cobertes d'una cera lliscant i un pou central ple d'àcid i enzims digestius. Això atreu els insectes, que s'hi posen, no es poden sostenir, rellisquen i cauen al pou mortal. Punt final. Ràpid i efectiu.

Darwin també va estudiar les trampes de les plantes gerra, encara que aquestes li van generar més dubtes, perquè certament no són tan actives com per considerar que «atrapen» les seves preses. Per aquesta raó, es va plantejar que podrien ser carnívores, però ara sabem que tenen una de les trampes més elaborades i sofisticades que hi ha. Les gerres van evolucionar independentment en diverses etapes a Amèrica, Austràlia i al sud-est d'Àsia. La seva bellesa oculta diabòlics dispositius mortals. Una de les característiques més fascinants d'aquest tipus de plantes és que mantenen les seves flors lluny de les seves trampes mitjançant tiges llargues, amb l'objectiu d'evitar el risc de capturar i consumir possibles pol·linitzadors. Si això passés, seria el que podríem descriure com un fracàs en tota regla. Darwin es va arribar a preguntar si era possible que quelcom tan complex pogués evolucionar per selecció natural.

Al sud-est dels Estats Units viu *Sarracènia*, el gènere representatiu de les plantes gerra. Les seves gerres són altes i de colors vius, amb patrons que criden l'atenció, plens d'un nèctar molt dolç que atrau els insectes. Quan aquests s'hi atansen, estan tan ocupats amb el nèctar situat al coll de l'ampolla que no s'adonen que cada cop és més difícil sostenir-se, de manera que rellisquen i cauen al fons. Un cop a dins, no poden sortir i la planta els digereix amb enzims destinats a la seva descomposició. La sarracènia, *Sarracenia purpurea*, viu a torberes i sòls arenosos de gran part d'Amèrica del Nord. Aquesta planta recorre a tota una comunitat vivent que es troba al fons de la gerra formada sobretot per larves de mosquits, *Wyeomyia smithii* i *Metriocnemus knabi*, que ho habiten de forma exclusiva, juntament amb protozous i bacteris que degraden les desafortunades preses i posen els nutrients a disposició de la planta.

Una altra *Sarracenia*, la *Sarracenia psittacina*, té el mateix mecanisme de captura que *Darlingtonia californica* o lliri de cobra, un parent proper de la mateixa família. En el cas d'ambdues plantes, la presa s'introdueix en una gerra cercant el nèctar, però es confon per la llum que entra a través del que semblen finestres i que, en realitat, són falses sortides. L'insecte, exhaust, mirant d'escapar sense èxit, trobarà uns densos pèls que el que aconsegueixen és que segueixi baixant més i més fins que cau a la sopa àcida. Per cert, si et preguntes d'on ve el seu nom, «lliri de cobra», es deu al fet que és l'única espècie enquadrada en aquest grup que no atrapa l'aigua de pluja a la seva gerra, sinó que en regula la quantitat bombejant-la des de les seves arrels o expulsant-la, segons convingui. O sigui, sí, però no.

Totes les plantes gerra d'Amèrica del Nord viuen en llocs humits. Un altre parent proper de la *Sarracenia*, anomenat *Helianphora* o heliàmfora, viu a l'Amèrica del Sud, a selves aïllades de Veneçuela, el Brasil o la Guaiana, als cims de les muntanyes anomenades «tepuyes», una paraula local que significa «llar dels déus». És l'única llar de les heliàmfores.

Una espècie del gènere *Nepenthes*.

Aquestes plantes no tenen la part superior anomenada «opercle» que sí té la gerra, a manera de tapadora, la funció de la qual és protegir-la de la pluja, evitar que la gerra s'ompli d'aigua i impedir la sortida d'un insecte incaut. No estan protegides i, amb tot, malgrat viure en un ambient en el qual la pluja és incessant, s'han adaptat perfectament a fi de no ofegar-se. Per tal de no sobreeixir d'aigua, la gerra disposa d'una fenedura que la drena cap a un canal pla i li permet mantenir el nivell d'aigua sempre correcte.

La selva del sud-est d'Àsia és el lloc per excel·lència dels *Nepenthes*, també coneguts com a «copes de mico», perquè s'han vist micos bevent-hi aigua de pluja. Durant molt de temps, ningú va imaginar que es tractava d'una planta carnívora, ja que es pensava que les gerres servien per a recollir aigua de pluja perquè la planta pogués sobreviure en temps de sequera. Té la seva lògica. Podria ser una adaptació, però no és pas així. Són plantes trepadores d'uns quants metres d'alçada. Les seves exquisides gerres creixen dels circells situats a les puntes de les fulles. La seva diversitat és increïble, i la seva grandària encara més! Hi ha uns 130 tipus de gerres diferents. La més espectacular viu a l'illa de Borneo i es considera la planta carnívora més gran. La trampa té gairebé la grossària d'un nounat. En els darrers anys, els botànics s'han adonat que no només atrapen i digereixen les seves preses, sinó que són autèntiques depredadores, encara que passives. Tenen dos ullals que produeixen nèctar per atreure els insectes, la qual cosa fa que adquireixin formes realment esgarrifoses.

A l'interior d'aquestes plantes hi ha visitants que s'hi van instal·lar fa molts i molts anys. Les formigues de l'espècie *Colobopsis schmitzi* no són unes minúscules preses de la *Nepenthes bicalcarata*, sinó que arriben a nedar (i fins i tot bussegen!) en el fluid de la gerra per a nodrir-se del que hi troben. Fixa't com n'arriba a ser d'extraordinària aquesta qualitat (majoritàriament, les formigues són terrestres i s'ofeguen en l'aigua) que també se l'anomena «formiga bussejadora». De tant en tant, les formigues es congreguen per netejar l'interior de la gerra de restes i florit i aconseguir que torni a estar ben relliscós. A canvi, a més d'aportar-li aliment, la gerra els dona una llar en un bucle buit de la tija, on les formigues construeixen els seus nius. Això sí que és arribar a un acord. Simbiosi perfecta.

Nepenthes bicalcarata.

Nepenthes albomarginata, és, podríem dir, selectiva amb el seu menjar. Al voltant de l'obertura de la gerra, té una cinta blanca distintiva i única de tot el gènere *Nepenthes.* Pel que sembla, aquesta banda resulta irresistible per a les termites, així que aquesta espècie s'ha especialitzat en termites. No vol una altra cosa. Durant la nit, milions de termites exploren la selva, com si fossin un exèrcit. Si un explorador troba la banda blanca d'aquesta planta, recluta la resta perquè se n'alimentin. Tot va bé fins que segueixen arribant més, i més, i més, i més, i les primeres en arribar no poden aguantar la pressió de la resta i van caient a dins, com la multitud davant la porta d'un centre comercial el primer dia de rebaixes... fa uns quants anys. L'endemà és fàcil reconèixer la planta que ha menjat perquè li mancarà la cinta blanca i tindrà al seu interior cents de termites ofegades.

Els *Nepenthes* han format tot tipus de relacions complexes amb animals. A la muntanya Kinabali de Borneo han descobert que la gegantina *Nepenthes rajah* té alguns visitants inusuals. No només es carnívora, sinó que atrau mamífers cap a la gerra. Pot arribar a mesurar 41 cm d'alçada i 20 d'amplada i a contenir 3,5 litres d'aigua, que alberga larves de mosca, mosquits, aranyes, àcars, formigues i, fins i tot, dos mosquits que duen el seu nom. Totes aquestes petites bestioles que l'habiten s'anomenen «nepentebionts», perquè estan tan especialitzats que no podrien viure a cap altre lloc. La planta produeix nèctar contínuament, tant de dia com de nit.

El que es veritablement increïble d'aquesta espècie és el tipus de relació que manté amb dos mamífers. Durant el dia, la visita la musaranya d'arbre (*Tupaia montana*), que es balanceja a la vora de la trampa i llepa el seu nèctar. Mentre s'alimenta, la musaranya orina i defeca a la gerra, així que ja li està aportant nutrients amb un gest tan simple i rutinari (segur que endevino el que estàs pensant). Quan cau la nit, la musaranya ja no hi és, però ve la rata del Kinabalu (*Rattus baluensis*) per alimentar-se. Aquesta rata viu únicament en aquesta muntanya i en una altra de propera. Quan s'hi apropa, s'enfila a la gerra i li deixa un regalet en forma d'excrements, Si cau a dins, quedarà atrapada i li servirà d'aliment, encara que realment no és la intenció de la planta. El seu fi no es atrapar mamífers que segurament no podria digerir, sinó insectes, especialment formigues. El descobriment d'una rata morta a l'interior d'un d'aquests exemplars va animar Darwin a estudiar-les en profunditat, però realment podem dir que aquell esdeveniment va ser un accident. De fet, n'hi va haver dos, perquè hi ha almenys dos registres de rates ofegades.

Quelcom similar succeeix amb *Nepenthes hemsleyana*, que viu a la mateixa zona i en gran part del sud-est asiàtic. No depèn dels insectes atrapats, sinó més aviat d'un habitant que cada dia hi pernocta. Es tracta d'un petit mamífer de poc més de 5 g, el ratpenat pilós de Hardwicke (*Kerivoula hardwickii*). Durant la seva estància per descansar, s'allibera i deixa caure els seus excrements a la gerra, aportant els nutrients a canvi d'un refugi. Gairebé el 34 % del nitrogen foliar d'aquesta planta deriva de la femta d'aquest petit animal. Normalment, hi haurà un únic ratpenat per gerra, però potser que en algun moment trobis una mare amb el seu nadó.

Darwin va estendre els seus estudis de les dròseres a altres espècies de plantes carnívores i, finalment, el 1875 va reunir totes les seves observacions i experiments en un llibre titulat *Plantes insectívores*.

L'origen evolutiu d'aquestes plantes és encara una qüestió incerta. Segons apunten alguns estudis, certs gens relacionats amb les defenses i l'estrès es van reconvertir a fi de capacitar-les per a la digestió d'insectes. De fet, alguns grups de proteïnes que originalment participaven en la defensa contra els patògens ara es dediquen a produir enzims digestius.

L'astorament que ens generen aquestes plantes continua essent tan gran com quan van ser descobertes per primer cop. Hi ha cents de muntanyes per explorar, i, per tant, segurament hi haurà desenes i desenes d'espècies que encara estan per descobrir. O fins i tot pot passar que una espècie que coneixem de sempre resulti ser carnívora. Per exemple, *Pleurotus ostreatus*. Val, no és una planta, és un fong: la gírgola de card, una de les més consumides al nostre país. No obstant això, recentment s'ha descobert que pot generar toxines i alimentar-se dels petits cucs que viuen sota terra.

Les històries de plantes menjahomes eren fantasia, com els dracs, els follets, els unicorns o les fades, però la vida real ha demostrat que la realitat és mot més fascinant que la ficció. De vegades, no cacen ni requereixen ajuda per poder alimentar-se, sinó que directament són capaces de robar els nutrients. No se'n van en raons... o sí. Segueix-me.

Plantes paràsites

Un 1 % de les angiospermes, també conegudes com a «plantes amb flors», ens han sortit mandroses. Parlem de 4.500 espècies que no es molesten en cercar la manera d'obtenir tots els nutrients que els calen. És més fàcil i més econòmic, des del punt de vista energètic, esperar que els ho donin tot fet. Seria com aquell solter o aquella soltera de 40 anys, amb feina fixa i un sou prou alt per a independitzar-se, però que segueix vivint a casa dels pares amb sostre, rentadora, planxa i menjar a taula. Tant els va interessar aquesta característica que van evolucionar de forma independent a les angiospermes unes 12 o 13 vegades, i algunes han sabut desenvolupar una «autoincompatibilitat», amb l'única finalitat de no poder parasitar-se a elles mateixes. Les espècies aquàtiques tampoc no es van lliurar de l'evolució, i trobem espècies paràsites dins l'aigua.

L'objectiu és prendre alguns o tots els nutrients de la planta que parasiten, però, lògicament, sense arribar a matar-la, perquè altrament se'ls acabaria el bròquil. A aquest efecte, l'estructura que van desenvolupar i que s'anomena «haustori» és una arrel modificada. Una petita classe d'anatomia vegetal. De la mateixa manera que molts animals tenim un sistema circulatori, les plantes vasculars tenen dos canals que serien com les venes i les artèries. El xilema transporta aigua, sals minerals i nutrients (sàvia bruta) des del sòl, que és d'on s'alimenta la planta, fins a les fulles, on tindrà lloc la fotosíntesi, mentre que el floema transporta substàncies orgàniques i inorgàniques, principalment sucres, producte de la fotosíntesi, des de les fulles cap a la tija i les arrels (sàvia elaborada). Doncs bé, les plantes paràsites són lladres tot terreny, perquè aquests haustoris poden penetrar la planta hoste[1] i arribar fins al xilema, al floema o a tots dos. O ni això. Algunes plantes ni es molesten en penetrar-les per robar.

Un estudi de 2019, publicat per la prestigiosa revista *Nature*, va demostrar que les plantes paràsites del gènere *Cuscuta* havien robat 108 gens del seu hoste mitjançant un procés que és freqüent en microorganismes: la transferència horitzontal (responsable en part de la resistència als antibiòtics). Eren gens que havien incorporat al seu ADN i tenien diferents funcions que ajudaven la planta paràsita. El més sorprenent és que un dels gens robats anul·la la capacitat per a defendre's de la planta hoste.

Una cosa curiosa d'aquestes plantes és el mecanisme que empra per germinar. Com que necessiten un hoste, de vegades de forma obligatòria per poder viure, no tindria molta lògica que les llavors viatgessin grans distàncies posant en risc la seva continuïtat. En alguns casos, el que acostumen a fer és deixar caure les seves llavors molt a prop de la planta a la qual parasiten, entre altres raons, perquè les llavors tenen la reserva molt justa i, per tant, no poden viure gaire temps sense envair una nova planta. Això els succeeix a espècies del gènere que acabem d'esmentar, *Cuscuta*, paràsita de l'arrel de l'alfals, el trèvol, la patata, el crisantem, la dàlia, la falguera, la petúnia, etc., les llavors de les quals, un cop germinades, moren si en deu dies no han trobat un hoste. Totes les llavors han après a detectar els senyals químics procedents de

---

1   Vegetal o animal en el cos del qual s'allotja un paràsit.

la planta hoste, que sintetitza unes hormones anomenades «estrigolactones» que segrega a través de les arrels. Aquestes hormones serveixen per atreure microorganismes beneficiosos per a les plantes. Les llavors paràsites intercepten aquest senyal i l'utilitzen com una indicació per germinar, ja que els informa que hi ha un hoste a prop. El nom d'«estrigolactona» prové del gènere de la planta paràsita *Striga* o herba de bruixa. A l'herba de bruixa el nom li escau a la perfecció. Totes les plantes del gènere *Striga* són hemiparàsites d'arrel, però algunes espècies constitueixen un seriós problema per als agricultors, causant uns efectes devastadors per al blat de moro, el sorgo, l'arròs o la canya de sucre. Et recordo que un organisme paràsit no té per què ser patogen (no és el mateix), però, en aquest cas, a banda de paràsites, algunes espècies són patògenes per a aquests cultius i poden acabar amb ells. El problema de la seva gestió radica en què una sola planta és capaç de produir entre 90.000 i 500.000 llavors que poden romandre viables al sòl més de deu anys i, com que creixen majoritàriament sota terra, quan es detecten ja és massa tard.

Cuscuta epithymum que creix al voltant de les tiges d'ortiga.

Por suerte, a través del mapeo de la infestación, la cuarentena y las actividades de control, la superficie parasitada por la bruja se ha reducido en un 99 % desde su descubrimiento en los Estados Unidos, pero en África sigue siendo uno de los patógenos más destructivos, tanto que algunos agricultores deben trasladarse cada pocos años.

Flors de bruixes gegantines (*Striga hermonthica*) en un cultiu de cereal.

Hi ha una immensa varietat de plantes paràsites, perquè algunes poden necessitar obligatòriament una planta hoste per viure (paràsites obligades) o no (paràsites facultatives). Poden fixar-se a la tija o a l'arrel. I fins i tot poden arribar a ser dependents en determinades circumstàncies sense perdre la capacitat fotosintètica (hemiparàsites) o ser tan dependents que han de robar tot el carboni, perquè ni tan sols tenen clorofil·la suficient per realitzar la fotosíntesi. Com que no la fan, no els calen fulles ni tiges que les sostinguin, així que són una mena de «cosa acolorida», que acostuma a ser la flor, situada a prop d'una altra planta. Òbviament, les holoparàsites, degut a l'absència de color verd, són les més cridaneres.

No és fàcil imaginar que l'impressionant arbre de Nadal australià, *Nuytsia floribunda*, que pot arribar als 10 m, és una planta hemiparàsita d'arrel. El nom prové del fet que la seva època de floració, que origina un espectacle de flors d'un color taronja viu, té lloc durant l'estiu australià i coincideix amb el Nadal. Pel seu aspecte de «foc sense fum», que aporten les seves flors taronges, en algun moment se'l va anomenar «arbre de foc». Curiosament, aquest arbre no mostra una especificitat amb el seu hoste i roba sàvia de qualsevol cosa verda propera (herbes, malesa, vinyes, eucaliptus...). El seu tronc arriba a fer 1,2 metres de diàmetre, té múltiples capes de fusta i una escorça resistent al foc. Més val que no hagi cablejat subterrani a prop d'aquests arbres, perquè les seves arrels estan equipades amb unes estructures afilades com ganivetes tan potents que són capaces de tallar cables d'electricitat o de telefonia, fins i tot es talla ell mateix per error!

Malgrat això, aquest arbre de Nadal és una icona al sud-est australià. El poble aborigen Noongar de la regió el considerava sagrat, perquè deien que era un ésser on residien els esperits dels morts. Únicament empraven les seves fragants flors daurades com a braçalets i cinturons quan assistien a reunions.... fins que van provar les seves arrels comestibles, que van anomenar *moodgar* o *mungah*, i quelcom similar a un xiclet sorprenentment dolç i enganxós, *ognon*, que traspuava el tronc.

Però, per sobre de totes les plantes paràsites, hi ha dues tan cridaneres i extraordinàries com fètides. Les espècies del gènere *Hydnora* i *Rafflesia*. Totes dues són holoparasitàries i, com a tals, ni són verdes ni tenen òrgans que ho siguin. Sense tija ni fulles, la planta és bàsicament una flor de colors vius que emergeix de la terra i roba absolutament tots els nutrients de la planta que parasiten. Belles lladres.

Nuytsia floribunda, l'arbre de foc australià.

Rafflesia segurament no sigui la planta paràsita més gran (apostem per l'arbre d'abans), però sí que és la flor més gran del món. En el teu primer viatge a Indonèsia, el guia us porta pels boscos humits de Borneo i Sumatra i, de sobte, trobes quelcom que sorgeix del sòl amb vius colors, una estranya forma amb un forat central gegantí i una olor nauseabunda. Et sents captivat davant tal descobriment, tan misteriós i repulsiu... però hipnòtic! Has trobat una *Rafflesia*.

La primera persona que la va trobar fou un explorador francès, Louis Auguste Deschamps, el 1797, però, al tornar a França, el seu vaixell fou capturat pels anglesos i totes les notes van ser confiscades i no van aparèixer fins al 1954. Si hem de ser justos, la planta hauria d'anomenar-se *Augusta deschampsii*, o una cosa semblant. Tanmateix, aquí s'escau allò de «Uns tenen la fama i els altres carden la llana», perquè el veritable descobridor d'un espècimen de *Rafflesia* va ser el servent malai del governador Sir Thomas Stamford Bingley Raffles, fundador de la colònia de Singapur el 1819. En aquella expedició, al governador també l'acompanyaven la seva esposa i el botànic anglès Joseph Arnold. Arnold va morir poc després d'aquell descobriment sense que tingués temps d'acabar l'esbós de la planta, així que, finalment, i després d'un anar i venir de notes i descripcions d'un botànic a l'altre, l'espècie va rebre el nom del governador i del botànic que va començar l'esbós, *Rafflesia arnoldii*.

Fa uns 46 milions d'anys, les flors de *Rafflesia* van evolucionar a un ritme accelerat i van augmentar la seva grandària gairebé 80 cops. Si extrapolem aquest creixement a l'home, seria com si mesuréssim 140 m, gairebé el que mesura la Gran Piràmide de Guiza. Avui aquesta flor fa més d'un metre de diàmetre i pesa 11 quilos!

Poder observar aquesta meravella de la natura és un fet extraordinari, perquè s'han de conjuminar una sèrie de circumstàncies gairebé miraculoses. *Rafflesia* parasita les vinyes del gènere *Tetrastigma*. La majoria dels brots que es van desenvolupant moren (la seva mortalitat és del 80–90 %). El que se salvi madurarà durant més de 20 mesos per donar una flor. Formosa, però efímera, perquè durarà com a molt una setmana. Els insectes que la pol·linitzen han de transportat el pol·len d'una flor a una altra, així que ens cal que més d'una estigui oberta simultàniament (la qual cosa es difícil) i, a més, que no siguin del mateix sexe (gairebé impossible). També és mala sort que la majoria de les flors siguin de sexe masculí. Tot això, juntament amb la necessitat d'un hàbitat específic, el seu ús en medicina tradicional (compte, perquè encara que algunes molècules sí que han demostrat activitat terapèutica al laboratori, no hi ha cap evidència científica que curin res), un flux turístic incessant i la desforestació dels boscos de Sumatra fan que algunes espècies de *Rafflesia* estiguin en perill.

El govern malai ha intervingut en aquest assumpte i ha aconseguit protegir-les en reserves, com ara el parc Kinabalu de Sabah i el parc de Gunung Gading, però els científics segueixen cercant incansablement la forma de cultivar aquesta flor tan enigmàtica. Fins al 2016, la única forma era mitjançant empelts. En un futur, segurament no molt llunyà, una combinació de mètodes de millora genètica clàssica i biotecnologia aconseguiran produir en massa uns metabòlits que resultin interessants des del punt de vista farmacològic (cultiu *in vitro* d'arrels), generar varietats amb nous colors (per mutagènesi o pol·linització artificial) i de petites dimensions com a regal (per hibridació *in vitro*), o simplement, i no és poca cosa, conservar l'espècie perquè mai perdem una bellesa tan singular del nostre planeta.

Un turista fa una foto de *Rafflesia* al Parc Nacional Gunung Gading

PART III.
VIU... L'AGITADA I ESTRESSANT
VIDA SOCIAL DE LES PLANTES

Secció transversal del sòl.

Que hi ha algú allà a baix?

«El principal problema d'aquest univers és que ningú no s'ajuda mútuament». Star Wars, episodi I: L'amenaça fantasma (1999).

El sòl és per si mateix un organisme viu. És tan crucial que té el seu propi dia mundial al calendari per a conscienciar la societat de la necessitat de la seva conservació, el 5 de desembre. Sota el sòl, hi ha tot un ecosistema en el qual els processos fisicoquímics i biològics que duen a terme els éssers vius i els microorganismes que l'habiten permeten la vida a la superfície. Els sòls sustenten l'agricultura, la productivitat de les collites i, d'alguna forma, les economies nacionals. Redueixen la pèrdua de nutrients als cursos d'aigua, augmenten la retenció de carboni, contraresten les emissions de gasos d'efecte hivernacle i promouen la biodiversitat. Després de tot, haurien de ser considerats com un recurs natural i estratègic que requereix una gestió intel·ligent. Actualment, s'està veient alterat per una sèrie de factors ambientals i antropogènics, i no vull semblar exagerada ni alarmista, però tot això podria posar en risc la nostra pròpia existència.

Per sobre del sòl, fulles, arrels i animals morts col·laboren perquè sigui saludable. Aquest materials orgànics es descomponen formant l'humus gràcies a l'activitat microbiològica que té lloc a sota. De fet, l'humus emmagatzema l'energia que necessiten aquest microorganismes.

L'any 1983, a Espanya, s'estrenava una sèrie anglesa infantil anomenada *Fraggle Rock*. Una de les novetats del confinament per la COVID-19 és que ha tornat a les nostres pantalles en una coneguda plataforma digital amb nous episodis. No hi ha ningú de la meva edat que, si escolta el recoble «Anem a jugar», no piqui de mans dos cops... Estava protagonitzada per ninos de colors vius i alegres, cadascú amb una personalitat, que vivien en coves on jugaven, exploraven i gaudien. Jo m'identificava amb Rosi, la de les cues taronges, perquè es deia com jo. Els *fraggles* vivien en un món parallel a la realitat, relativament complex, on establien relacions simbiòtiques amb diferents criatures, però ignoraven com d'interconnectats estaven i com d'importants eren els uns per als altres.

Així és el sòl que hi ha sota les plantes. Tot i que no ho veiem, sota qualsevol de les nostres petjades hi ha algues, protozous, quilòmetres de miceli fúngic (és la part que no es veu dels fongs, la que serveix per a alimentar-se i està formada per filaments anomenats hifes), nemàtodes de 50 espècies, fins a 100 espècies d'insectes i aràcnids i milions de microorganismes. En un únic gram de sòl pot haver-hi 1.000 milions de bacteris. Si poséssim tots els éssers vius en una bàscula, el 80 % del pes serien les plantes; el 15 %, bacteris; i al 5% restant trobaríem fongs, virus, arqueus, protists i tots els animals del món! Inclosos els éssers humans. És lògic que ens interessi el món subterrani i el fons oceànic si tenim en compte que, malgrat que coneixem només un 5 % del que hi viu, en realitat, l'habiten gairebé la meitat del éssers vius del planeta.

BACTERIS DEL SÒL

«*We're organisms; we're conceived, we're born, we live, we die, and we decay. But as we decay we feed the world of the living: plants and bugs and bacteria*». Bill Bass, *Death's Acre: Inside the Legendary Forensic Lab the Body Farm Where the Dead Do Tell Tales* (2003).

Molts dels antibiòtics i antimicòtics emprats avui han tingut el seu origen en microorganismes que viuen de forma habitual al sòl. Per exemple, la penicil·lina, els efectes de la qual van ser observats per Fleming, fou aïllada del fong *Penicillium notatum*, igual que la griseofulvina, un antimicòtic aïllat de *Penicillium griseofulvum*. Diferents espècies del gènere *Streptomyces* han desembocat en la coneguda estreptomicina, àcid clavulànic, neomicina i cloranfenicol. Avui dia, l'OMS considera la resistència als antibiòtics un problema de salut mundial. Malgrat que la resistència dels bacteris als antibiòtics és un mecanisme natural, l'ús indegut i l'abús d'éssers humans i animals fa que aquest fenomen vagi mes ràpid que el descobriment de nous fàrmacs eficaços.

S'estima que el 99 % de totes les espècies bacterianes que viuen en el medi ambient podrien ser una font prometedora per a l'obtenció de nous antibiòtics. El problema és que són bacteris no cultivables, és a dir, que no poden créixer en condicions de laboratori, sinó que únicament poden desenvolupar-se en el seu medi. Des dels anys 80 només s'ha descobert un nou antibiòtic i, un cop més, procedeix d'un microorganisme del sòl. Es va analitzar un sol gram de terra d'un camp d'herba de Maine (EUA) i es van avaluar 10.000 compostos d'origen bacterià. N'hi havia un que destacava sobre la resta analitzada per la seva activitat, que va rebre el nom de «teixobactina». Aquest antibiòtic procedia d'una nova espècie bacteriana que els autors de l'estudi acabaven d'aïllar mitjançant una tècnica pionera que permetia cultivar-la fora del seu hàbitat. La van anomenar provisionalment *Eleftheria terrae.* Fins avui, la teixobactina ha demostrat ser eficaç en ratolins contra *Staphylococcus aureus*, causant d'infeccions cutànies, respiratòries, nosocomials (contretes als centres sanitaris i hospitals) i un dels bacteris més complicats d'eliminar, i contra *Streptococcus pneumoniae*, el bacteri que provoca la pneumònia. Si els assajos clínics en humans van bé, podria comercialitzar-se en poc temps.

Però els bacteris del sòl no ens donen només antimicrobians de tant en tant. T'agrada l'olor a terra mullada quan plou? Es deu a una substància anomenada «geosmina», produïda per *Streptomyces coelicolor*. El 2015, científics del MIT van emprar càmeres d'alta velocitat per a mostrar com aquesta olor s'introdueix en l'aire. A aquest efecte, van filmar gotes de pluja caient en setze superfícies diferents, variant la intensitat i l'altura de la caiguda. Van descobrir que, al colpejar una superfície porosa, es creen petites bombolles dins de la gota, que augmenten de grandària i floten cap a dalt. Un cop arriben a la superfície, es trenquen i alliberen una «efervescència d'aerosols» a l'aire, els quals transporten l'aroma. Si cerques al diccionari, veuràs que té fins i tot un nom en castellà, *petricor*, que ve de *petri* («pedra») i *icor*, que era la sang dels déus; així que, ja saps, aquesta olor distintiva a terra mullada era l'olor de la sang dels déus.

De bacteris en trobem a tots tipus de sòls. Des d'aquells on és fàcil pensar que hi habiten fins a sòls amb unes condicions extremes. Fins i tot, hi ha alguns amb un metabolisme tan versàtil que són capaços d'adaptar-se a tot tipus d'ambients, com ara els del gènere *Pseudomones*, presents també al sòl de l'Antàrtida. El desert d'Atacama, la regió més àrida del planeta (que ha patit un període de 500 anys sense pluges), és l'indret d'origen del bacteri *Streptomyces leeuwenhoekii*, productor d'antibiòtics. També s'han trobat bacteris dins d'un reactor nuclear. Com veus, els bacteris són tan importants que sense ells no hi hauria sòl i, sense sòl, evidentment, no hi ha vida.

Com tots els éssers vius del planeta Terra, la planta no funciona de forma individual. El seu bon desenvolupament depèn de la cooperació amb altres organismes. Per la seva abundància i importància per a la salut de les plantes, entre tots els habitants edàfics destaquen els bacteris i els fongs. Tots ells habiten en una regió específica del sòl, única i dinàmica, anomenada «rizosfera», que comprèn la zona on es desenvolupen les arrels. És una àrea d'intensa i frenètica activitat biològica i química influïda pels compostos exsudats per l'arrel, que inclouen un munt de molècules diferents, líquides, sòlides o gasoses: àcids orgànics, sucres, aminoàcids i petits pèptids, vitamines, hormones, etc.

Tot i que hi ha interaccions planta-microorganisme que poden resultar perjudicials i altres de neutres, en aquesta ocasió veurem un grup de bacteris multifuncionals amb efectes beneficiosos. Són els bacteris promotors del creixement vegetal, anomenats abreujadament «PGPR» (per les seves sigles en anglès *Plant Growth-Promoting Rhizobacteria*). Van ser anomenats així perquè el primer que es va observar és que estimulaven el creixement de les plantes i que estaven íntimament relacionats amb nutrients com el carboni, el fòsfor, el nitrogen, el sofre i el ferro, aquest últim mitjançant la producció de substàncies anomenades «sideròfors», que faciliten el ferro de la rizosfera i se'l subministren a la planta. De fet, tant la fixació biològica de nitrogen —de la qual ja hem parla— com la solubilització de minerals del sòl formen part de les seves estratègies, i els bacteris que ho duen a terme estarien enquadrats en aquest grup. Efectivament, ajuden les plantes amb la nutrició, però les funcions dels PGPR van molt més enllà.

T'imagines que tens un veí xef que mai cuina però que sempre té tots els ingredients que necessita i te'ls dona gustosament? Així, com ho llegeixes. Les hormones són tan importants per a les plantes com ho són per a nosaltres, Controlen un gran nombre de processos fisiològics, com ara el creixement, la caiguda de fulles, la floració, la formació del fruit, la germinació de les llavors, la defensa contra els patògens, etc. Tot el metabolisme hormonal que hi ha darrere d'aquest processos és molt complex, perquè no depèn d'una sola hormona, sinó de la interacció d'unes quantes i del balanç de més d'una i, a més, es veu modificat per qualsevol petita alteració ambiental. Els PGPR poden produir auxines, gibberel·lines, citoquinines i etilè.

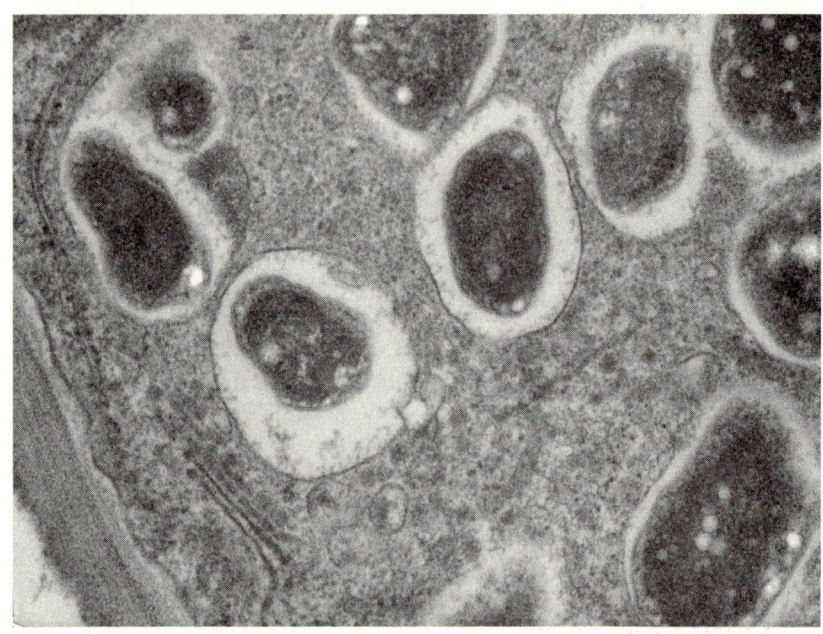

Imatge d'una secció transversal a través d'un nòdul d'arrel de soja (*Glycine max.Essex*). El rizobacteri, *Bradyrhizobium japonicum*, colonitza les arrels i estableix una simbiosi fixadora de nitrogen. Aquesta imatge de gran augment mostra part d'una cèl·lula amb bacteroides individuals dins de la seva planta hoste. En aquesta imatge s'aprecia el reticle endoplàsmic, el dictisoma i la paret cel·lular. Autora: Louisa Howard.]

En relació amb la protecció contra els patògens, aquests bacteris produeixen antibiòtics, amb la qual cosa eliminen competència i la presència d'altres bacteris que podrien ser patògens. També alliberen enzims com quitinases i glucanases, la funció de les quals és trencar la paret cel·lular de fongs patògens o closques d'insectes; a més, activen el que coneixem com a «resistència sistèmica induïda», un mecanisme de defensa desenvolupat per les plantes davant l'atac de virus, bacteris i fongs que precisament implica hormones, àcid jasmònic i etilè.

Els altres habitants naturals del sòl, íntims amics de les plantes i també d'aquests bacteris, són uns fongs, però uns fongs molt especials: les micorrizes. Ja les he esmentat uns quants cops i sempre ha estat de passada, i això no pot ser. Ha arribat el moment de parlar-ne extensament.

MICORRIZES: INTERNET SOTA EL SÒL

«Només qui mana amb amor, és servit amb fidelitat». Francisco de Quevedo (1580–1645), escriptor del Segle d'Or espanyol.

En grec, *mykos* vol dir «fong» i *rhizos* significa «arrel», així que el terme denota la simbiosi beneficiosa entre un fong i l'arrel d'una planta. El primer cop que el terme *micorriza* va ser emprat per part d'Albert Bernhard Frank va ser l'any 1885.

Aquesta relació és ubiqua i tan freqüent a la natura que comunament es diu que les plantes no tenen arrels, sinó micorrizes. N'hi ha molt poques excepcions entre les plantes cultivades, com ara la remolatxa, els espinacs, la quinoa o la col i tots els seus derivats (el cabdell, les cols de Brussel·les, la coliflor, el bròquil, etc.), però la majoria de les plantes terrestres estan micorrizades al seu hàbitat natural. Aquests fongs no entenen de climes ni de sòls pobres i, com que són simbionts obligats (és a dir, que necessiten obligatòriament una planta per a poder viure), estaran sempre allà on hi hagi vegetació.

Soc una romàntica. M'agrada imaginar-me com van succeir les coses en altres èpoques. Durant les meves caminades freqüents per l'Alhambra, em quedo pensativa, absorta entre el rumor de l'aigua que corre sense pausa i la pedra dels murs que s'obre a les finestres, deixant volar la meva imaginació. Gairebé puc veure qui s'hi abocava, què estava mirant, com anava vestit.... com vivia. En el cas de les micorrizes, hem de retrocedir molt més en el temps. Fa gairebé 500 milions d'anys que va començar aquesta història. La Terra era molt diferent a la que avui coneixem quant al clima, la geografia i la biodiversitat. A l'Ordovicià, fa uns 470 milions d'anys, apareixen les primeres plantes verdes i fongs al terra.

Seguim imaginant. En aquell moment, segurament les primeres plantes terrestres van patir les latituds extremes d'alguna de les masses continentals juntament amb les elevades concentracions de CO_2 (quinze vegades superior al que hi havia abans de la Revolució Industrial i deu vegades superior al registrat el 2019), oxigen (similars a les actuals), l'absència de filtres de radiació ultraviolada, fortes oscil·lacions tèrmiques i possiblement fotoperíodes (hores de llum i obscuritat) variables. Tot això va poder condicionar, sens dubte, les seves estratègies vegetatives i reproductives, i va posar en marxa els primers mecanismes d'adaptació. Per exemple, la producció de flavonoides per a protegir-se de la radiació ultraviolada o la formació d'una cutícula per a prevenir la dessecació.

Al final de l'Ordovicià i començaments del Silurià (445-443 Ma), va tenir lloc el segon dels cinc esdeveniments d'extinció més grans de la història que va eliminar gran part de la vida marina (trilobits, braquiòpodes, bivalves, etc.). Va extingir el 85 % de la fauna i va dificultar els intents de continuar colonitzant l'ambient terrestre per part de plantes i fongs. Dic fongs perquè el seu origen és tan antic com les pròpies plantes terrestres i segurament sigui el primer exemple de simbiosi sobre terra ferma del qual es té evidència científica. El caràcter heteròtrof d'aquests fongs (que necessiten alimentar-se de la matèria orgànica d'altres organismes) els condicionava a obtenir la seva font carbonada a partir d'altres organismes i, a més, els aportava aquells nutrients que a aquestes primeres plantes els costava extreure del sòl. Sabem que l'associació d'aquests fongs amb les plantes terrestres fou un factor clau en el procés de colonització i desenvolupament. Els fongs van anar obrint camí perquè les plantes conquerissin terra ferma mitjançant una mena d'acord respecte a on intercanviarien nutrients, formant una relació forta i duradora. Fins al punt que ha arribat fins als nostres dies.

El fòssil Rhynie, que rep el nom del lloc on va ser trobat (la ciutat escocesa de Rhynie, a uns 50 km d'Aberdeen), procedeix d'un jaciment paleontològic de principis del Devonià. Aquest fòssil demostra l'existència de la simbiosi i la situa fa uns 408 milions d'anys. Fins fa poc, el fòssil de fong més antic procedia de la Formació Guttenberg, de la dolomita de Winsconsin (EUA), datada de l'Ordovicià mitjà. Es van trobar espores amb una antiguitat de 460 milions d'anys. Veient les imatges, ningú no endevinaria quins són fòssils i quins actuals —són pràcticament iguals!—, tot i que probablement la història sigui més complicada.

Un estudi publicat a la revista *Nature* el 2019 descriu el que probablement sigui un fong encara més antic. Els investigadors han trobat microfòssils de *Ourasphaira giraldae* a l'Àrtic canadenc i n'han fixat l'antiguitat en uns 1.000 milions d'anys. Per conseguent, és possible que els fongs no tinguin 500 milions d'anys, sinó 1.000. Així és la ciència: un descobriment nou pot contradir tot allò que pensaves que sabies fins a aquell moment.

En qualsevol cas, és evident que les associacions planta-fong han prosperat i són el resultat de la coevolució d'ambdós organismes durant milions d'anys, les quals han obligat tant a la planta com al fong a adaptar-se i han propiciat el desenvolupament i la funció simbiòtica. Quina és aquesta funció? La base fisiològica principal d'aquesta simbiosi és la transferència bidireccional de nutrients. S'alimenten mútuament. La planta aporta al fong sucres procedents de la fotosíntesi i el fong aportaria fòsfor principalment, a més d'altres nutrients i aigua. Si recordem que el fong necessita forçosament la planta per a viure, podria tenir lògica pensar que, en virtut d'aquest pacte que van acordar, el fong estaria disposat a donar molt més del que rebrà... I així és. Un cop assolit l'equilibri, el fong protegirà la planta d'unes condicions ambientals gens favorables, com podrien ser una sequera, un sòl pobre o salí, fred, etc., o d'un estrès biòtic provocat per atacs d'hervíbors, bacteris, virus... qualsevol cosa que pugui matar la planta i, de passada, matar-lo a ell. I no només això, sinó que tots aquest efectes són molt més grans i visibles com pitjors són les circumstàncies.

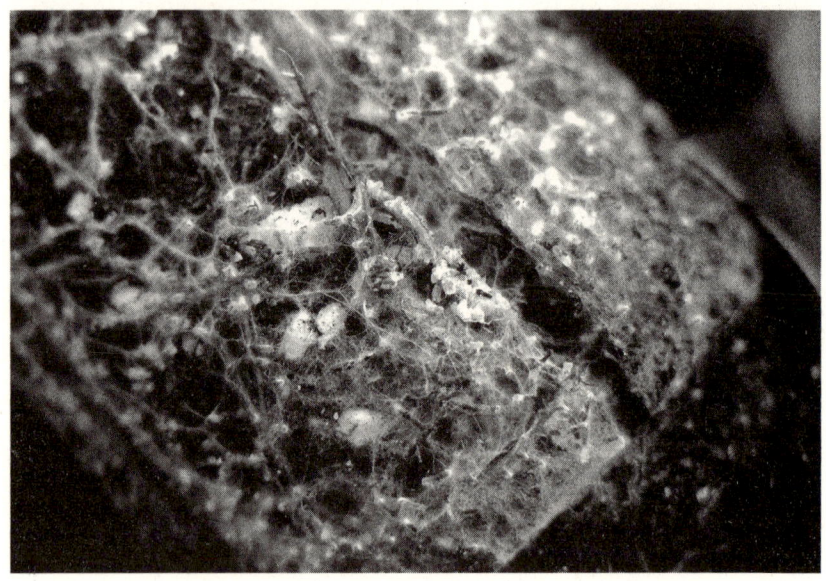

Miceli micorrízic associat a l'arrel d'una conífera. Autor: Dr. André Picard.

El mecanisme que permet que la planta estigui millor alimentada és senzill, però no deixa de ser summament efectiu. Les arrels de les plantes tenen una capacitat d'absorció limitada. Ocupa només entre el 4 i el 7 % del volum del sòl disponible i la seva vida és prou curta, només unes tres setmanes. A més, el grossor de les arrels d'absorció és de 0,2 mm, el mateix que el d'un pèl, mentre que el de les hifes dels fongs (uns filaments que formen part de l'estructura i que s'anomenen «micelis» quan n'hi han moltes) és de 3 micres o 0,003 mm (una micra és la mil·lèsima part d'un mil·límetre), així que arriben a espais del sòl on hi ha nutrients i les arrels no són capaces d'arribar-hi. En una culleradeta de sòl pot haver-hi fàcilment 1 km d'hifes fúngiques. Amb les micorrizes, la capacitat d'absorció de l'arrel és de mitjana set vegades superior.

Plantes de pebrot. Pa d'arrels d'una planta sense micorriza (esquerra) i amb micorriza (dreta). Ambdues s'han estressat al regar-les amb aigua salada.

La propera vegada que caminis pel bosc pensa que, sota el sòl, el miceli d'uns fongs està unit amb el d'altres formant extensíssimes xarxes que, al capdavall, connecten cents i milers de plantes, per les quals circula un flux d'informació variada i constant i quan cal es produeix un traspàs de nutrients. S'ha comprovat que els exemplars més vells d'avets són capaços d'enviar aliment als més joves de la mateixa espècie i també a altres arbres d'altres espècies. És com si existís un arbre mare que alimentés els mes indefensos. Hi ha una cooperació. La informació que es transmet és química, òbviament. Són molècules en diferents estats capaces de travessar grans distàncies sota terra i alertar, per exemple, de la proximitat d'un perill amb temps suficient perquè les plantes més llunyanes tinguin la capacitat de produir substàncies tòxiques per al depredador.

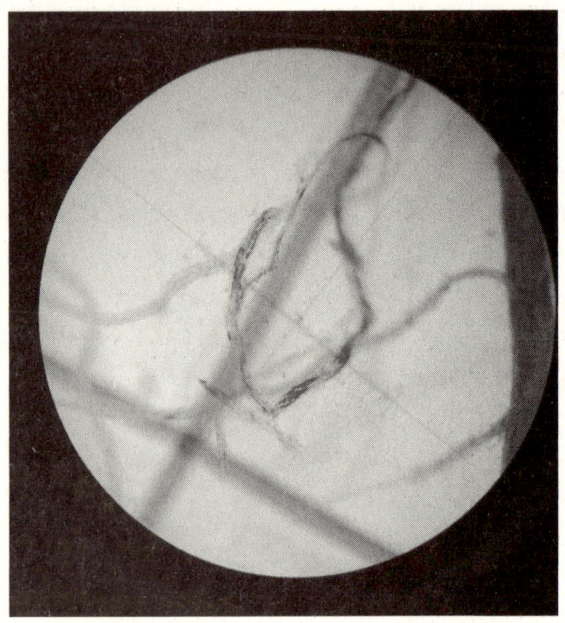

Fragment d'arrel micorrizada tenyida de blau tripan que acoloreix la quitina de les parets del fong.

Has vist mai una micorriza? Possiblement hagis pensat que no. Però jo et dic que sí. I fins i tot te l'has menjat! El 96 % de les micorrizes pertanyen a un tipus anomenat «endo-micorrizes». Aquest prefix *endo-* indica que es desenvolupen penetrant fins a l'interior de les cèl·lules de l'arrel, lloc on creen unes estructures microscòpiques precioses amb forma de petits arbrets anomenats «arbuscles». Són pràcticament idèntics al bròquil, però molt més petitons. Aquí és on té lloc l'intercanvi de nutrients entre la planta i el fong. Aquestes micorrizes, degut a aquesta estructura característica, reben el nom de micorrizes arbusculars i són les predominants en espècies d'interès agronòmic i les típiques del matollar mediterrani. Tanmateix, si has menjat bolets de qualsevol tipus, t'has cruspit una bona micorriza, de les grans, de les que es veuen. Els bolets són una fase del cicle de la vida del fong, no el fong. Perquè ens entenguem, si ho comparem amb un arbre, el fong en si viuria sota terra i seria un arbre, mentre que el cos fructífer és el bolet i seria la fruita que dona l'arbre. Aquest tipus de micorrizes reben el nom d'«ectomicorrizes», perquè no penetren en les cèl·lules, sinó que les envolten formant un mantell i es poden veure a simple vista. Suposen un 3 % de les micorrizes, però, curiosament, són majoritàries en espècies forestals, sobretot en faigs, roures, eucaliptus i pins. De fet, els pins són incapaços de sobreviure més de dos anys si no estan micorrizats i altres espècies com les orquídies terrestres ni tan sols podrien subsistir si no estiguessin colonitzades per aquests fongs. Alguns d'aquests fongs només colonitzen una espècie, però hi ha altres gèneres, com *Amanita*, que no són tan exigents i formen micorrizes amb moltes espècies diferents. Per exemple, en un estudi de 2015, es va comprovar que les arrels de cada avet de Douglas de les muntanyes de l'oest d'Amèrica del Nord estaven connectades a més de 1.000 espècies de micorrizes i se sap que les xarxes de miceli són més espesses com més a prop són d'un exemplar molt vell.

Existeixen milers d'espècies de fongs ectomicorrízics, allotjades a més de 200 gèneres de plantes. Les estimacions més conservadores parlen de 7.750 espècies, però, si tenim en compte el desconeixement d'aquests organismes, podríem estar parlant d'entre 20.000 i 25.000 espècies. Aquella expressió popular que diu: «Avui és un dia magnífic. Ja veuràs com ve algú i ho espatlla», adquireix sentit en aquest cas, perquè molts d'aquests fongs ectomicorrízics tenen enemics que els compliquen la vida. Són plantes paràsites de les quals hem parlat abans, però que, en lloc d'obtenir nutrients d'una altra planta, ho fan del fong (que al seu torn els obté de la planta), amb la qual cosa estan fent un *bypass*[2] per a obtenir l'alimentació que aporta la planta. Són unes 400 espècies, entre les quals destaquen pel seu color cridaner vermell o blanc (ambdues sense clorofil·la), *Sarcodes sanguinea* i *Monotropa uniflora* (també conegudes com a planta fantasma i pipa dels indis, respectivament). Precioses totes dues.

Lactarius deliciosus, els rovellons, són fongs ectomicorrízics.

Les funcions de les micorrizes són de gran importància ecològica per a les plantes, atès que contribueixen a la seva nutrició, incrementen la fixació de nitrogen i les protegeixen de l'estrès abiòtic (sequera, salinitat, metalls pesants al sòl...) i biòtic (virus, fongs, nematodes...). Però, a més, són fonamentals per a la qualitat del sòl, ja que milloren l'arrelament

---

2   N. del T.: Derivació per a obtenir alguna cosa evitant un obstacle que s'interposa.

i establiment de les plantes, afavoreixen la biodiversitat, augmenten l'estabilitat del sòl i beneficien la successió vegetal.

Tot això està molt bé, però alguns pensarien que, si dona diners, molt millor. Llavors ens centraríem en les ectomicorrizes. No només estem parlant del xampinyó, el reig, el mataparent, el rossinyol, els rovellons i altres bolets, sinó d'una ectomicorriza que, per sobre d'aquestes, és mes apreciada en gastronomia: la «varietat molt aromàtica de tòfones». No m'he posat cursi, és que així la defineix el diccionari de la RAE. Encara no saps de què es tracta? La trufa.

Tuber melanosporum, trufa negra.

Fa uns 2.000 anys, Plini el Vell va deixar escrit que les trufes eren «callositats de la terra i miracle de la natura (...) que, com que no tenen llavors, neixen de la tempestat». La trufa negra o trufa de Périgord (*Tuber melanosporum*) és molt valorada en gastronomia, fins al punt que és coneguda com el «diamant negre» pel seu delicat aroma i gran valor econòmic. Encara que és pròpia del sud de França, Itàlia i Espanya, el nostre país s'ha convertit en el principal productor mundial, especialment un petit poble de Terol anomenat Sarrión. El seu cultiu, que és possible sempre que se segueixin unes indicacions i es compleixin els requeriments de nutrients del sòl, pH, reg i espècies d'arbres concrets amb els quals s'associa, com ara les alzines, roures

i avellaners, entre d'altres, l'ha convertit en un nínxol econòmic molt important que viu de l'exportació i del turisme que generen les fires conegudes internacionalment.

Trufes blanques, *Tuber magnatum*, en una parada comercial de la Fiera del Tartufo (Fira de la Trufa) d'Alba, Piemont (Itàlia), el mercat internacional de trufes més important del món.]

La trufa blanca també és anomenada trufa de Piemont, perquè només es col·lecta en aquesta regió italiana, encara que se n'han trobat en altres països com ara Croàcia o Eslovènia. Diuen que és l'aliment més car del món i, des-

150

près d'haver fet una cerca per a comprovar-ho, segurament ho sigui, seguit del caviar almas o caviar blanc, obtingut de l'esturió beluga (els ous del qual es fiquen en una capseta de metall banyat en or). El preu de la trufa blanca, el «diamant blanc», s'apropa als 6.000 € el kg, encara que, bé, el 2018 es va subhastar una trufa blanca de Piemont de 750 g per 97.000 €. Òbviament, és un preu variable perquè depèn de quantes se n'hagin obtingut, la qual cosa depèn, al seu torn, de múltiples factors ambientals. Es tracta de l'espècie *Tuber magnatum*, que, gastronòmicament parlant, gaudeix de més prestigi que la negra. A diferència d'aquesta, la trufa blanca no es pot cultivar i només creix de forma silvestre, un dels motius que la fan més exclusiva.

Al tractar-se d'una associació de l'arrel de la planta, les trufes es desenvolupen sota terra, a uns 30 cm de profunditat. Aquest és un dels motius que fa que sigui un menjar tan car. Com que són subterranis, són impossibles de recollir si no és mitjançant un matxet tofoner i un gos ensinistrat que, gràcies al seu olfacte, ens indiqui el lloc exacte on creixen. S'empren el Parson Russell Terrier, el Lagotto romagnolo o el caniche, entre d'altres, encara que, en realitat, qualsevol gos coniller ben entrenat és igualment vàlid. Antany, s'utilitzaven porcs, especialment femelles, que, proveïdes d'un instint especial, les localitzaven fàcilment; amb tot, atesa la dificultat de transport i maneig, aquesta pràctica ja ha caigut en desús. Alguns recol·lectors més experts les poden localitzar gràcies a la mosca de la tòfona (*Suilla gigantea*), que durant els dies solellosos d'hivern se situen sobre el sòl marcant exactament el punt en què es troben les trufes, com si fos el mapa del tresor.

Però les trufes no només són bones per a la economia o per al paladar, sinó també per a la pròpia planta. Fa uns anys, el 2012, es va publicar un estudi científic que em va cridar molt l'atenció. Els investigadors pretenien millorar la morfologia i fisiologia dels plançons de pi perquè la regeneració de zones degradades fos més eficaç, la qual cosa té la seva lògica perquè el pi és una de les espècies més emprades en programes de reforestació. Però el primer que em va sorprendre és que empressin pi i trufes. Per què? Doncs perquè el pi està micorrizat, però rarament amb la trufa. Pot passar, però és prou improbable. Tanmateix, en aquest estudi van inocular aquest plançons amb PGPR, bacteris dels quals et vaig parlar abans —*Psedomonas fluorescens*— i amb trufa negra. Lògicament, hi havia tractaments que anaven des de no inocular amb res a inocular amb bacteris, fongs o amb tots dos alhora. I va ocórrer quelcom sorprenent. Se sap que alguns PGPR inoculats simultàniament amb micorrizes milloren el seu desenvolupament i els beneficis que aporten a les plantes. Dit d'una altra manera, en moltes ocasions, els beneficis se sumen i es reforcen. Seria com protegir la seguretat del mòbil amb un PIN d'encesa i un altre per a desbloquejar la pantalla.

Quan van analitzar els resultats de creixement, estat hídric, contingut nutricional, etc., tal com s'esperava, el PGPR i la trufa van actuar plegats i van aconseguir que el pi creixés més i millor, però, aprofundint una mica més en els resultats (i en el sòl), van observar que la trufa —oh, sorpresa!— era considerablement més gran. Us imagineu els tofoners fregant-se les mans? En primer lloc, perquè el pi fins ara no era susceptible de tenir trufes a la seva ombra i, en segon lloc, perquè, si s'inocula amb PGPR i trufa, és capaç de donar trufes encara més grans.

Portem uns anys en què cada vegada més articles científics, projectes amb finançament públic i contractes finançats amb fons privats donen preferència als PGPR i a les micorrizes. Jo mateixa, que durant més de deu anys he treballat amb tots dos i tinc publicacions demostrant els seus beneficis en diferents cultius, m'he adonat de com de desconeguts eren fins fa poc temps. Ara és estrany trobar agricultors que no els coneguin o que no estiguin emprant els preparats comercials que hi ha disponibles. Té sentit si tenim en compte que tant ells com els que treballem en ciències agràries, al cap i a la fi, el que cerquem és produir més i millor aliment procurant danyar el medi el mínim possible. Els PGPR, juntament amb les micorrizes, atès que són microorganismes naturals del sòl, àmpliament distribuïts i amb molts efectes positius, es poden utilitzar no només per al negoci de la trufa (o d'altres bolets comestibles), sinó per a reforestar àrees degradades, protegir les plantes contra els efectes del canvi climàtic, en bioremediació (les espores de les micorrizes són capaces d'acumular metalls pesants eliminant-los del sòl), i fins i tot en la gestió de plagues i malalties, de manera que en algun moment podrien ser una alternativa o bé reduir en gran mesura l'ús de fertilitzants sintètics i productes fitosanitaris.

Això sí, hem de seguir comprenent els diàlegs moleculars entre aquests microorganismes i els d'aquests amb les plantes, així com els mecanismes que posen en marxa per a protegir-les. La simbiosi entre planta, fong i bacteris no és només una col·laboració bonica, sinó pura necessitat. L'emissió de CO_2 i els valors nutricionals dels nostres aliments depenen directament de com tractem els nostres sòls. Un sòl és més fèrtil perquè té molts microorganismes, o era a l'inrevés? No ho sabem. Però si d'una cosa estem segurs és que, si no hi ha relació entre les plantes i aquests microorganismes, no es desenvolupen de forma òptima. El sòl no és el suro on es punxa la vegetació. Com et vaig dir al començament d'aquest capítol, el sòl és per si mateix un organisme viu que es forma, creix i fins tot mor. Cuidem-lo.

Gira-sol cercant la llum solar directa.

El moviment de les plantes

«I, tanmateix, es mou». Galileu (1564–1642), astrònom, filòsof, enginyer, físic i matemàtic italià

Les plantes es mouen. Ho dubtaves? No surten a prendre el sol pel bosc, però es mouen. Des que la llavor comença a germinar, el propi creixement fins a fer-se una planta adulta d'uns centímetres o desenes de metres es pur moviment. Cap a dalt, cap a baix, cap a un costat, cap a l'altre... No paren de fer-ho! Tret d'algunes excepcions, no ens n'adonem perquè la seva escala temporal és ben diferent i van a la seva velocitat, però tots els òrgans de la planta, arrel, tija, fulles i flors, reaccionen davant diferents estímuls amb el moviment.

Un d'aquests tipus de moviment s'anomena «tropisme» i indica una resposta que depèn de la direcció d'un estímul ambiental. La planta s'apropa (tropisme positiu) o s'allunya de l'estímul (negatiu), però el canvi que ha originat és permanent perquè, d'alguna forma, modifica el creixement de la planta.

Ho experimenten des del primer moment de vida. L'arrel comença a créixer cap avall? Gravitropisme positiu perquè és atret per la gravetat. La part aèria va creixent cap a dalt cercant la llum? Gravitropisme negatiu i fototropisme positiu. Les petites arrels creixen cap a una zona del sòl on hi ha aigua? Tenen hidrotropisme positiu. En el cas dels ficus, això

155

és un greu problema perquè, a causa de les grans dimensions de les seves arrels, quan s'apropen a fonts d'aigua, són capaços d'aixecar el paviment dels carrers i trencar canonades pel camí, per la qual cosa no és molt recomanable plantar-los a prop de les cases. L'heura ha fet que es confongui la façana amb un ròcodrom o la parra del teu pati s'està embrancant? Això és perquè durant el seu creixement ha topat amb alguna cosa i ho ha «conquerit» per a seguir creixent: té tigmotropisme positiu, com totes les plantes enfiladisses i trepadores, a diferència de les arrels de qualsevol planta que van sortejant qualsevol obstacle que els impedeixi aconseguir nutrients, i per aquesta raó tindrien tigmotropisme negatiu. Per cert, no només l'heura o la vinya són trepadores, algunes hortícoles també ho són, com ara el pèsol, el kiwi, el cogombre o la fruita de la passió.

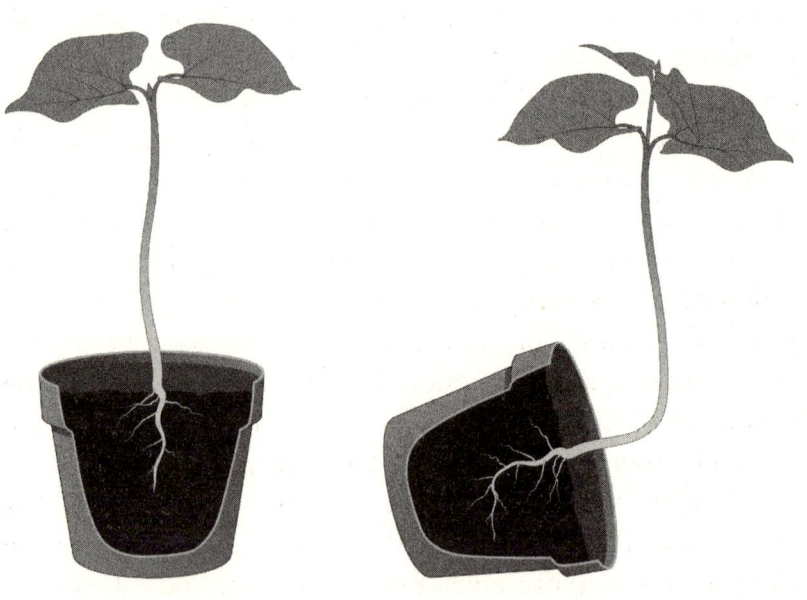

Exemple il·lustrat de gravitropisme positiu (arrel) i negatiu (tija).

Si tens una mínima idea dels prefixes d'origen grec, te'n pots fer una llista tan extensa com imaginació tinguis: aerotropisme (font d'oxigen o altres gasos), heliotropisme (moviment diürn o estacional provocat pel sol, com succeeix amb els gira-sols), higrotropisme (humitat), quimiotropisme (substàncies químiques), termotropisme (temperatura), entre d'altres.

En el cas de l'electrotropisme, el creixement està motivat per un camp elèctric. És un moviment habitual de les cèl·lules nervioses, musculars o epitelials, però en el cas de les plantes el tub pol·línic és un model excel·lent per a estudiar el comportament de les cèl·lules vegetals, perquè a més té un creixement especial anomenat «apical», ja que parteix únicament de la punta o àpex (tal com succeeix amb els axons de les neurones o les hifes dels fongs). De la mateixa manera que en altres sistemes biològics, pot estar influït per un estímul elèctric. El tub pol·línic és una estructura allargada que es forma a partir del gra de pol·len i que servirà de conducte per a transportar els gàmetes masculins fins a l'òvul. Estic pensant ara mateix en un penis, per la forma, perquè digereix els gàmetes masculins (espermatozous) i perquè ha d'arribar al seu destí per a concebre. El penis «sap on ha d'anar», però com s'orienta el tub pol·línic per saber que ha de germinar al llarg de l'estigma de la flor i baixar fins a arribar a l'ovari? L'objectiu cap al qual creix el tub de pol·len pot estar a desenes de centímetres de la ubicació del gra de pol·len que emet aquesta protuberància cel·lular. Per tant, la precisió amb la qual es produeix l'allargament cel·lular requereix un procés de guia complex i una comunicació contínua entre els companys masculins i femenins.

Si creem un camp elèctric en un medi de cultiu *in vitro*, en una placa, on hi ha grans de pol·len desenvolupant-se, el tub pol·línic es veurà afectat de formes totalment heterogènies. Per exemple, en el cas de la camèlia o de la tulipa de jardí, els tubs pol·línics sotmesos a un camp de corrent contínua creixeran en direcció al pol negatiu. Els tubs pol·línics del tomàquet, el tabac i la nespra creixen cap al pol positiu. I els del lliri africà en un camp elèctric de 7,5 V/cm creixeran en direcció a l'elèctrode que tinguin més a prop. No obstant això, quan el camp elèctric és de corrent alterna, sembla que el creixement està relacionat amb la conductivitat del medi. Per què succeeix tot això? Els senyals que es creu que el tub de pol·len pot emprar per a la navegació inclouen senyals químics, mecànics i elèctrics, però, malgrat que hi ha molts grups investigant en aquesta àrea, la forma en què el senyal elèctric es percep i es tradueix en una resposta cel·lular és encara poc coneguda pel que fa a la majoria dels sistemes cel·lulars.

De tots els tropismes, n'hi ha un en què val la pena aprofundir, ja que regeix la vida de tota la vegetació... i la nostra.

Les plantes necessiten llum per créixer. Com jo, que seria una persona trista i lànguida si hagués de viure a països on el sol surt poc i amb por. Soc del sud, necessito sol. Totes les plantes el necessiten per a obtenir energia mitjançant la fotosíntesi, però no requereixen la mateixa quantitat ni el mateix tipus de llum, per la qual cosa, per començar, totes les plantes tindran un fototropisme positiu.

Les plantes perceben diferents segments del seu espectre de radiació, intensitat, duració, periodicitat i direcció. I ho fan en el decurs d'un any, del dia i de la nit, o fins i tot respecte a la proximitat d'altres plantes. És per això que les plantes adapten els seus propis recursos a la informació lumínica rebuda (la germinació, el creixement, la fotosíntesi, la floració...). El conjunt de respostes que afecten el desenvolupament i l'aspecte de la planta en funció de la llum es coneix com a «fotomorfogènesi». Com perceben les plantes la llum del medi? Igual que els vertebrats tenim dos tipus de receptors de llum a la retina anomenats «cons» i «bastons», les plantes han desenvolupat una varietat de fotoreceptors que són capaços de detectar longituds d'onda dins d'un espectre més ampli del que es capaç de percebre l'ull humà. Clorofil·les i carotenoides absorbeixen la gamma que va del blau al vermell implicada en la fotosíntesi. Nosaltres veiem les fulles de color verd perquè la clorofil·la absorbeix tots els colors menys el verd, que es reflecteix en la seva superfície. Tanmateix, no només de clorofil·les i fotosíntesi viu la planta. En el procés de fotomorfogènesi, hi participen altres fotoreceptors, com ara el receptor de llum UV-B, els criptocroms —que capten la llum ultraviolada propera i blava— i els fitocroms, que capten la llum vermella i vermella llunyana.

De tots els pigments que acabem de veure, els més importants per al procés de fotomorfogènesi i els més estudiats són els fitocroms. Es va començar a saber de la seva existència pels volts del anys 30, quan s'observava que les llavors de l'enciam germinaven amb llum vermella però no amb llum vermella llunyana. Utilitzant la il·luminació alternativa, es va veure que l'efecte era reversible i que la darrera llum emprada era la que produïa l'efecte. Semblava que n'hi havia dues i, de fet, es va pensar això fins al 1959, quan es va demostrar que es tractava d'una sola que era reversible, amb dues formes interconvertibles i d'efectes oposats. Des de fa poc temps, se sap que els fitocroms, a banda de detectar la llum, estan implicats en la detecció de la temperatura ambiental.

La quantitat de radiació solar que pot ser aprofitada per les plantes és mínima, així que han hagut de desenvolupar estratègies per a maximitzar la quantitat d'energia que els arriba, entre d'altres, situar les seves fulles a la part de la planta més accessible a la llum. Però, a més, la pròpia estructura de la fulla és un exemple de l'equilibri que ha de complir-se per a cobrir les seves necessitats. M'explico: les fulles han de tenir una superfície gran i ben orientada per a captar la major quantitat de llum. Han d'intentar conservar el màxim d'aigua i, finalment, han d'intercanviar gasos amb l'atmosfera. Llavors, com ho fan per a poder complir-ho tot i no deshidratar-se per la calor? La planta resol aquest problema desenvolupant fulles que literalment tenen dues capes, una de superior (l'anvers) i una d'inferior (el revers), entre les quals hi ha el parènquima, on té lloc la fotosíntesi. D'aquesta forma, l'epidermis de l'anvers ha de ser més permeable a la radiació útil per a la fotosíntesi, mentre que l'epidermis del revers està més protegida de la radiació. Precisament per aquest motiu, és aquí, a l'anvers, on es localitzen preferentment els estomes. Les plantes obren i tanquen els estomes en funció de les necessitats de captar aigua o retenir-la, per exemple.

Quan una planta creix massa a prop d'una altra, és molt possible que, a l'estar tan a prop, les fulles se solapin i es donin ombra, així que entre les plantes de sol es crea una mena de conflicte, a fi de veure quina es capaç de captar més quantitat de llum. No és un tema trivial. Aquesta competència és un factor molt important que determina la biodiversitat i la densitat de les comunitats vegetals. A més de la font d'energia, la llum és una font d'informació perquè la planta pugui respondre.

La majoria de plantes són capaces de reaccionar a la direcció, la intensitat, la composició, la periodicitat i la duració de la llum tant durant el dia com de nit. Tots aquests factors no només regulen el creixement i el desenvolupament òptims, sinó la germinació de les llavors, el temps de floració i la síndrome de fugida de l'ombra. Quina és la causa que desencadena aquesta síndrome? La relació entre la quantitat de llum vermella i vermella llunyana que la planta detecta (R:RL) és un indicador de densitat i proximitat de vegetació inversament proporcional a la quantitat d'ombra. Pensa en un camp de cereals o en un bosc tropical molt dens on la llum gairebé no arriba al sòl. A camp obert, és una ràtio constant, però, quan comença a fer-se ombra, aquesta ràtio minva i s'activa la resposta de fugida de l'ombra. Volen i necessiten llum. La resposta consistirà a créixer exageradament, allargant les tiges i els pecíols (aquells capolls d'uns quants centímetres que uneixen les fulles a la tija i que a les amanides de bossa són responsables de més ennuegades que les olives), mentre cerca el sol i hi orienta les seves fulles. En canvi, aquesta adaptació té un cost: avançar la floració i haver de sacrificar la longitud de les ramificacions i la mida de les fulles, que es faran més petites.

Dins del fototropisme, hi ha un tipus curiós. Et dono una pista: el gira-sol. S'anomena heliotropisme i, en aquest cas, el moviment està orientat en direcció al sol. I dic al sol concretament perquè, més enllà de cercar la llum, el moviment segueix la direcció del sol, de l'est a l'oest. *Heliotropium* significa «gir solar». A l'antiga Grècia, aquest fet ja era conegut, però va ser el botànic suís Augustin Pyramus de Candolle qui, el 1832, per primer cop, observant el creixement de la tija cap a la llum, va anomenar el fenomen heliotropisme en «qualsevol» planta. Lògicament, això no era així, i, 60 anys després, el que va observar de Candolle va passar a anomenar-se «fototropisme».

L'heliotropisme pot succeir tant a les flors com a les fulles. Durant la nit, algunes flors poden assumir una orientació aleatòria, però al fer-se de dia, estiguin allà on estiguin, es giraran apuntant a l'est, d'on surt el sol. Les hipòtesis que expliquen la raó d'aquest moviment encara són prou desconegudes. És possible que, per als insectes de climes freds que pol·linitzen aquestes flors, la seva temperatura suposi una recompensa; que la temperatura una mica més alta afavoreixi processos com la germinació del pol·len o la formació del tub pol·línic; o, potser, que aquest moviment de les flors permeti una regulació de la temperatura en climes freds, evitant així la congelació.

En el cas del gira-sol (*Helianthus annuus*), molta gent pensa que segueix la direcció del sol durant tota la seva vida, però no és pas així. Cada dia, els gira-sols es desperten i el cerquen orientant-se cap a l'est. El segueixen durant tot el dia i, de nit, van en sentit contrari, d'oest a est, esperant que arribi l'endemà i tornar a començar. Però un dia deixen de ballar i s'aturen. Han assolit la maduresa. Des d'aquest moment, ja no tornaran a girar més i es quedaran mirant cap a orient fins que es morin.

Durant molt de temps, el mecanisme endogen que regia el comportament dels gira-sols ha estat un misteri. Però una tarda tranquil·la de 1729 es va descobrir quelcom interessant. Jean-Jacques Dortous de Mairan, un matemàtic, astrònom i geofísic francès, es trobava a l'habitació on acostumava a dibuixar. Ja s'estava posant el sol i es disposava a regar les seves plantes de *Mimosa pudica*. Es va adonar que la desaparició del sol feia que les seves mimoses reaccionessin plegant les seves fulles, igual que quan les fregava suaument amb un dit. Llavors, es va preguntar: «Què passarà si durant el dia els trec la llum solar?». Sense pensar-s'hi gaire, va agafar dues de les seves mimoses, les va ficar en un armari i va tancar la porta. Estaven completament a les fosques. L'endemà, al migdia, s'esperava trobar les fulles plegades quan obrís l'armari, però, sorprenentment, estaven totalment obertes. Al pondre's el sol, es van tornar a tancar com sempre, com si res no hagués passat.

En aquesta il·lustració podem veure com es pleguen els folíols de la fulla de *Mimosa pudica* al tacte.

De Mairan va concloure que les plantes havien de tenir algun mecanisme intern que els permetés sentir el sol d'alguna manera, encara que no el veiessin, i, fins i tot, saber el moment del dia en què es trobaven. Havia descobert els ritmes circadiaris de les plantes. Els ritmes circadiaris són mecanismes endògens que regulen processos tan rellevants dels animals com el patró son-vigília, la secreció hormonal, els hàbits alimentaris i la digestió, la temperatura corporal i altres funcions importants del cos. Són cicles d'aproximadament 24 hores que estan impulsats per un rellotge biològic i han estat àmpliament observats en plantes, animals, fongs i cianobacteris. En el cas de les plantes, la duració dels cicles de llum i les variacions de la temperatura els informen sobre l'època de l'any en la qual es troben. En resposta a aquests canvis, es regulen alguns del seus processos vitals, com ara la germinació, el creixement o la floració.

L'altre tipus de moviment present a les plantes juntament amb els tropismes són les nàsties. Aquests moviments són ràpids i reversibles i apareixen com a resposta a la presència d'un factor extern, per bé que, a diferència del que succeeix amb els tropismes, no influeix en la direcció de l'estímul, i el creixement de la planta tampoc no en dependrà. Com succeïa amb els tropismes, en aquest cas també trobem molta terminologia en funció del factor que ho produeix: fotonàstia per la llum, geonàstia per la gravetat, tigmonàstia pel contacte, hidronàstia per la manca o l'excés d'aigua, quimionàstia per agents químics, sismonàstia per un cop o sacsejada brusca, etc.

La nictinàstia n'és un altre. Correspon a les variacions entre el dia i la nit i es manifesta, per exemple, produint l'aplegament de les fulles (com succeeix amb la mimosa) o el moviment a la base del pecíol. Quan arriba la nit sembla que algunes plantes s'estiguin preparant per anar-se'n a dormir. Les seves fulles «es recullen», es pleguen, s'inclinen cap avall i, fins i tot, es detecten «moviments de la son», especialment comuns en plantes fabàcies o lleguminoses. En moltes espècies, els moviments de les fulles, que passen de ser gairebé horitzontals de dia a quasi verticals de nit, s'han reconegut durant més de 2.000 anys. Com succeeix? Bé, a la base del pecíol, hi ha una estructura anomenada *pulvinus* que és la responsable d'aquest moviment que vincula la fulla amb la tija. El mecanisme és prou conegut. Bàsicament es deu a canvis de turgència (encara que els fisiòlegs vegetals acostumem a emprar el barbarisme *turgor*) en les cèl·lules que formen part d'aquesta estructura especialitzada. El *pulvinus* consta de cèl·lules extensores (que augmenten de mida a causa de l'increment de la turgència durant l'obertura foliar) i de cèl·lules flexores (que, al contrari de les anteriors, incrementen la seva grossària durant el tancament foliar). Els canvis de turgència es produeixen per variacions del flux d'ions de potassi (K^+) i clorur (Cl^-), d'una manera similar a com els estomes s'obren i es tanquen per a transpirar.

Veuràs com reconeixes aquesta nàstia ràpidament. Arreu del món i als nostres propis jardins, algunes plantes semblen dormir, mentre que d'altres es desperten en processió rítmica. Les flors s'obren i exhalen la seva fragància intensa, que atreu aquells que seran responsables de pol·linitzar-les. En el cas de les plantes i els arbres, la nit no sempre significa relaxació i descans, sinó que, ans al contrari, durant la nit, algunes d'elles estan molt més actives. Estic segura que has vist algun cop una planta les flors de la qual romanen obertes durant el dia i tancades de nit, com ara la tulipa o la campaneta tricolor. Això seria fotonàstia positiva. Però també pot passar el contrari, i seria una fotonàstia negativa, com en el cas de la flor de nit o la dama de nit. Endevines per què s'anomena «de nit»? Aquestes plantes només obren les seves flors amb la posta de sol i romanen obertes tota la matinada fins que les tanquen a trenc d'alba. La dama de nit fa una olor molt especial per a mi, ja que em recorda els estius de la meva infantesa i, si tinc oportunitat, et confesso que robo una branqueta quan penja donant al carrer.

Possiblement et preguntis com és que una planta obre només les seves flors durant el dia i les tanca de nit. Tal vegada decideixi protegir les seves estructures sexuals dels canvis de temperatura, que acostuma a ser més baixa en absència de sol. A més, durant la nit, la humitat pot provocar que els grans de pol·len germinin abans d'hora. Moltes flors es tanquen també per a conservar la seva fragància. No tindria sentit perdre l'aroma per a atreure el seu pol·linitzador si aquest també està dormint i, per descomptat, exposar una estructura sexual tan delicada sense cap sentit. En canvi, aquelles plantes que obren les seves flors de nit, per què creus que ho fan? Efectivament. Acostumen a ser pol·linitzades per insectes nocturns, com passa amb la flor de nit que t'acabo d'esmentar, que és pol·linitzada pel borinot.

Alguns exemples de tigmonàstia (o moviment degut al contacte) són el tancament de les fulles de les plantes carnívores quan l'insecte s'hi posa o de la pròpia mimosa quan li toquen les fulles. En canvi, l'obertura dels esporangis de les falgueres o dels estomes de les plantes quan detecten humitat es correspon amb l'higronàstia.

La planta amb la qual es van descobrir els cicles circadiaris ha servit com a model per a l'estudi de diferents tipus de nàsties per la seva sensibilitat i per la rapidesa dels seus moviments visibles a simple vista. Però, també, la mimosa ha estat objecte de multitud d'estudis on es posa a prova la seva memòria o s'investiga la possibilitat que les plantes siguin intel·ligents.

He dit intel·ligència? Sí, he dit intel·ligència.

Les plantes no tenen cervell[3], perquè no els hi fa cap falta

«El bosc té oïdes i el camp té ulls». John Heywood (1497–1580), dramaturg anglès.

Que les plantes es mouen ja ens ha quedat clar. Diries que es comuniquen entre elles? A través de les grans xarxes de miceli fúngic (aquells pelets que formen els fongs) que les connecten les unes amb les altres al llarg de quilòmetres, es passen informació del seu estat nutricional o d'una amenaça propera, així que també és cert que es comuniquen sota el sòl. I per l'aire?

---

3   Siguem conscients que les plantes són éssers vius però no éssers humans, per la qual cosa no «escolten», «veuen», «pensen», «senten dolor» ni «tenen consciència», capacitats pròpies de la nostra espècie. Malgrat tot, em permetré la llicència literària de la personificació per proximitat entre elles i jo, i per la que espero tenir amb tu a través d'aquesta lectura.

UNA FORMA DE PARLAR EN SILENCI

«Per a comunicar-nos de manera efectiva, hem d'adonar-nos que tots som diferents quant a la forma en què percebem el món i emprar aquest coneixement com a guia per a comunicar-nos amb els altres». Tony Robbins (1960), escriptor estatunidenc.

Al número del 6 de desembre de 1990 de la revista *Scientific American*, es va reportar un fet insòlit.

A moltes zones de Sud-àfrica, cents de cudús, un tipus d'antílop, van morir durant l'estació seca. Ningú entenia el motiu, ja que aparentment els cadàvers no semblaven tenir danys, no mostraven signes de trets, no havien servit d'aliment per a altres animals i les necròpsies revelaven que la causa tampoc no era cap virus ni qualsevol altra malaltia. Semblaven sans! Els assassins, segons Wouter van Hoven, un zoòleg de la Universitat de Pretòria a qui van encarregar la investigació, eren les fulles de les acàcies.

Aquest antílop africà té una gran cornamenta que ha estat objecte de desig dels caçadors durant molt de temps amb conseqüències devastadores. A Sud-àfrica, la seva caça va augmentar considerablement durant la dècada dels 80, per la qual cosa es va decidir agrupar-los en una reserva del parc de Kruger, a prop de Pretòria. Els cudús es van adaptar aviat a menjar herba fresca, brots tendres i fulles d'acàcies. L'acàcia és la principal font d'aliment del cudú. Com moltes altres plantes, també produeix tanins com a molècules de defensa contra herbívors. En condicions normals, el nivell de tanins no suposa cap risc per al cudús ni li fa cap mal, perquè tenen uns enzims hepàtics que els protegeixen de la toxicitat d'aquestes molècules. Però, en condicions d'estrès ambiental extrem, com un past extensiu o una forta sequera, les fulles augmenten la concentració de la toxina astringent fins a un 250 %.

Aquests animals en llibertat poden cercar fulles amb baixos nivells de tanins, però, quan viuen en reserves limitades, no tenen aquesta opció i ingereixen dosis verinoses d'aquestes molècules. Van Hoven va observar que, durant la sequera de l'estació seca, les fulles d'acàcia van produir la quantitat de tanins suficients per a desactivar els enzims hepàtics dels cudús i matar-ne més de 3.000 en dues setmanes. El fetge dels cudús tenia quatre vegades més tanins del normal. Aquests antílops, reclosos en reserves amb una densitat més gran de població, van exercir una pressió excessiva sobre les acàcies, degut a la sequera que impedia el creixement d'altres tipus d'herba amb els quals s'hagués pogut diversificar el menú diari. Aquesta pressió va estressar massa els arbres i, per a defensar-se, van augmentar el contingut de tanins fins a uns nivells que els cudús no van poder tolerar. Aquest fet va servir d'inspiració per a la pel·lícula *L'incident*, de M. Night Shyamalan, però, en el cas del film, els afectats per les plantes no eren els antílops, sinó els homes. Si no has vist la pel·lícula, tampoc no et perds res.

Femella cudú (*Tragelaphus strepsiceros*) disposant-se a menjar les fulles de la branca d'un arbust d'acàcia.

El més sorprenent de tot és que les acàcies més llunyanes que encara no havien estat devorades no van esperar un atac d'herbívors per a mobilitzar les seves defenses. De fet, sembla que es van mobilitzar entre elles perquè aquelles que encara estaven intactes estiguessin previngudes. És a dir, que la informació de l'atac dels herbívors es va transmetre de planta a planta. Uns anys abans, el 1983, Jack C. Schultz i Ian Baldwin, dos biòlegs del Dartmouth College (New Hampshire, EUA), ja havien ofert la primera evidència de comunicació vegetal. Van descobrir que els aurons (*Acer*) saludables produïen grans quantitats de tanins i d'altres compostos de defensa en presència de plantes les fulles de les quals estaven danyades. El treball preliminar de van Hoven va mostrar que, quan un antílop s'alimenta amb una acàcia, les fulles emeten etilè. Aquest compost volàtil es desplaça a favor del vent i avisa els altres arbres fins a una distància de 50 m de l'herbívor. Els arbres intactes comencen a sintetitzar més tanins abans de patir qualsevol mena de dany a les seves fulles. En condicions de laboratori, van Hoven va descobrir que les fulles danyades emeten 20 cops més etilè que les que no han estat malmeses, i va observar que, quan una planta intacta és exposada a alts nivells d'etilè, el nivell de tanins constitueix un mecanisme natural que regula la població. Com més insisteixen els antílops en un mateix arbre, més tanins produeix, així que, per a resoldre aquest problema, els ramaders finalment van optar per donar als cudús una alimentació basada en alfals durant els períodes de sequera extrema. Amb aquest fet succeït fa 30 anys es va confirmar que existeix una comunicació aèria entre plantes i es va demostrar per primer cop que la molècula protagonista d'aquesta conversació era l'etilè.

Uns 15 anys abans del descobriment de van Hoven, un científic francès anomenat Paul Caro del Centre Nacional d'Investigació Científica (CNRS) va descobrir que els roures responen d'una forma similar a l'atac de les erugues. La concentració de tanins de les seves fulles era suficientment elevada per a matar la majoria de les larves. Aquest tipus de comunicació química vegetal també es produeix en el blat de moro, que, en cas de patir un atac d'erugues, emet un gas que atrau les vespes paràsites que depositen els seus ous en erugues. Sens dubte, un pacte d'aliança beneficiós per ambdues parts. El mateix passa amb la col, que, per tal de defensar-se de les danyoses papallones, llança una missatge d'ajuda a uns diminuts insectes paràsits de les larves que acaben defensant els interessos de la planta.

Les plantes no parlen, però tenen el seu propi llenguatge. I els científics estem començant a entendre'l. Són nombrosos els exemples de comunicació aèria. Tu mateix les has sentit «cridar» moltes vegades... o no has gaudit mai de l'olor a gespa acabada de tallar? No són més que els «planys» d'unes plantes que estan patint un dany amb el tallagespa. No pateixis. Se'ls hi passa sense cap més conseqüència i, tot i que a nosaltres no ens provoqui cap efecte, aquesta emissió de compostos orgànics volàtils (anomenats COV) desencadenen reaccions l'objectiu de les quals és activar o modificar l'expressió de certs gens.

Amb l'evolució les plantes han desenvolupat un llenguatge bioquímic per a comunicar-se i actuar a conseqüència del missatge rebut. Quan una planta pateix un dany o és atacada per una plaga, demana ajuda en forma d'emissió de volàtils, és a dir, d'olors. I aquestes olors són identificades per l'enemic natural de la plaga. No ho fan només entre elles, sinó que també pot haver-hi comunicació entre una planta i el seu pol·linitzador, en forma d'aroma, i fins i tot missatges de confrontació... Hi ha arbres com l'eucaliptus, l'auró o el pi que alteren el comportament de les gramínies que creixen al seu voltant perquè es retirin i els deixin créixer, la qual cosa es coneix com a «competència» o «al·lelopatia» (negativa en aquest cas). Produeixen compostos bioquímics que influeixen en el creixement, supervivència o reproducció d'altres organismes. És un comportament que ha estat aprofitat en el sector de l'agricultura ecològica per a protegir els cultius d'algunes plagues, intercalant plantes aromàtiques dins del cultiu (per exemple, plantant ruda entre els cultius de patata). Aquestes relacions es fan especialment importants a mesura que les plantes adultes sintetitzen essències i aromes característics. Alguns exemples d'al·lelopatia positiva són la mongeta tendra i la maduixa, que prosperen més per separat, i sembla que l'enciam sembrat amb espinacs surt més sucós quan se sembra en una proporció de 4 a 1.

Descobrir mètodes de comunicació de les plantes va fer que molta gent s'engresqués i volgués trobar-hi reaccions pròpies d'animals. Sobre aquest punt, s'ha especulat i s'ha publicat molt, però no tot es bo. Hi ha experiments amb resultats espectaculars i intrigants... que no condueixen a res perquè bàsicament són irreproduïbles.

HI SENTEN LES PLANTES?

«No pleasure, no pain… no emotion, no heart.
Our superior in every way». Dr. Arthur Carrington
a L'enigma d'un altre món (1951).

Anys 60. Cleve Backster fou un especialista en interrogatoris de l'Agència Central d'Intel·ligència, la famosa CIA estatunidenca. Va fundar la unitat poligràfica de la CIA poc després de la Segona Guerra Mundial. El senyor Backster excel·lia en la seva feina i fins i tot va arribar a entrenar policies i agents de seguretat estrangers per a aprendre l'ús del polígraf. Però vet aquí que un dia se li va anar la mà (o el cap) i va sotmetre les seves plantes al detector de mentides. Basant-se en els experiments previs del polímata indi Jagadish Chandra Bose, que va afirmar haver descobert que tocar certes tipus de música a prop d'on creixien les plantes feia que creixessin més ràpid. Backster va voler comprovar la resposta de la planta a altres estímuls.

El 2 de febrer de 1966, Backster va connectar uns elèctrodes de polígraf a una dracena (una planta molt domèstica que acostuma a decorar oficines o racons de la llar) per a comprovar quant de temps trigava l'aigua a arribar a les fulles quan les regava. Sorprès, es va adonar que a l'instrument de registre va aparèixer exactament la corba estàndard que coneixia de molts interrogatoris, quan les persones s'excitaven positivament. Llavors hi va reflexionar i va pensar que els éssers humans mostraven les reaccions més fortes quan se sentien amenaçats. Per tant, el que havia de fer era amenaçar la planta. Va veure que, infringint-li un dany (cremant una fulla), el senyal es disparava. Però el mateix ocorria quan, sense fer-ho, estant tranquil, a les 3 de la matinada a casa seva, sense tocar-la i sense moure's, únicament pensava en danyar-la! A més, la reacció era similar quan danyava una altra planta situada en una altra habitació. Backster estava convençut que tenien telepatia i consciència. Va argumentar que les plantes percebien les intencions humanes i que, a més, reaccionaven davant d'altres pensaments i emocions humanes. Sentien dolor i percepció extrasensorial. Això ho va anomenar «percepció primària» i va arribar a publicar-ho el 1968 en una revista de parapsicologia. Com et pots imaginar, allò va provocar un gran enrenou a l'època i, per descomptat, les critiques i l'escepticisme dels científics, ja que no seguia el mètode científic en els seus experiments i ningú, mai, va ser capaç de reproduir els seus resultats.

LES ORELLES DE LES PLANTES
I ELS SEUS BALBUCEIGS

«No sé si són els tancs o els batecs del meu cor» Ilsa Lund a Casablanca (1942).

Any 2020, juny. Mentre Espanya es troba confinada a les seves llars per la COVID-19, gairebé 2.300 plantes repartides entre la platea, l'amfiteatre i les llotges del Gran Teatre del Liceu de Barcelona han gaudit de l'obra Crisantemi de Giacomo Puccini. Si haguessin pogut emocionar-se, posar-se dempeus i aplaudir durant uns minuts, ho haurien fet perquè l'ocasió s'ho mereixia. No es una distopia, sinó una notícia completament real.

Bose va dur a terme la majoria del seus estudis, en el camp de la fisiologia vegetal, sobre plantes de *Mimosa pudica* i *Desmodium gyrans*. La seva principal contribució fou la demostració de la naturalesa elèctrica de la conducció de diversos estímuls en organismes vegetals.

Als anys 70, quan va sorgir el moviment *hippy*, es va tornar a afirmar, com va fer Jagadish Chandra Bose a principis del segle xx, que la música tenia efectes beneficiosos per als vegetals. Però, anem amb compte, Chandra Bose, malgrat tenir aquesta relliscada, va ser un investigador molt important en el camp de la botànica, demostrant que les plantes són sensibles a la calor, al fred i a la llum, així com a altres estímuls externs, igual que els éssers humans. Va crear el crescògraf, un instrument ideat per a observar i gravar el creixement vegetal, sensible als moviments de fins a 1/50.000 de polzada per segon. Aquest descobriment el va fer famós. La Royal Society de Londres el va fer membre de la societat, i el Govern britànic li va atorgar el títol de cavaller, anomenant-lo Sir des d'aquell moment. 27 articles seus van ser publicats en la prestigiosa revista *Nature*.

Doncs, com et deia, el moviment de l'era d'aquari va tornar a agitar la idea de l'efecte de la música sobre les plantes i es van fer experiments originals. Ficades en campanes, els posaven música i comprovaven que el rock les matava, mentre que la música clàssica les feia créixer. Res de tot això ha estat demostrat i és impossible que puguin diferenciar les seqüències musicals. Vols parlar a les teves plantes? Fes-ho si vols. Jo també ho faig i els canto quan em passo hores a l'hivernacle entre albergínies i pebrots. Com et dic, no observo cap diferència, però m'ho passo bomba cantant a plena veu i ningú no es queixa.

Al llarg de les darreres dècades, la investigació sobre la percepció de les plantes s'ha disparat. En un dels últims estudis, de desembre de 2019, un equip de científics de la Universitat de Tel-Aviv (Israel), amb l'ajuda de micròfons, ha registrat els ultrasons (20-150 kHz, inaudibles per a l'oïda humana) que emeten plantes estressades, concretament, plantes de tomàquet i de tabac, a deu centímetres de distància. Van induir aquest estrès deixant de regar-les o tallant-ne la tija. Els autors han desenvolupat models d'aprenentatge automàtic per reconèixer els sons emesos per les plantes i saber si la planta està seca, tallada o intacta en base als sons emesos. De moment, els resultats d'aquest estudi han estat publicats en un repositori d'accés obert i no en una revista científica on prèviament hagi superat un procés de revisió per pars, és a dir, que s'hagi exposat al judici d'altres col·legues científics experts en el tema. Fins a quin punt és cert aquest estudi? En principi, sembla que el disseny és adequat i ha seguit el mètode científic.

La fitoacústica, és a dir, l'estudi de l'emissió de sons per les plantes, és quelcom que existeix. És veritat que les plantes poden emetre sons. Es deuen a fenòmens de cavitació. Què vol dir això? Doncs, els gasos dissolts a l'aigua, sota una gran tensió, tendeixen a escapar formant bombolles que s'expandeixen i, quan exploten, generen petites vibracions. També pot passar que les bombolles interrompin la columna d'aigua i se'n bloquegi el pas, la qual cosa provocaria una embòlia. Sí, les plantes també poden patir embòlies. És un fet conegut i admès des de fa temps en l'àmbit científic. Se sap que ho provoca una sequera associada a una alta tassa de transpiració (si fa calor i regues un test després de molt de temps, afina l'oïda perquè és possible que sentis un bombolleig). L'acció d'algun patogen, com el fong *Ceratocystis ulmi*, que ataca els olms, també ho pot provocar. En aquest estudi, la novetat radica en què els sons són emesos per l'aire, a diferència de com s'ha estat fent fins ara, connectant el dispositiu de gravació directament a la planta. Òbviament, cal aprofundir-hi més, però res del que es proposa en aquesta investigació em sembla escabellat. De fet, hi ha arnes que utilitzen el tomàquet i el tabac com a hostes de les seves larves, però, quan detecten que la planta ha emès «sons estressants», les arnes eviten deixar-hi les seves larves.

Quan va ser notícia, era fàcil veure-ho a diferents mitjans digitals amb titulars del tipus «Les plantes emeten xisclets ultrasònics quan pateixen». Als vegans gairebé els agafa un atac de feridura. A dir veritat, aquest impressionant titular (ho dic amb ironia) no apareix a l'estudi per enlloc. Tampoc no apareixen termes com *criden, xisclen* o *protesten,* que també vaig llegir; en canvi, sí que hi apareixen en les notes de premsa que recullen la notícia. En ocasions, el periodisme aplica el pescaclics i distorsiona la informació mirant de captar l'atenció del lector sense anomenar les coses pel seu nom. I, en aquest tema, el millor seria que ho fessin. Ja es prou al·lucinant per si mateix, així que no cal exagerar-ho.

Hi ha formes poètiques de donar una notícia. Fa poc t'he explicat que les plantes, en concret, les arrels, presenten hidrotropisme positiu. Si recordes, això significava que les arrels creixien apropant-se a fonts d'aigua. Lògic, perquè necessiten aigua per a créixer. La forma sensacionalista de dir això és: «Les plantes guien les seves arrels en direcció a les fonts d'aigua escoltant les vibracions de les canonades, segons revela un estudi publicat l'abril de 2017 a la revista *Oecology* i dirigit per l'ecòloga evolutiva Monica Gagliano». No m'ho estic inventant, és un titular tal qual. Monica Gagliano és investigadora, molt bona, per cert, de la Universitat d'Austràlia Occidental.

Fa més temps, el 2014, un estudi publicat a la mateixa revista, *Oecology*, va tenir uns resultats impactants. La planta protagonista és *Arabidopsis thaliana*, sistema model de plantes. Els investigadors de la Universitat de Missouri van prendre uns exemplars d'aquesta espècie i els van posar unes gravacions on podia escoltar-se el so d'unes erugues menjant fulles. Després d'un temps escoltant aquesta gravació, van analitzar les plantes. Doncs bé, recordem que no hi havia cap eruga real present, sinó que era únicament una gravació. Les plantes, quan van «sentir» aquells sons, van modificar la seva composició bioquímica i van ser capaces de sintetitzar més quantitat de molècules que actuen com a repel·lents d'insectes. El més al·lucinant és que aquesta resposta no la van tenir quan la gravació era del cant d'altres insectes o el so del vent. Per tant, no només «escolten», sinó que poden diferenciar els tipus de sons seleccionant i reaccionant entre els que suposen una amenaça i els que són inofensius per a elles.

A mesura que va passant el temps, les tècniques moleculars avancen i els mètodes de detecció mostren gràficament el que està succeint, fins i tot a temps real. Això va passar el 2018 amb un estudi que va ser prou espectacular, publicat ni més ni menys que a la revista *Science*. Al mateix número de la revista, unes pàgines abans, altres autors plantejaven que la senyalització mostrada a l'esmentat estudi podia ser similar al sistema nerviós. Sistema nerviós, sí. Això es el que deia el títol de l'article... Ara veuràs per què van arribar a aquesta teoria.

Cultius d'*Arabidopsis thaliana* per a experimentació.]

L'objectiu de la investigació era comprovar si la planta podia transmetre el senyal d'un dany d'una part a l'altra. Efectivament, sí que pot. Si un insecte rosega una fulla, la planta avisa la resta de les fulles perquè tinguin les seves defenses preparades. Utilitzant marcadors de fluorescència que permeten fer un seguiment d'una cosa concreta (i ens regalen fotos i vídeos impressionants), van comprovar que els missatges s'originen al punt d'atac amb l'alliberació del glutamat (un aminoàcid que actua com a neurotransmissor important en vertebrats), des d'on es propulsa una onada de calci que es propaga a través de la planta, de manera similar a com un impuls elèctric ho fa en un animal. És per aquesta raó que es vol veure certa relació amb un sistema nerviós. Aquest fort increment de calci activa les hormones implicades en l'estrès i els interruptors genètics que la preparen per a defensar-se del seus atacants.

El calci té un paper importantíssim en la biologia de plantes i animals. És una molècula senyal, que anomenem «segon missatger», perquè és capaç de detectar un senyal i desencadenar una cascada de respostes. Per exemple, un canvi en la concentració de calci cel·lular pot fer palpitar el nostre cor més ràpid, alliberar neurotransmissors o provocar la contracció dels nostres músculs, de forma que podem posarnos dempeus i fugir si percebem alguna amenaça. En el cas de les plantes, passa quelcom similar. Amb l'ajuda del glutamat, els ions de calci poden fluir i portar el senyal destinat a les cèl·lules a través de canals. La veritable sorpresa va ser la velocitat amb la qual es transmetien els senyals de fulla a fulla; un parell de minuts, sempre que estiguessin connectades a través del sistema vascular. Pel que sembla, la planta també podia percebre la severitat del dany, donat que, quan aixafaven una fulla, tota la planta responia. A totes les zones on augmentava el calci, la planta produïa àcid jasmònic, una hormona implicada en els processos de defensa activats en situacions d'estrès. Segurament, hi participa regulant gens que poden estar relacionats amb la defensa. El jasmonat de metil, un producte de l'àcid jasmònic, és volàtil i per als insectes pot resultar repulsiu o interrompre la digestió, amb la qual cosa és un senyal més que suficient perquè no s'apropin a la planta.

Des dels anys 60, s'han estat fent estudis que semblen indicar que, si toques les fulles d'una planta, se'n paralitza paulatinament el creixement, es marceixen i, finalment, moren. O sigui, «no les toquis pas perquè no els agrada» (aquest és el titular que trobaràs). A partir dels 90, la cosa està canviant i la veritat és una altra. El que els estudis més recents estan demostrant és que la planta entén que aquest contacte més o menys profund és una amenaça, possiblement un insecte, i desplega el seu arsenal de batalla activant gens de defensa, augmentant la producció d'hormones relacionades amb l'estrès per patògens i sintetitzant més molècules tòxiques. I prou. Això és el que es va comprovar el 2018 quan uns investigadors de la Universitat La Trobe d'Austràlia acaronaven amb un pinzell suau cada 12 hores les fulles d'*Arabidopsis thaliana*. El metabolisme va canviar completament en la primera mitja hora i la resposta defensiva es va estendre a la resta de la planta que no havia estat alterada pel pinzell. És normal que el creixement s'alenteixi o es freni si tenim en compte que tota l'energia es dirigeix a un altre fi: sobreviure.

LES PLANTES TENEN CONSCIÈNCIA?

«Encara que de vegades no ho recordem, res del que succeeix no s'oblida». El viatge de Chihiro (2001).

Quan emprem el terme «memòria de les plantes» ens referim a la possibilitat que s'emmagatzemi un senyal durant un cert temps i que, per altres senyals, podem recuperar-la. S'han dut a terme nombrosos estudis per a comprovar si les plantes tenen memòria. De vegades, els científics fem experiments... una mica peculiars. Recordes el famós experiment de Galileu llançant objectes de diferent pes des de la Torre de Pisa per a provar que la velocitat de caiguda era la mateixa? Bé, l'experiment és un mite i mai no es va fer (el que sí és cert és que va ser Giovanni Battista Riccioli qui el va realitzar el 1644 des de la torre Asinelli). Reprenent el fil, potser en un intent d'imitar Riccioli (o Galileu), la seva compatriota Monica Gagliano va decidir llançar plantes de mimosa des de certa altura. Va demostrar que, després de les primeres caigudes, la mimosa plegava les fulles, però, després d'unes quantes més, la planta no s'immutava perquè havia comprovat que caure damunt d'un matalasser no li feia gaire mal. En un altre experiment, es deixava caure aigua sobre les fulles uns quants cops. Al principi, aquestes es tancaven, però quan la planta «descobria» que les gotes no eren perjudicials, deixava de tancar-les. Les mimoses, segons els autors, van ser capaces d'adquirir un comportament après «en qüestió de segons» i el van conservar durant unes quantes setmanes.

Alguns investigadors s'han plantejat si les plantes tenen consciència. Això ja són paraules importants. Tanmateix, un estudi de 2018 realitzat per científics de diferents universitats d'Alemanya, el Japó, la República Txeca i Itàlia, publicat a la revista *Annals of Botany* (ja us dic jo que és una bona revista), ha tornat a revifar el tema. En aquest estudi es va inocular una àmplia gamma d'anestèsics a plantes tan diverses com els pèsols, els créixens i els atrapamosques dins de càmeres tancades. Una hora després de l'aplicació, les plantes romanien inactives. La carnívora ni tan sols va reaccionar a un estímul similar a un insecte. Un cop va cessar l'efecte dels sedants, les plantes «es van espavilar», com si novament fossin conscients (això no ho dic jo, sinó els autors). Havien estat anestesiades i per tant en un estat d'inconsciència? No ens fem il·lusions. La reacció que van mostrar té una explicació. Se sap que l'anestèsia provoca canvis de les propietats físiques de les membranes cel·lulars de qualsevol organisme, la qual cosa n'interromp el funcionament normal; a més, un cop la pressió sobre les cèl·lules s'atura, l'efecte de l'anestèsic s'acaba. I tot això els succeeix tant a les cèl·lules animals com a les vegetals.

La consciència és difícil de definir i encara més difícil de provar. En l'actualitat, no existeix evidència experimental que suggereixi que les plantes són conscients. En ciència, ja saps que es demostra l'existència, no l'absència. El debat, un cop més, està servit.

Hem entrat en un terreny delicat i no exempt de polèmica i provocació. Si considerem que aquesta àrea s'anomena «neurobiologia vegetal», llavors ja no pot ser més desencertat. No deixa de ser desafortunat que anomenem «neurobiologia» a uns successos que res tenen a veure amb neurones. Les plantes no tenen un sistema nerviós tal com el coneixem en els animals. Però aquest terme de neurobiologia vegetal té un origen, com tot. La hipòtesi plantejada per Darwin, que ha estat oblidada o ignorada durant més de 125 anys, ha tornat a adquirir importància 140 anys després de ser formulada. Tots coneixem a Charles Darwin com l'autor de la gran obra *L'origen de les espècies*, però, durant els seus últims anys, de 1850 a 1882, l'enfocament científic de Darwin, com ja hem vist anteriorment, es va centrar en la botànica. Va arribar a escriure sis obres en què va abordar els sistemes reproductors de plantes, la seva fisiologia i les interaccions planta-animal. El penúltim dels seus llibres, *The Power of Movement on Plants*, publicat juntament amb el seu fill Francis el 6 de novembre de 1880, va obrir la porta a una nova visió d'aquest aspecte de les plantes. La darrera frase d'aquest llibre diu el següent:

> No és pas una exageració dir que la punta de la radícula així dotada [amb sensibilitat] i que té el poder de dirigir els moviments de les parts adjacents, actua com el cervell d'un dels animals inferiors; el cervell està assegut dins de l'extrem anterior del cos, rep impressions dels òrgans sensorials i dirigeix els diversos moviments.

Aquesta proposta va ser coneguda com la hipòtesi arrel-cervell. Bàsicament, Darwin i el seu fill van considerar que, malgrat no tenir neurones ni sistema nerviós com a tal, l'extrem de l'arrel de les plantes, degut a l'activitat frenètica que presenta i la capacitat de resposta, podria ser equivalent al cervell d'un animal inferior. En aquesta obra es va revelar que les plantes vivien en un veritable remolí d'activitats, però al seu propi ritme lent, en el qual les parts de les plantes (fulles, arrels, circells, etc.) es movien contínuament, ja fos per tropismes o nàsties. Però aquestes observacions no van ser acceptades pels principals botànics de l'època, especialment l'eminent fisiòleg de plantes i professor del fill de Darwin, Julius von Sachs, que va arribar a acusar els Darwin de ser «uns aficionats que realitzaren experiments descuidats i obtingueren resultats enganyosos». Von Sachs va criticar amb duresa un experiment dut a terme per Darwin i el seu fill, els resultats del qual eren diferents dels que ell va obtenir, però el destí va voler que fos precisament l'assistent de Von Sachs qui realitzés malament els experiments. Justícia poètica.

Fins a quin punt és versemblant la hipòtesi arrel-cervell? En aquell moment, aquesta teoria tan revolucionaria hauria pogut ser considerada com una conseqüència d'algun tipus de demència d'un Darwin ja senil. Encara avui dia ho pot semblar i, de fet, és un tema controvertit, fins i tot en el si de la comunitat científica. Un dels fidels seguidors d'aquesta teoria és un pioner en l'estudi de la neurobiologia vegetal i defensor de la intel·ligència de les plantes. Es tracta del professor Stefano Mancuso, director del Laboratori Internacional de Neurobiologia Vegetal de la Universitat de Florència. Científic de reconegut prestigi, però amb una perspectiva que difereix de la de molts altres experts que també investiguen en biologia vegetal.

Tornem a la hipòtesi de Darwin i el seu fill. Durant molt de temps, els estudis de les plantes s'han centrat en la part aèria, que era el que es veia, i s'ha ignorat la importància de quelcom ocult com l'arrel, encara que això ha canviat en els últims anys. Avui dia, sabem que la part de l'arrel a la qual Darwin al·ludia en la seva hipòtesi és coneguda com a «zona de transició», està a prop de l'extrem de l'arrel, i és cert que hi té lloc una activitat metabòlica elevada. Punt. Alguns van més enllà i relacionen aquesta activitat amb la sinapsi que té lloc entre les neurones animals, on hi ha el neurotransmissor, que, en aquest cas, seria l'hormona auxina. L'extrem de l'arrel és capaç de detectar com a mínim quinze paràmetres físics i químics diferents, com ara la temperatura, la llum, la gravetat, la presència de nutrients, l'oxigen, etc. El cert és que els avenços recents en biologia molecular de les plantes ¾la biologia cel·lular, lelectrofisiologia i l'ecologia¾ ens revelen que les plantes són organismes sensorials i comunicatius, caracteritzats per un comportament actiu de resolució de problemes. Els estudis actuals estan demostrant cada cop més, a diferència de la visió clàssica, que les plantes definitivament no són organismes automàtics passius. Ans al contrari. Segons alguns autors, aquestes posseeixen una cognició basada en els sentits que condueix a comportaments, decisions i fins i tot mostres d'intel·ligència prototípica.

En canvi, un dels científics escèptics és Lincoln Taiz, professor emèrit de Biologia Molecular, Cel·lular i del Desenvolupament a la Universitat de Califòrnia, a Santa Cruz. Els que hem estudiat fisiologia vegetal el coneixem bé per ser el coautor, juntament amb E. Zeiger, d'un llibre de text que seria com la nostra Bíblia particular. Taiz es basa en el treball dels científics estatunidencs Todd Feinberg i Jon Mallatt, que analitzen l'evolució de la consciència mitjançant estudis comparatius de cervells d'animals simples i complexos. El seus resultats van concloure que només els vertebrats, els artròpodes i els cefalòpodes posseeixen l'estructura cerebral de llindar per a la consciència. I si hi ha animals que no la tenen, llavors les plantes, que ni tan sols tenen neurones, molt menys.

El problema de tot plegat ve quan intentem atribuir característiques i qualitats humanes als comportaments vegetals, quan entenem les seves respostes fruit de l'evolució com a reaccions conscients i apreses. La idea que les plantes podrien pensar, aprendre o decidir la seva resposta ha estat objecte de polèmica des que es va establir la neurobiologia com a camp d'estudi el 2006. És molt complex demostrar que poden tenir consciència, cognició, intencionalitat, emocions o capacitat de sentir dolor. Del que no en tinc cap dubte és que, malgrat no tenir òrgans ni sentits com nosaltres, són capaces de percebre sons sense una oïda o olors sense un nas, veure sense ulls i comunicar-se sense boca ni veu. Actuen en conseqüència, i que ho facin de forma conscient ja són figues d'un altre paner. El seu grau de complexitat és altíssim però, si ho penses, ens passa el mateix amb els animals. Si seguim comparant les plantes amb els animals i aquests amb els humans, les conclusions que obtinguem no seran preses seriosament ni tan sols per part de la pròpia comunitat científica, malgrat ser experiments amb metodologia apropiada i resultats ben interpretats. Malgrat les crítiques i opinions científiques enfrontades, em semblen fascinants els resultats que es continuen obtenint en una àrea que seguirà fent parlar a dojo. No seré jo qui digui que les plantes no són intel·ligents, però, si considerem la definició més àmplia d'intel·ligència que la defineix com la capacitat de percebre o inferir informació i retenir-la com a coneixement a fi d'aplicar-ho a comportaments adaptatius dins d'un entorn o context... et torno la pilota: tu diries que les plantes son intel·ligents?

Por sus venas corre... ¿sangre?

«Si ens punxen, no sagnem? Si ens fan pessigolles, no riem? Si ens enverinen, no morim?». Shylock a El marxant de Venècia de William Shakespeare (segle XVI).

Si tens certa edat, potser una de les imatges de la teva infància sigui veure al teu avi amb una aparatosa i rígida motxilla carregada a l'esquena amb una palanca que polvoritza quelcom sobre l'hort. O és possible que tu mateix apliquis un insecticida de venda a grans magatzems sobre els teus rosals quan veus que tenen pugons. El fet que les plantes no puguin sortir corrents o espolsar-se els costa ben car. Simplement, els mecanismes per a evitar o tolerar un atac o una malaltia han fallat i, per dissort, emmalalteixen. Els passa exactament igual que a nosaltres. De fet, les plantes poden tenir febre. No se m'ocorre una altra forma d'anomenar això, però en alguns cultius, quan una plana està malalta o patint estrès, un dels símptomes que mostra és l'augment de temperatura. Podries quedar-te mirant-la amb cara de pena i preguntar-li: no et trobes bé? tens febre? No et contestarà ni demanarà que li facis moixaines, però, si utilitzes una càmera tèrmica i hiperespectral (que recull l'espectre electromagnètic), et donarà una dada precisa de la seva temperatura i ja podràs prendre mesures en cas que sigui necessari. Si acobles aquestes càmeres a un dron perquè faci un escombratge d'un cultiu i mesures les diferències de temperatura, podràs detectar amb anticipació una sequera o una plaga que podria estar afectant-la. Sona a ciència-ficció, però el cert és que a Granada s'ha aplicat a les plantacions d'alvocats per a descobrir a temps quins exemplars estan patint l'atac d'un fong que asseca les arrels, i també s'ha emprat per a detectar quines oliveres podrien estar patint un atac de *Xylella* (més endavant en parlarem).

Tot i que mostren augments de temperatura i ferides davant una agressió o un atac d'herbívors, tampoc et deixis enganyar si veus un arbre «sagnar». Hi ha qui ho pensa quan ho veu, però quan tu ho vegis ho entendràs. És certament esgarrifós. I no, no sagna ni és un miracle. Algunes espècies d'arbres formen sàvies i resines de color vermell brillant molt semblant a la sang que deixen rajar per una ferida recent. Un cop solidificada, rep el nom de «kino» o «goma vermella», com se la coneix a Austràlia. És precisament en aquest continent on trobem alguns gèneres amb aquests trets anomenats, en general, «arbres de fusta de sang» (*Angophora, Corymbia, Eucalyptus*) i *Pterocarpus*, encara que aquest és més freqüent a l'Àfrica. Per exemple, *Corymbia terminalis*, «la fusta de sang del desert», és un arbre d'uns 18 m d'alçada la sàvia vermella del qual va portar als aborígens australians a creure en els seus suposats poders curatius màgics, la qual cosa ha provocat que sigui a bastament emprada en medicina tradicional. *Corymbia calophylla* fa entre 40 i 60 m d'alçada i la seva fusta és ideal per a l'elaboració d'instruments musicals. Aquest arbre va ser originalment anomenat «goma vermella» (com la sàvia) pels colons del riu Swan el 1835, però, atès que hi havia més espècies que produïen aquest tipus de sàvia, des del 1920 es va distingir aquest arbre amb el nom de «marri».

Pterocarpus angolensis és un arbre nadiu del sud i l'est africans (*angolensis* ve d'*Angola*) i és peculiar per diversos motius. A banda de la seva sàvia vermella, les seves beines, que contenen les llavors, serveixen d'aliment per a papallones, esquirols i micos. Té la peculiaritat de resistir el barrinador de la fusta, un insecte expert en tunelització. L'eruga d'aquest arna, de la mida del dit petit (molt fàcil de reconèixer perquè és una mena de dàlmata de les arnes: blanca i amb l'esquena plena de pigues negres), s'alimenta de fusta (és xilòfaga) i, per tant, es dedica a foradar els troncs dels arbres fruiters i forestals, afectant, és clar, el seu desenvolupament. És molt temuda i destructiva, i ataca els arbres de gran importància econòmica, com oliveres, ametllers, magraners, pomers, castanyers o noguers, entre molts altres. I aquesta fusta també és resistent a les termites. Com que és duradora, fàcil de polir i no s'infla ni s'encongeix amb l'aigua, s'ha convertit en un material ideal per a la construcció de canoes. A l'Àfrica tropical l'anomenen *mukwa* i s'empra per a la fabricació de mobles de luxe.

La «sang del drago» és un nom aplicat a moltes resines vermelles produïdes per certs arbres que són descrites en la literatura mèdica. Hi ha unes quantes espècies que la produeixen i, encara que la veritable sang de drago és la que procedeix del gènere *Dracaena*, al capdavall aquest terme s'utilitza per tot tipus de resines i sàvies vermelles obtingudes de quatre gèneres: *Croton*, *Dracaena*, *Daemonorops* i *Pterocarpus*. D'aquest últim gènere, només *Pterocarpus officinalis* és considerada una font de sang de drago. La resta produeixen kino, ja que el 35 % de la seva composició són tanins (quelcom característic d'aquesta goma).

Has estat mai a Tenerife? Allà, a Icod de los Vinos, hi viu *Dracaena draco*, l'exemplar de drago més gran i longeu de la seva espècie conegut al món. És un drago mil·lenari (encara que en realitat podria tenir al voltant dels 800 anys) que produeix la veritable sang de drago. Va ser declarat monument nacional el 1917 i actualment és una espècie amenaçada.

Segons diu una vella llegenda, un navegant mercader cercava la sang de drago, un producte de gran importància, per a elaborar certes preparacions de farmacopea. Quan va arribar a la platja de San Marcos, a Icod de los Vinos, va sorprendre unes dames que s'estaven banyant soles. En va segrestar una, però la dona va aconseguir escapar-se. Mentre el navegant la perseguia, un arbre estrany es va interposar en el seu camí. Movia les seves fulles com dagues infinites; el seu tronc, semblant al cos d'una serp, s'agitava amb el vent marí i entre els seus tentacles s'ocultava la bella donzella guanxe. El mercader va llançar el seu dard contra l'arbre i, al quedar-s'hi clavat, va començar a gotejar sang líquida del drago. Atemorit i confús, el navegant va fugir i, després de pujar a la seva barca, es va allunyar de la costa.

Dranaena draco a l'altiplà de Dixam, illa de Socotra, Iemen.

A l'Antiguitat, romans, grecs i àrabs empraven la sang de drago com a vernís, medicina, encens i tintura..., exactament igual que avui. Darrerament, amb les pseudoteràpies, els vídeos de YouTube sobre les propietats miraculoses de la sang del drago acumulen cents de milers de visites. És cert que és un producte molt conegut des de fa segles en medicina tradicional i s'ha relacionat amb diversos usos terapèutics com a «antídot»: analgèsics, antiinflamatoris, antibacterians, antifúngics, antihemorràgics, antioxidants, antisèptics, antitumorals i citotòxics, antiulcerants i antidiarreics, antivirals, astringents, cicatritzants, immunomoduladors, regenerador muscular, mutagènic i antimutagènic, purificador, condicionador de la pell i cicatrització de ferides, entre altres propietats.

Una cerca ràpida a *PubMed*, la base de dades més utilitzada d'investigacions científiques, ens dona 154 resultats referents a la sang de drago. Pel que fa a assajos clínics, en trobem 0. La composició de l'extracte de sang de drago de les espècies de cada gènere és molt variable, però és cert que es coneixen les molècules que la composen i les seves propietats terapèutiques. En estudis preclínics han mostrat tenir capacitats antiinflamatòries, antioxidants, antibacterianes, antifúngiques i antineoplàsiques, entre d'altres. Però també s'ha vist que la sàvia vermellosa de tots aquests gèneres té activitat citotòxica, amb la qual cosa la llista anterior queda considerablement reduïda. Del que sembla que no hi ha dubte és que aquesta resina podria tenir gran potencial si s'aconsegueixen aïllar els compostos purificats i es demostren les seves propietats terapèutiques en humans. Tot i així, cal investigar molt encara abans d'arribar a conclusions definitives i, sobre tot, abans d'utilitzar aquesta resina. Recorda que els resultats en animals no sempre són extrapolables a humans.

Les plantes no són alienes a l'entorn en què viuen i es veuen afectades per una gran varietat de condicions ambientals que els poden suposar un problema fins al punt d'emmalaltir. El que és coneix com a «estrès abiòtic» es desencadena per una manca (sequera) o excés (inundació) d'aigua, les condicions del sòl (salí, ric en metalls pesants, manca o excés de nutrients, pH...), la contaminació atmosfèrica o els factors climàtics (com ara el vent o la temperatura, perquè les plantes també passen fred i calor) i, en general, qualsevol estrès el desencadenant del qual sigui de tipus ambiental. Per si això no fos prou, també han de bregar amb visitants oportunistes en forma d'herbívors, bacteris, virus, fongs i plagues, considerant en aquest últim grup les malalties produïdes per insectes, aràcnids, mol·luscs, crustacis i nematodes que desencadenarien un estrès biòtic. En el pitjor dels casos, els poden ocasionar greus malalties i fins i tot la mort. La llista de malalties és esfereïdora. Òbviament, ja existien des de temps prehistòrics, però, des del començament de l'agricultura, l'augment de la producció o les facilitats del comerç mundial han propiciat que l'home hagi introduït en els seus llocs d'assentament nombroses espècies exòtiques i, amb elles, en molts casos, les seves plagues i malalties. Avui en dia, això constitueix un greu problema, donat que la legislació fitosanitària i altres regulacions varien en gran mesura entre països, la qual cosa afavoreix la dispersió d'agents exòtics perjudicials.

Quan les plantes emmalalteixen

«Tancar podrà els meus ulls l'ombra darrera que se m'emporti la claror del jorn...». «Amor constant, més enllà de la mort». Francisco de Quevedo (1580–1645), escriptor del Segle d'Or espanyol

Hi ha un episodi de la història que va suposar un abans i un després en el desenvolupament d'Irlanda i els irlandesos i que va aconseguir modificar el panorama demogràfic, polític i cultural de l'illa. Era l'any 1845. Els agricultors d'Irlanda no havien vist mai una cosa igual. Van començar a observar uns símptomes a la fulla del cultiu de la patata que no reconeixien. Havia entrat al país *Phytophthora infestans*, un pseudofong que va acabar amb la patata durant 4 o 5 collites consecutives. Va arribar-hi procedent d'Estats Units, on havia entrat probablement des de Mèxic.

En aquell moment, Irlanda era pràcticament una colònia subjugada pels interessos britànics. Les terres eren arrendades als nobles anglesos, els legítims propietaris a qui proporcionaven el blat que produïen, però més de tres milions d'irlandesos pràcticament només s'alimentaven d'un únic cultiu: la patata. La plaga del míldiu de la patata o podriment negre, com també se l'anomena, va fer que més d'un milió d'irlandesos morissin de fam, situació agreujada amb malalties com la febre tifoidea, el còlera i la disenteria. Un altre milió, o fins i tot més, va haver d'emigrar als Estats Units. La població d'Irlanda va disminuir entre el 20 i el 25 %, però aquesta plaga va arrasar els cultius de patata de tota Europa.

El paràsit és complex. No és exactament un fong, sinó que evolutivament és considerat una alga que té trets dels fongs. El seu genoma és més semblant al paràsit causant de la malària i, a més, és molt més gran que aquest, així que trobar una solució per aquesta plaga és un problema que encara continua pendent. Avui dia, segueix acabant amb les collites tant de patates com de tomàquets arreu del món, originant pèrdues milionàries. Amb tot, hi ha alguns experiments en curs des de fa uns anys, en un dels quals, portat a terme per investigadors del Centre John Innes i el Laboratori Sainsbury de la Universitat de Cambridge (tots dos centres del Regne Unit), s'han aconseguit obtenir unes patates transgèniques la modificació de les quals permet que, després de tres anys, no només hagin resistit el podriment negre (a diferència de les no transgèniques), sinó que han produït el doble de tubèrculs. Aquest episodi de la història és conegut com la Gran Fam irlandesa i ha estat representat per Rowan Gillespie amb un conjunt d'escultures a mida real que es poden admirar a la Custom House Quay, Dublín. Aquest escultor dublinès ha sabut representar i transmetre el dolor, la desesperació, la fam i l'angoixa a través dels rostres i els seus cossos famèlics. Si vas a Dublín, no te la perdis... encongeix el cor.

La globalització no només ha afavorit el moviment de persones, sinó tot tipus de recursos. El comerç amb animals, plantes, llavors, fusta i substrat comporta un increment exponencial d'espècies exòtiques invasores, a banda d'alguns indesitjables acompanyants d'aquestes càrregues, com ara els virus, els fongs o els bacteris, que poden crear problemes greus. Les seves conseqüències les estem pagant en l'actualitat: pèrdua de biodiversitat, degradació de l'hàbitat, possibles problemes de salut pública... Ho estem veient al nostre entorn amb espècies invasores com la cotorra argentina o el musclo zebrat i plantes com la mimosa *Acacia dealbata* o l'arbust *Lantana camara*, molt freqüent als jardins dels carrers.

Els nostres paisatges han estat dramàticament influïts per aquests invasors.

Potser, la malaltia més coneguda sigui la grafiosi de l'olm, que va causar la desaparició massiva d'aquest arbre a Espanya. Aquesta malaltia va tenir dos episodis epidèmics. El primer va succeir a la dècada dels 30 i va ser originat pel fong *Ophiostoma ulmi*. Més endavant, a la dècada dels 80, el fong *Ophiostoma novo-ulmi* (conegut com a cep agressiu de la grafiosi) va delmar les poblacions d'olms provocant la pràctica desaparició de l'espècie del paisatge espanyol. Una altra de les malalties que va arribar fa dècades, el 1947, va ser el xancre del castanyer. N'és el responsable el fong *Cryphonectria parasitica*, que avui dia encara condiciona la supervivència dels castanyers i ha motivat la creació de nombrosos programes d'investigació i conservació del castanyer.

Famine Memorial, escultura dedicada a la Gran Fam d'Irlanda.

Cultius de tomàquet afectats per *Phytophthora infestans.*

El Ministeri d'Agricultura, Pesca i Alimentació ha classificat els organismes nocius contra els quals s'ha desenvolupat un pla de contingència o s'ha desenvolupat un pla d'erradicació i control a escala nacional per ser plaga prioritària a la UE. Algunes són provocades per cucs, cargols o insectes, com ara el nematode de la fusta del pi (*Bursaphelenchus xylophilus*), que provoca greus danys a pins i coníferes; el cargol poma (gènere *Pomacea*), molt voraç i resistent que destrossa els arrossars; o la puça de la patata (gènere *Epitrix*). En altres casos, la causa és una infecció bacteriana, com ara la malaltia coneguda com «foc bacterià», provocada per *Erwinia amylovora*, originària d'EUA, que ha envaït pràcticament tota la península i que afecta plantes de la família de les rosàcies (on trobem tant fruiters com ornamentals) o la cancrosi dels cítrics, provocada pel bacteri *Xanthomonas citri.* També hi ha virus temibles, com ara el virus del fruit rugós marró del tomàquet (*Tobamovirus*, ToBRFV). Aquest virus es va identificar per primer cop als tomàquets de Jordània el 2015 i recentment s'han produït brots a Itàlia, Mèxic, Turquia, la Xina, el Regne Unit, els Països Baixos, Grècia, Espanya i França, on el virus és motiu de gran preocupació per als cultivadors de tomàquet i pebrot. I podríem continuar. Però si hi ha alguns bacteris que ens amoïnen més que la resta, són *Xylella fastidiosa* i *Candidatus liberibacter*. Els noms potser no et diguin gran cosa, però «l'Ebola de les oliveres» i «drac groc» probablement et sonaran més. Ambdós bacteris originen malalties que actualment no tenen tractament, per la qual cosa la situació és inquietant.

El bacteri *Xylella fastidiosa*, causant de l'anomenat «Ebola de les oliveres», creix al xilema i bloqueja el flux de sàvia, fent que la planta es mori igualment que et moriries tu si un coàgul o una placa de colesterol et bloquegés una artèria coronària o cerebral. La malaltia no té tractament. A Espanya, i en concret a Andalusia, les conseqüències poden ser dramàtiques, ja que és la primera regió productora i exportadora d'oli d'oliva del món. El nostre país disposa de 32 denominacions d'origen protegides (DOP) d'oli d'oliva verge extra, de les quals 24 han estat reconegudes per la Unió Europea. No és estrany que els agricultors d'oliveres estiguin tan espantats que, fins i tot estant obligats a comunicar-ho, ocultin la infestació dels seus cultius. També pot afectar les vinyes, els ametllers, els pruners, els presseguers i els llimoners..., i així fins a 312 espècies confirmades.

El nom de l'espècie *fastidiosa* fa referència a com de complicat és aïllar i cultivar el bacteri al laboratori. Com es transmet? Doncs, un insecte que s'alimenta del xilema de les plantes, quan pica per a alimentar-se'n, adquireix el bacteri d'una planta infectada i l'inocula en una planta sana quan torna a picar.

Malgrat que darrerament se'n parla més, no és pas una malaltia recent. Ja es coneixia a finals del segle XIX, quan va aparèixer als vinyars de Califòrnia, però, atès que llavors no es va poder trobar cap solució, ha estat més de 50 anys latent i sense ser estudiat. Fins al 2013, any en què va arribar a Europa, al sud d'Itàlia, on va deixar més d'un milió d'oliveres mortes i una quantitat estimada de més de 10 milions d'arbres infectats. La situació no hauria d'haver arribat tan lluny, però, és clar, té una explicació. El tractament conegut és la detecció precoç: arrencar arbres en un radi de 100 m de la planta infectada i mantenir la zona en quarantena. Mesura que, d'altra banda, està a punt de modificar-se a la Comissió Europea reduint el radi de 100 a 50 m i permetent replantar espècies arbòries en aquelles zones afectades que portin dos anys lliures de patògens. És una mesura que intenta pal·liar l'enorme perjudici econòmic que s'està ocasionant als agricultors. Tanmateix, recentment acabem de rebre una mala notícia: una de les tres espècies capaces de propagar la *Xylella* a Europa, la cigala *Neophilaneus campestris*, es desplaça més lluny del que es pensava, més de 2,4 km en 35 dies, amb la qual cosa l'àrea d'influència és molt superior a la que va establir la normativa europea com a segura. Per tant, ens haurem de seguir centrant en altres mesures de control.

La detecció precoç és possible. El bacteri va taponant els conductes de la sàvia dels arbres, la qual cosa afecta la seva capacitat per a l'evapotranspiració i fa que augmenti la temperatura (recordes que et vaig dir que les plantes podien tenir febre?). Aquest augment el detecta la càmera tèrmica i la càmera hiperespectral, que s'encarregaran de mesurar l'absorció de la llum per part de les plantes (serà menor perquè els pigments s'han degradat i tenen menys capacitat per a dur a terme la fotosíntesi). El que passava és que, encara que es detectava a temps i davant l'opinió dels científics que alertaven de la gravetat del problema, es va decidir no fer res. Hi ha certs grups d'agricultors que posen en dubte que la *Xylella* en sigui la causant i s'oposen a les tales d'arbres; d'altres pensen que el responsable és un fong i que es pot acabar amb ell sense talar les oliveres, i uns altres diuen que el bacteri és fàcilment controlable. Mentrestant, els científics determinen que la causa de la malaltia és un cep de *X. fastidiosa* molt virulent, importat a través d'una planta ornamental procedent de Costa Rica. En paral·lel, certs grups afins a l'agricultura ecològica i a la biodinàmica afirmen tenir la solució: proposen que la *Xylella* forma part de l'ecosistema i que no cal fer res; simplement s'ha de deixar que s'integri en el medi i utilitzar fertilitzants naturals. Aquest va ser el programa de gestió, quan l'eina més adient hagués estat una acció ràpida i primerenca. Hi hauria danys que lamentar? Segur, però moltíssims menys.

Oliveres infectades per *Xylella fastidiosa* a Salento, Itàlia

Des d'aleshores, ha estat imparable. El 2016, ja la teníem a les oliveres de les Balears, el 2017 al ametllers d'Alacant (Nadal sense torró?) i, recentment, a unes poques oliveres de Madrid i en un nou brot a la província de Bari, Itàlia. Atès que el bacteri té molts hostes asimptomàtics (plantes sense símptomes però que poden transmetre la malaltia) la seva detecció i control és encara més difícil. A la Universitat de Còrdova, hi ha un grup d'investigació que està intentant crear noves varietats d'olivera resistents a la *Xylella*. Estan recorrent a programes de millora genètica clàssica creuant varietats italianes que han resultat ser resistents, com Leccino i FS-17, amb d'altres que mostren un alt rendiment i producció. Encara estan en fase de proves a parcel·les pilot, però la veritat és que tot plegat fa molt bona pinta.

L'altra temuda malaltia causada per un bacteri és el drac groc, HLB o *Huanglongbing* (que significa literalment «malaltia del drac groc»), que té origen asiàtic. Ja el seu nom és un espòiler. Descrita per primer cop a la Xina el 1843, avui dia és un altre maldecap per als productors de taronges, llimones i mandarines de gran part del món. El bacteri va arribar a Florida (EUA) el 2005 i, tres anys després, ja havia colonitzat tot l'estat. De fet, a la darrera dècada, la producció de taronges per a suc als Estats Units ha caigut un 72 %. Aquesta malaltia deforma els fruits, amarga el seu sabor, atrofia les seves llavors i grogueja els arbres fins que moren. No hi ha cap tractament més enllà d'arrencar les plantes i cremar-les, així que, com es lògic, a Espanya preocupa el seu desembarcament. En funció de quina regió es tracti (Àfrica, Àsia o Amèrica), hi ha tres bacteris que provoquen la malaltia: *Candidatus Liberibacter africanus, asiaticus o americanus*, i, com passa amb *Xylella*, poden infectar arbres que romanguin asimptomàtics durant mesos o anys.

El 2014, i malgrat les mesures de precaució, el vector, el psíl·lid africà dels cítrics (un insecte xuclador), va ser detectat a les localitats gallegues de A Barbanza i O Salnés, encara que el bacteri, de moment, no ha aparegut. El fet de saber que no té tractament i tant els danys econòmics com ambientals que pot ocasionar planteja als científics un repte potser més gran per a investigar possibles solucions. Una seria l'entrenament de gossos perquè detectin *in situ* la presència de *Candidatus Liberibacter asiaticus*, i ho han aconseguit amb una precisió superior al 99 % en les dues setmanes posteriors a la inoculació dels arbres. Una altra estratègia, duta a terme per dues investigadores de la Universitat de Stanford (EUA), Sharon Long i Melanie Barnett, ha estat més original. El que han fet, donat que el bacteri només pot viure dins l'insecte o la planta, és introduir els gens responsables de la virulència en un altre bacteri simbiòtic d'alfals i marcar-los amb una proteïna verda fluorescent per a poder seguir-los. Dels 120.000 compostos químics analitzats, 130 van apagar la llum verda (el que significa que van inactivar la virulència) sense afectar altres microorganismes beneficiosos. Sembla que el tractament que permeti sufocar el foc del drac groc està cada cop més a prop.

De vegades, la solució no ve forçosament de la biologia o la química. La tecnologia té moltes cares. En el marc d'un projecte europeu, Techniker, una fundació tecnològica de Guipúscoa, ha participat en el desenvolupament d'un protocol anomenat Green Patrol, que consisteix en un robot mòbil autònom que, mitjançant intel·ligència artificial, és capaç de detectar plagues en les plantes d'un hivernacle en els seus primers estadis, identificar-les i aplicar el tractament químic més adient segons l'estratègia prèviament definida pels experts. És una iniciativa fantàstica i útil. Això sí... sempre que hi hagi tractament.

Als nostres boscos la situació no és millor. A banda de les malalties i plagues forestals, les espècies invasores, el canvi climàtic i algunes circumstàncies extremes (com sequeres i incendis), la desforestació i el desenvolupament urbà són els principals perills. En els darrers 250 anys, s'han extingit gairebé 600 espècies de plantes, a un ritme de 2,3 espècies l'any.

Hi ha malalties de plantes que han estat presents des de sempre, però s'han anat mantenint a ratlla al llarg del temps. En altres ocasions, la malaltia, encara que fos una vella coneguda i controlada, esdevé de sobte una plaga emergent, com passa amb la mosca blanca dels cítrics (*Aleurothrixus floccosus*); en aquest cas, és el canvi climàtic el que ha afectat el seu parasitoide i el seu depredador trencant l'equilibri. Un parasitoide és un organisme que posa les seves larves a la superfície o a l'interior d'un insecte generalment i se n'alimenta fins a matar-lo.

Però també hi ha malalties de plantes que, com les que acabem de veure, no tenen tractament. Les seves conseqüències són greus i les tenim més a prop del que creus.

L'any 1943, una crònica s'expressava així:

Al carrer hi havia homes que es desplomaven, entre xiscles i contorsions; d'altres queien i expulsaven escuma per la boca, afectats per crisis epilèptiques; i alguns altres vomitaven i mostraven signes de bogeria. Molts cridaven: «Foc! Em cremo!». Es tractava d'un foc invisible que desprenia la carn dels ossos i la consumia. Homes, dones i nens agonitzaven amb dolors insuportables

Aquesta malaltia es va conèixer com el «foc de Sant Antoni» per la sensació abrasadora experimentada per les víctimes. Avui dia, sabem que aquesta malaltia rep el nom d'«ergotisme» i es devia al consum de sègol infectat amb els alcaloides ergòtics del fong *Claviceps purpurea* o banya del sègol. Va arribar a tenir proporcions d'epidèmia a molt llocs d'Europa al segle x. El Bosco va reflectir aquest episodi a la seva obra *Les temptacions de Sant Antoni* de 1501, on es veu un «tolit a causa de la malaltia». Avui, les micotoxines causants de l'ergotisme segueixen provocant maldecaps a la industria alimentària, degut a la gran varietat d'aliments que es veuen afectats, la dificultat d'eliminar-les i les conseqüències per a la salut. Poden créixer en diferents cultius i aliments, com els cereals (blat, arròs, blat, civada, avena, sègol), llavors oleaginoses (olivera, cacauet, soja, gira-sol, cotó), fruites, verdures, fruits secs, fruites dessecades, espècies, així com en aliments processats a base de cereals (pa, pasta, cereals d'esmorzar, etc.), les begudes (vi, cafè, cacau, cervesa, sucs), els aliments d'origen animal (llet, formatge) i els aliments infantils.

Les toxines fúngiques (micotoxines) són substàncies produïdes per uns quants centenars d'espècies de floridures que poden créixer sobre els aliments sota determinades condicions d'humitat i temperatura. La inhalació, ingestió o absorció cutània pot fer emmalaltir o fins i tot causar la mort de persones i animals. Probablement, les micotoxines hagin ocasionat malalties des que l'home va començar a cultivar plantes de forma organitzada. S'ha conjecturat, per exemple, que la intensa reducció demogràfica experimentada a Europa occidental al segle XIII va ser deguda a la substitució del sègol per blat, important font de micotoxines del fong *Fusarium*. La producció de toxines va provocar també a Sibèria, durant la Segona Guerra Mundial, la mort de milers de persones i va delmar pobles sencers. Aquesta micotoxicosi, coneguda més endavant com a «alèucia tòxica alimentària» produïa vòmits, inflamació aguda de l'aparell digestiu, anèmia, insuficiència circulatòria i convulsions.

L'exposició a micotoxines pot produir toxicitat tant aguda (que seria com una sobredosi puntual) com crònica (exposició lleu però continuada a llarg termini). Quins efectes té? Doncs els resultats van des de la mort a efectes nocius per als sistemes nerviós central, cardiovascular i respiratori, i també per a l'aparell digestiu. A més, les micotoxines poden ser agents cancerígens, mutàgens, teratògens (provoquen malformacions del fetus) i immunodepressors. Actualment, està molt estesa l'opinió que l'efecte més important de les micotoxines, particularment als països en desenvolupament, és la capacitat d'algunes d'obstaculitzar la resposta immunitària i, per tant, de reduir la resistència a les malalties infeccioses.

Claviceps purpurea, banya del sègol.

El florit és visible. Tots hem tingut alguna fruita podrida, però les micotoxines no es veuen. Encara que s'extregui la part que estigui florida, la resta de l'aliment també podria contenir micotoxines. No paga la pena jugar-se-la amb quelcom tan seriós, per tant el meu consell sempre serà que, si es tracta d'una peça de fruita afectada, es fiqui en una bossa sense moure-la massa, es tanqui i es llenci a les escombraries. Sense pena. De qualsevol forma, és quelcom que s'ha de tenir en compte, però no cal tenir-ne pànic. Les recomanacions dels codis de bones pràctiques, des de la sembra fins a l'emmagatzematge i els controls que es duen a terme, asseguren que els nivells de micotoxines dels aliments que ingerim siguin segurs. Tot el que ens arriba ha passat per un estricte control de seguretat. Però això no treu que, un cop a casa, som nosaltres els que hem de seguir unes bones pràctiques d'emmagatzematge, manipulació i higiene a la cuina.

Com vam veure a la introducció, l'estudi de les plantes ha servit per a fer grans avenços en biologia general. Per exemple, estudiant el mosaic del tabac, una malaltia anomenada així perquè produïa un patró distintiu a les fulles d'aquesta planta, Dimitri Ivanovski va descobrir el 1889 que l'agent causant era capaç de travessar els filtres més petits coneguts, que no deixaven passar ni tan sols els bacteris més petits. Això li va fer sospitar que es tractava de quelcom nou que no s'havia descobert abans. Beijerinck va anomenar aquesta substancia «virus filtrable». Oi que ja saps de què estic parlant? Doncs sí, el primer virus es va descobrir estudiant la malaltia d'una planta. Fins i tot un organisme encara més simple que un virus, un viroide, que està format per una molècula d'ARN nua, només infecta les plantes i es considera una relíquia viva de l'origen de la vida,

Virus, bacteris, fongs, herbívors, insectes, llimacs, cargols, aranyes, erugues... i una sèrie de condicions climatològiques i ambientals estant posant a prova la supervivència de les plantes. Quan tu tens set, beus. Quan tens calor, et poses a l'ombra i, si tens fred, t'abrigues. Si et pica un mosquit, l'apartes o el mates sense pietat. Has pensat mai que una planta no pot fer res de tot això? Te n'adones de la gran quantitat d'amenaces a les quals s'han d'enfrontar a diari? Nosaltres tenim mecanismes de defensa. Elles també i, segurament, més evolucionats. Al capdavall, elles van arribar primer.

Enemics de les plantes (I): els éssers vius

«No, la resistència no ha mort, la guerra només acaba de començar i jo, jo no seré l'últim Jedi». Luke Skywalker a Star Wars, episodi VIII: Els últims Jedi (2017).

Totes les plantes han d'enfrontar-se al llarg de la seva vida a condicions ambientals que no els seran favorables o estaran exposades a l'atac d'herbívors i plagues. La plaga de llagostes que ha patit enguany (2020) l'Argentina i que en aquests moments es dirigeix cap al Brasil, recorre 150 km diaris i pot destrossar els cultius que trobi en el seu camí. De fet, sovint totes aquestes situacions amenacen les plantes no només un, sinó uns quants cops. Una manera de superar aquest petits problemes intrínsecs de la vida és el que coneixem com a «evitació de l'estrès», o sigui, desenvolupar mecanismes per a evitar-ho i esquivar el cop... però no sempre funciona. Altres vegades, el mecanisme és la tolerància a l'estrès i, com et pots imaginar, a aquest efecte activen una resposta molt complexa i un seguit de gens i molècules que funcionen totes ensems. I si res de tot això funciona... ai, las!, llavors tenim males notícies.

Imagina't que la teva millor amiga és molt pessimista, t'atabala molt, massa, explicant-te els seus problemes a diari i la tems, perquè es fa molt pesada! Pots optar per dir-li directament: «Mira, m'estimo més que no m'expliquis res» (evitació de l'estrès) o bé miraràs d'ajudar-la en la mesura que puguis encara que estiguis una mica fart o farta i esgotat o esgotada mentalment, perquè saps que en el fons la teva vida no es veu alterada i seguirà el seu curs. En aquest cas, estaries tolerant l'estrès amb els mecanismes que tu hagis desenvolupat: sentir-te bé escoltant-la i donar-li bons consells, sabent que un cop s'hagi desfogat, vindran les cerveses i les rialles, desconnectar de la conversa uns microsegons sense que es noti... Si no ets capaç d'evitar ni tolerar aquest estrès, és possible que la seva negativitat i els seus problemes t'acabin afectant de forma més o menys seria. Doncs el mateix passa amb les plantes.

Durant el procés evolutiu, les plantes han desenvolupat diferents formes d'adaptació a les condicions ambientals, tant biòtiques com abiòtiques, adaptacions que els han permès establir-se amb èxit. Però els patògens no s'han quedat pas endarrere. Ells també han desenvolupat estratègies per a entrar-hi fent ús de molècules específiques, obertures naturals com els estomes de les fulles, ferides, etc.

Malgrat no tenir un sistema circulatori que permeti el moviment de cèl·lules de defensa, com succeeix amb els animals, les plantes tenen el seu propi sistema immunitari, que ofereix respostes locals i respostes sistèmiques. Posseeixen mecanismes de defensa de primera línia, com en el nostre cas serien la pell, les llàgrimes o els petits pèls del nas i les orelles (retalla-te'ls si vols, però no te'ls treguis perquè tenen la seva funció!). Elles tenen pel·lícules de cera a la superfície, lignina (component de la fusta i l'escorça) i suberina (biopolímer que fa de barrera entre les plantes i l'ambient), o bé produeixen els seus propis antimicrobians (com les fitoalexines), però a més tenen mecanismes moleculars molt potents a cada cèl·lula que desencadenen reaccions de defensa. Fins i tot, poden sacrificar les cèl·lules infectades, fulles o branques senceres, a fi de frenar l'avanç de la infecció.

Hi ha gran similituds entre els mecanismes de defensa vegetals i la immunitat innata dels animals. Tots els éssers vius tenim en comú la capacitat de poder discriminar el propi del que ens és aliè i el primer pas per a poder activar el sistema d'immunitat innata és reconèixer que hi ha quelcom estrany massa a prop. En funció d'això, ella ja sabrà com ha de respondre. En aquest reconeixement hi ha una cosa curiosa. Fixa't que, malgrat ser tan diferents (o no), les cèl·lules vegetals i animals reconeixen les mateixes molècules identificadores dels patògens: els lipopolisacàrids de la paret cel·lular dels bacteris Gram negatius; el peptidoglicà de la paret cel·lular dels bacteris Gram positius; la flagelina, que és una proteïna estructural del flagel bacterià; components de la paret cel·lular (quitina, glucans...) de fongs, etc.

La importància d'aquestes molècules és tan gran per al patogen que la seva variabilitat és mínima, i per tant estan molt conservats, fet que explica que s'hagin convertit al llarg de l'evolució en «senyals inequívoques» d'una infecció. Com funciona tot plegat? Doncs, suposa que una planta està en el seu medi natural i un bacteri arriba a la superfície de les seves fulles i entra pels estomes, els porus que la planta utilitza per a respirar. El sistema d'immunitat innata s'activa i el primer que pensa la planta és: «És un bacteri, però ve de bon rotllo o es patogen?», i s'activa de nou per a reconèixer si té algun factor de virulència associat (tipus flagelina o algun component específic de la paret cel·lular). Si el detecta com a patogen, comença a posar en marxa respostes com, per exemple, el tancament d'estomes a fi de limitar l'entrada de més patògens; l'acumulació de cal·losa per a engreixar la paret cel·lular; la producció d'espècies reactives de l'oxigen i òxid nítric; la inducció de gens de defensa; i la síntesi d'antibiòtics i hormones implicades, entre les quals, es troba l'àcid salicílic (SA), l'àcid jasmònic (JA) i l'etilè (ET).

En general, el salicílic té un paper en la defensa contra patògens biotròfics (es nodreixen de les cèl·lules vives de la planta), mentre que el jasmònic i l'etilè són fonamentals per a la defensa davant patògens i herbívors necrotròfics (primer maten les cèl·lules i després s'alimenten d'elles). Les oxipilines són altres hormones el paper de les quals és fonamental per a tenir tolerància a les temperatures altes. Les plantes terrestres més primitives són els briòfits i no tenen àcid jasmònic. Tanmateix, els estudis més recents mostren que les oxipilines el van poder substituir.

Planta 1 – Microorganisme 0.

Creus que aquí s'acaba tot? Doncs no. Si tenim en compte la llarga història de coevolució de la relació planta-patogen, té lògica que aquests s'hagin especialitzat i hagin desenvolupat mitjans per a suprimir aquesta resposta defensiva de la planta. Per fer-ho, ha generat tota una bateria de proteïnes (efectores) la funció de les quals és afectar específicament l'activitat de les proteïnes o gens que la planta ha posat en marxa i promoure la malaltia.

Planta 1 – Microorganisme 1.

Però encara hi ha més. Les plantes disposen de les anomenades «proteïnes de resistència», que reconeixeran les proteïnes efectores del contraatac del patogen i el resultat és encara millor. La resposta serà mes forta i duradora: indueix la mort cel·lular programada (apoptosi), un procés conegut com la «resposta hipersensible» (HR, sigles de *hypersenstive response*), i, finalment, si no li ha costat la vida, la fa resistent al patogen.

Als anys 80, encara que ja s'havia descrit als anys 30, es va poder demostrar que la immunitat de les plantes no només es podia induir, sinó que no estava restringida a un únic organisme patogen. Si han aconseguit sobreviure la primera vegada a l'atac d'un patogen o d'un herbívor, a una sequera severa o a qualsevol altre factor ambiental seriós, poden protegir-se de situacions posteriors similars. Podríem dir que aquest primer contacte ha «immunitzat» la planta, de manera que ha desenvolupat una espècie de «memòria immune» que els permet reaccionar abans i millor. Des de fa més de 50 anys, se sap que aquest mecanisme és sistèmic, és a dir, encara que el dany s'hagi produït en una sola fulla, reacciona tota la planta en conjunt. S'anomena resposta sistèmica. Quant a aquest tipus de respostes, la resposta sistèmica adquirida (RSA, o SAR, per les seves sigles en anglès) posa en marxa hormones com l'àcid salicílic i gens que estan relacionats amb la patogènesi. No et recorda tot això a quelcom que ens injectem nosaltres des que naixem i que s'anomena «vacuna»? Un requeriment essencial perquè s'activi la resistència sistèmica adquirida és que la primera infecció per un patogen causi una lesió necròtica, ja sigui un virus, un bacteri o un fong, i l'avantatge és que genera una resistència d'ampli espectre, és a dir, confereix resistència a altres patògens, a banda del causant... una resistència que serà duradora (dies o setmanes), la qual cosa la fa interessant des del punt de vista agronòmic. Com és de suposar, en agricultura s'utilitzen diferents inductors (desencadenants), com ara els fosfits, els quitosans o extractes de certes algues, que permeten activar la resistència sistèmica adquirida a diferents cultius agrícoles, amb l'objectiu de millorar la sanitat vegetal i disminuir els danys provocats pels múltiples patògens existents.

Si recordes, abans hem parlat d'uns bacteris que ajuden les plantes a créixer i superar certs problemes, els PGPR. Sí, són beneficiosos, però no deixen de ser bacteris. Què passa en aquest cas? Com sap la planta que no li faran mal? Doncs, activa una altra resposta específica, anomenada «resposta sistèmica induïda» (RSI, o ISR per les seves sigles en anglès). Com el seu nom indica, s'indueix per la presència de rizobacteris a l'arrel i es confirma que, després del reconeixement, el bacteri que està intentant penetrar-la ve de bon rotllo. Igual que la RSA, oposa resistència d'ampli espectre.

Si ho pensem bé, les plantes estan tan immerses en una lluita coevolutiva de milions d'anys amb els seus patògens que, a la natura, l'establiment d'una malaltia seria l'excepció i la immunitat seria la norma. La resistència a la malaltia és un ventall que va des de la immunitat (no s'experimenta cap dels símptomes de la malaltia) fins a una resposta altament susceptible en què mostren alguns símptomes significatius.

Podridura noble del raïm causat per *Botrytis*.

Amb tot, en algunes ocasions la batalla la guanya el pato-
gen, i això no té per què ser negatiu. Veuràs, *Botrytis cine-
rea*, conegut com la «floridura gris», és un dels fongs patò-

gens més destructius per als cultius. Gràcies a les formes de resistència que crea, té la capacitat de romandre latent durant molt de temps i desperar que les condicions ambientals siguin adients per a germinar i perquè les seves espores siguin transportades per la pluja i el vent. Les pèrdues econòmiques causades per aquest fong són altíssimes i molt difícils de calcular per dos motius: perquè tenen un ampli rang d'hostes (més de 200) i perquè és capaç d'atacar el cultiu pràcticament a qualsevol etapa de la producció. La malaltia que causa aquest fong es coneix comunament com a «podridura gris». Infecta plantes que estan xopes o en condicions d'humitat elevada (95 %), encara que també el vent i les ferides produïdes a les plantes afavoreixen l'entrada i el desenvolupament del fong. El més greu de la podridura gris són les conseqüències econòmiques, especialment en el cas de les vinyes.

Però, en aquest cas, els agricultors també han sabut aprofitar comercialment la resposta a l'estrès produït per un patogen. Tal vegada qui hagi demanat un vi durant un viatge per Hongria o hagi tastat un *Château d'Yquem* a Bordeus, o un *Beerenauslese* a Alemanya, no sàpiga que es tracta de vins infectats per *Botritys*. Paradoxalment, la podridura noble és la responsable de vins característics i ben considerats en viticultura; és per això que se l'anomena amb l'apel·latiu «noble». D'alguna forma, els agricultors van descobrir que, si el raïm madur infectat per *Botritys* era exposat a condicions més seques, es produïa aquest tipus de vins dolços particularment fins i concentrats (com les panses). Bàsicament, el que fa aquest procés és deshidratar el raïm (proporcionant-li un estrès hídric) i que la vinya acumuli sucres (resposta de la planta a la sequera). Alguns dels millors vins botritizats són literalment recollits gra a gra en diferents moments de selecció. La infecció, en aquest cas, li dona qualitat al raïm. El primer vi botritizat (als vins fets amb raïm botritizat se'ls anomena «Aszú») que es va fabricar intencionadament amb podridura noble va ser el Tokaji Aszú.

Acompanya'm a Hongria.

Hongria té una viticultura centenària que ha estat tradicionalment dominada pels vins blancs, però les vessants de la regió de Tokaji-Hegyalja, situada a la part nord-est del país, adquireixen especial importància. Es tracta d'una de les regions vinícoles del món declarades Patrimoni de la Humanitat per la UNESCO. Les condicions del sòl i la climatologia d'aquesta zona han fet possible que des del segle xvi el Tokaji Aszú sigui distintiu universal de qualitat i llegenda d'Hongria, encara que es creia que la magnífica qualitat d'aquest vi era deguda al fet que a les profunditats del terreny on es cultiva hi havia or. Segons la seva crònica d'origen, el Tokaji Aszú data del 1630. La comtessa hongaresa Zsuzsanna Lorántffy (1600–1660), esposa de György Rákóczi I, príncep de Transsilvània, era propietària d'extenses terres i vinyers que cuidava personalment. Era una important promotora i aliada calvinista que ensenyava el cultiu de les vinyes als seus religiosos. Aparentment, les guerres militars contra els Habsburg al segle xvii van provocar que un dels seus monjos, Laczkó Máté Szepsi, retardés la verema del seu vinyer Oremus fins al novembre, circumstància que va afavorir l'aparició de *Botrytis* als seus cultius.

L'exportació del Tokaji Aszú va ser la principal font de guanys del Principat de Transsilvània. De fet, els ingressos que van obtenir van ajudar a sufragar els conflictes per a aconseguir la independència del mandat del Habsburg a la regió. El príncep de Transsilvània, el 1703, va enviar al rei Lluís XIV de França nombroses ampolles d'aquest vi, que va ser servit a Versalles, i, pel que sembla, va arribar a conquerir el Rei Sol, ja que li va oferir una copa a Madame de Pompadour, referint-s'hi com a *Vinum Regum, Rex Vinorum*, que significa «Vi de reis, rei dels vins». Allà va acabar essent conegut com a «Tokay». D'alguna manera, el Tokaji Aszú sempre ha estat lligat a la reialesa. L'emperador Francesc Josep tenia la tradició d'enviar aquest vi a la reina Victòria com a regal cada aniversari, una ampolla per cada mes viscut, o sigui, dotze ampolles l'any. Amb motiu del seu últim aniversari, el 1900 (quan complia 81 anys), va rebre ni més ni menys que 972 ampolles. Napoleó III, el darrer emperador de França, ordenava que s'enviessin entre 30 i 40 barrils de Tokaji a la cort francesa cada any. Polònia i Rússia van esdevenir els principals mercats importadors del vi, fins al punt que els tsars van mantenir una colònia a Tokaji, a fi de garantir-ne el subministrament regular a la cort imperial de Sant Petersburg. El tsar Pere I el Gran va enviar legions de cosacs perquè vigilessin els cellers i els camins pels quals havien de transportar el vi perquè arribés sense contratemps fins a la taula de Catalina.

Vinyers de tardor amb el turó Tokaj al fons durant el temps de collita a Bodrogkisfalud, Tokaj-hegyalja, a Hongria.

Van ser anys daurats per al Tokaji Aszú, però, a partir de 1795, diverses crisis originades per motius polítics i econòmics i una plaga de fil·loxera (insecte patogen de la vinya) van fer que la gran majoria dels vinyers desapareguessin. De mica en mica, es va anar dissipant la identitat i qualitat dels magnífics vinyers de Tokaji, fins al 1995. Amb la caiguda del Teló d'Acer, van començar a fer-se millores a la regió i va sorgir l'anomenat renaixement de «Tojak» o «Tokaji renaissance». Avui dia, la regió està integrada per 600 cellers de prestigi mundial, com ara Oremus, Disznókő, Hétszölö, Royal Tokaji o Château Pajzos. Les varietats de raïm han estat restringides per llei a unes poques: la varietat Furmint (70 %) i Hárslevelü (25 %) són complementades amb un petit percentatge de Muscat Lunel, Zéta (híbrid local) i Kövérszólo, una varietat local històrica recentment restaurada.

No només el moment de la collita del raïm botrititzat és diferent del vins comercials (molt tardà, de principis d'octubre a finals de novembre), sinó que el procés d'obtenció del vi també té les seves particularitats. El moment idoni ve determinat per l'aspecte del raïm, totalment arrugat i de color marró amb matisos violacis. No té cap residu de fong a la superfície. El procediment de maceració que s'aplica és antiquíssim i fa que la vinificació d'aquest tipus de vins sigui única. La collita és selectiva, recollint un a un els grans de raïm atacats per la podridura noble (raïm Aszú). Durant el període d'emmagatzematge, el raïm perd una mica de contingut degut a la gravetat, que es recull per la part inferior del receptacle d'emmagatzematge perforat a aquest efecte.

Aquest preuat suc s'anomena Eszencia o Essencia i constitueix el vi Tokaji de millor qualitat. És tan ric en sucre que pot trigar anys a fermentar, fins i tot amb tipus especials de llevat. Un Tokaji Eszencia que hagi fermentat durant entre 6 i 8 anys pot arribar a tenir un 3 % d'alcohol i un 85 % de sucres. Rarament es ven, encara que quan apareix alguna ampolla pot arribar als 800 dòlars mig litre (collita de 1947). Normalment, s'empren per a enriquir vins de menor qualitat. Abans del producte final, toca esperar una llarga fermentació. Però disposem de l'ajuda d'un altre fong que únicament creix als cellers d'aquesta regió de forma natural i que s'encarrega de protegir la qualitat dels vins. Es tracta de la floridura negra *Cladosporium cellare*. Aquest fong té un paper importantíssim netejant i regulant l'aire dels cellers, especialment la humitat. Per fer-ho, empra només compostos volàtils presents a l'aire. Atès que *C. cellare* no tolera massa bé l'alcohol, mai creixerà directament a la superfície del vi i es limitarà a mantenir una humitat propera al 90 %.

No tinc ni idea de com serà el seu sabor, m'imagino que semblant a un moscatell molt exagerat, però el resultat ha de ser un vi espectacular. No en va apareix a l'himne nacional d'Hongria, «als vinyers de Tokaj...», i a un poema de Pablo Neruda: «Al meu desordenat cor imposa, oh, vi de Tokay fragant, la raó de la llum: ordena el meu deliri!». Grans personatges de la història també han reconegut i gaudit del seu valor: Beethoven, Liszt, Schubert, Strauss, Goethe, Friederich von Schiller, Voltaire, Bram Stoker, Haydn i fins i tot Jefferson. Això sí, t'hauràs de gratar la butxaca, perquè és un capritx gurmet que s'ha de pagar.

I no és l'únic aliment en el qual intervenen una planta i un fong fitopatogen. T'agrada el menjar mexicà? *Ustilago maydis* és un fong patogen del blat de moro que causa milions d'euros de pèrdues als agricultors cada any. Origina la malaltia coneguda com a «carbó de l'espiga del blat de moro», i el nom és molt descriptiu perquè, quan ataca la planta, aquesta es queda com un cigar a mig fumar. Tanmateix, a Mèxic aquest fong els sembla una delícia i és un dels plats estrella de la cuina prehispànica, juntament amb els *escamoles* (ous de formiga), els *chapulines* (saltamartins) i els cucs de maguey (sí, ho has llegit bé). A l'estat de Puebla, cultiven el blat de moro expressament contaminat per aquest fong. A Mèxic és conegut com a «huitlacoche» o «cuitlacoche» i com «la trufa mexicana» pel seu delicat sabor a terra humida. A vegades, encara que estigui podrit, cal saber trobar el costat bo de les coses.

Enemics de les plantes (II): tota la resta

> *«No és pas l'espècie més forta la que sobreviu, ni la més intel·ligent, sinó la que respon millor al canvi».*
> *Charles Darwin (1809–1882), naturalista anglès.*

Seguim superant obstacles. T'ha agradat la història del vi Tokaji o la del carbó de l'espiga del blat de moro (huitlacoche)? No et pregunto si t'agrada el vi perquè només és a l'abast d'uns quants i el carbó de l'espiga del blat de moro no és fàcil d'aconseguir a Espanya, raó per la qual potser no has tingut la possibilitat de tastar-los encara. En tots dos casos, el fong només explica una part del sabor. Per a entendre la màgia d'aquest sabors, necessites saber que les plantes han de bregar contínuament amb els problemes derivats dels canvis del medi ambient. Com que no pot moure's, una planta ha de fer front als canvis de temperatura i als canvis d'humitat. Per aquesta raó, ha desenvolupat una sèrie de respostes molt enginyoses. Un efecte secundari d'aquestes respostes és, per exemple, que el vi Tokaji sigui molt dolç, que, com acabem de veure, és una resposta a la dessecació.

La sequera i la salinitat tenen molt en comú. Tot i que són dos estressos diferents, algunes de les seves respostes són iguals. Per exemple, davant un senyal de manca d'aigua, el primer que fan les plantes és tancar els estomes. Si detecten que hi ha menys quantitat del que estan acostumades, els tancaran per a evitar que es vessi la que ja tenen emmagatzemada i seran més eficients emprant la que ja tenen. Una altra resposta que es desencadena davant la sequera i la salinitat és l'acumulació de sucres. Això ha estat sàviament aprofitat pels agricultors quan ens ofereixen els saborosos préssecs o melons de secà (t'has adonat que són molt més dolços?). El sabor deliciosament dolç del tomàquet Raf almerienc (Raf ve de «resistent al *Fusarium*», un fong que ataca el tomàquet) també es deu al fet que es cultiva amb aigua salina, i el fruit contraresta aquest estrès generant més sucres. Préssecs, melons i síndries de secà, juntament amb el tomàquet Raf, estan estressats.

Tomàquets de la varietat Raf cultivats amb rec per degoteig.

Algunes espècies de plantes estan adaptades a situacions que serien tremendament desfavorables per a unes altres. Són capaces de viure amb temperatures extremes de –57 °C (hi ha flora a l'Antàrtida) o bé per sobre dels 72 °C, en sòls molt salins (zones costaneres i estuaris) o en hàbitats amb sequera extrema (també hi ha plantes al desert). Això es deu al fet que, al llarg de l'evolució, han desenvolupat múltiples adaptacions que els permeten viure amb un clima que es caracteritza per la seva extrema severitat. Aquestes plantes no estan estressades.

Per exemple, pensem en la vegetació que hi ha al desert, amb un clima summament àrid on la pluja és molt escassa. Les plantes que habiten sota aquestes dures condicions acostumen a tenir fulles o tiges engrandides i carnoses. S'anomenen plantes suculentes i la funció d'aquest òrgans engrandits és emmagatzemar aigua durant llargs períodes de temps. Òbviament, la cura que requereixen aquestes plantes és mínima. Els cactus s'assemblen molt a les plantes suculentes. Han evolucionat de forma paral·lela i, malgrat no ser famílies emparentades, una pressió selectiva similar ha desembocat en una morfologia semblant. En el cas dels cactus, les tiges són verdes i prou engrandides (aplanades, allargades tipus columna o globoses), perquè a través d'elles realitzen la fotosíntesi. No tenen fulles. O millor dit, les seves fulles s'han transformat en espines com a mecanisme adaptatiu a fi de perdre la mínima quantitat d'aigua possible. Si et preguntes per on respira, donat que no té fulles ni estomes, ja t'ho avanço: ho fa per la tija.

Corymbia aparrerinja té una estratègia particular per a suportar la sequera. En moments de poca pluja o amb fred extrem, es desprèn de les branques grans per a intentar mantenir l'aigua a la resta de la planta i no malbaratar-la innecessàriament. De vegades, se l'ha anomenat el «fabricant de vídues», atesa la gran quantitat de llenyataires que han mort per la caiguda d'aquestes branques. Ja podria avisar, com feien les flamarades de foc del Pantà de Foc de la pel·lícula *La princesa promesa* (1987), que eren precedides d'un so bombollejant. Te'n recordes?

Corymbia aparrerinja o eucaliptus fantasma d'Austràlia.

Viure en sòls o en aigües amb una concentració de sal que provocaria la mort de qualsevol altra planta ha fet que les halotolerants (resistents a la sal) hagin desenvolupat mecanismes fascinants. Fa molts anys, quan estudiava Botànica a segon de carrera, vam fer unes quantes sortides al camp per a conèixer *in situ* algunes espècies vegetals. Anàvem equipats amb gorra, roba esportiva, botes de tresc (que mai més vaig tornar a posar-me, per cert) i llibreta i llapis per a poder dibuixar tot el que veia mentre ateníem, més o menys, a l'explicació de la professora. Recordo haver anat als parcs de Los Alcornocales, d'Almeria i de Doñana, excursions on, com sempre, abundaven les rialles i la conya a les tendes de campanya i bungalous després de tocar la guitarra en mig de la natura i explicar històries de terror sota la llum de la lluna asseguts en rotllana.

En una d'aquelles sortides, em vaig enamorar. Em vaig enamorar d'una planta i des de llavors sempre l'esmento a les meves classes quan parlo de tolerància a la salinitat. S'anomena *Mesembryanthemum crystallinum*. Mai havia vist una planta tan bonica com aquella. És coneguda amb noms tan descriptius com «cabellera de la reina» (per la forma de la seva flor), «herba gelada», «herba de plata» o «herba cristal·lina». Si ets de les Canàries, on creix de forma silvestre, la coneixeràs com a «barrilla», i segurament et soni perquè les seves llavors van ser emprades pels aborígens canaris per elaborar l'anomenat «gofio» (polenta torrada). Aquesta planta és suculenta, que no vol dir que sigui deliciosa pel seu sabor, sinó que acumula aigua a les seves fulles, que, a més, estan completament cobertes d'unes papil·les o vesícules plenes d'aigua i sal. Sembla estar plena de microboletes de cristall que la fan preciosa i fràgil a la vegada. Jo la vaig trobar a la costa d'Almeria, en una zona de dunes, però aquesta planta creix pràcticament en qualsevol sòl amb condicions dolentes: terrenys sorrosos, argilosos, pobres i salins, així com a vorals de carretera, abocadors... Amb tot, la particularitat resideix en què durant tota la seva vida estarà acumulant sal que entra per l'arrel i puja fins a allotjar-se a les vesícules de les fulles. Un cop la planta mor, la sal s'allibera del seu cadàver, la qual cosa evitarà que creixin plantes que no són tolerants a la sal i, en canvi, farà que creixin les seves llavors.

Hi ha moltes espècies que acumulen sals als teixits, normalment a les tiges, com succeeix amb *Salicornia* o *Sarcocornia*, i en unes estructures especialitzades on hi confinen la sal, com fa *Atriplex halimux*. Altres com *Limonium sinuatum* o *Frankenia pulverulenta* posseeixen glàndules o pèls secretors per on expulsen la sal, distingibles a simple vista. Però si visitem els manglars de les zones tropicals, trobarem veritables arbres que toleren perfectament la vida en aigües salobres i maresmes pantanoses. El manglar negre, *Avicennia germinans*, a diferència del mangle vermell, *Rhizopora mangle*, no es recolza sobre arrels aèries protegides de la sal, sinó que té pneumatòfors. Els pneumatòfors són estructures modificades a partir de l'arrel. En realitat, són arrels que presenten geotropisme negatiu (creixen en direcció oposada al sòl) i permeten que, encara que estiguin submergides, la planta pugui respirar. Això ho aconsegueixen mitjançant grans espais intercel·lulars plens d'aire que serveixen com a superfície d'intercanvi. En tots dos casos, el mecanisme de tolerància consisteix a captar la sal de l'aigua i transportar-la al llarg de l'arbre fins a expulsar-la per les fulles, per la qual cosa sovint les fulles d'aquests arbres presenten un to blanquinós.

Una altra adaptació que els serveix una mica per a tot és la presència de petits pèls anomenats «tricomes», que són protuberàncies de les cèl·lules epidèrmiques que tenen les plantes, com pèls, pèls glandulars, escates i papil·les. N'hi ha una gran diversitat, però, si t'hi fixes, gairebé qualsevol planta té micropelets a la tija o als propis pètals. En alguns casos, són petits i insignificants, gairebé imperceptibles; en d'altres, és una pelussa blanca que recobreix tota la planta, com la *Tradescantia sillamontana* (Mèxic); i en d'altres aquesta pelussa arriba a ser un cabdell, com passa amb el cactus *old lady* (*Mammillaria hahniana*, també de Mèxic), que, a banda d'espines, té «plomissol» o «pèl» blanc.

Un dels exemples més exagerats és el de *Krascheninnikovia lanata*. És una planta halòfita i xeròfita, és a dir, que tolera perfectament la salinitat i la sequera, així que és freqüent trobar-la als deserts d'Amèrica del Nord i Mèxic. És un arbust de tot just un metre d'alçada, però les seves fulles i tiges estan cobertes de tricomes amb un aspecte similar a la llana. *Krascheninnikovia* té alguns avantatges: és molt longeva i no requereix atenció, així que és ideal per a l'ornamentació (hauria de ser protagonista de «Com fer un jardí per a ninots»), perquè també es perenne; és emprada com a farratge i, fa molt de temps, pels indis nadius americans com a remei contra les cremades.

En qualsevol cas, aquests tricomes més o menys desenvolupats i densos acostumen a tenir la funció de «proporcionar ombra» i protegir la planta en la mesura del possible de l'exposició a la llum solar directa i, d'altra banda, evitar una evaporació excessiva, segurament retenint l'aigua.

Mesembryanthemum crystallinum.

Fent-se la morta, així és com aquesta sariga va enganyar aquest gos.

Coneixes l'estratègia que tenen alguns animals de fer-se els morts davant una amenaça? S'anomena «tanatosi» i en tenim autèntics artistes dignes d'un Oscar, com ara la serp de collaret o marieta (*Natrix natrix*), que s'ajeu de panxa enlaire sagnant per la boca i pel nas, o la sariga de Virgínia (*Didelphis virginiana*), que deixa la llengua fora i segrega un líquid fastigós per l'anus (senyal que no només està morta, sinó que ja s'està podrint). Doncs tenim altres organismes als quals això també els funciona, encara que l'amenaça no és un depredador, sinó l'absència total d'aigua. No és un grup molt nombrós i, principalment, són líquens, algues i briòfites, per bé que algunes angiospermes (plantes amb flors) també ho presenten.

Ara bé, tenen un problema: no tenen la capacitat de regular la quantitat d'aigua interna, així que, en lloc de morir, quan ve un període de sequera molt severa que pot durar des d'uns dies a uns quants anys, perden el 95 % de la seva aigua interna i entren en un estat latent en el qual poden romandre fins que les condicions siguin favorables. Quan disposin de prou aigua, sortiran d'aquesta letargia i «tornaran a la vida», és per això que se les anomena plantes «de resurrecció». Aquest fenomen descrit s'anomena «anhidrobiosi». Com succeeix? Atès que es tracta d'un procés que podria suposar la mort, tota la maquinària de protecció de l'ADN es posa en marxa: mecanismes de reparació de l'ADN, antioxidants, proteïnes de xoc tèrmic (anomenades així perquè es van descobrir en resposta a l'estrès per alta temperatura, tot i que estan implicades en diversos estressos) i sucres que actuen protegint les cèl·lules i teixits. Un d'aquests sucres és la trehalosa. Es tracta d'un disacàrid format per dues molècules de glucosa fonamental en aquest procés. Quan la planta perd el 95 % de la seva aigua, les sals es concentren, ja que no s'evaporen. Amb l'objectiu d'evitar el dany que pot ocasionar l'alta concentració salina, la trehalosa actua regulant aquesta descompensació i forma cristalls, la qual cosa aconsegueix que la mobilitat de les molècules es redueixi dràsticament. Quan la planta disposa de nou d'una mica d'aigua (tampoc li cal gaire), els cristalls de sucre es dissolen i el metabolisme es reactiva, moment en el qual tot cobra vida i les parts mortes recuperen tota la seva frescor i bellesa. Les proteïnes de xoc tèrmic faran de guaites i ajudaran a aconseguir que les noves proteïnes que s'estiguin formant es pleguin correctament i vagin al lloc concret de la cèl·lula on hagin d'anar. El moment de la resurrecció és el més delicat perquè qualsevol error en la seqüència exacta d'activació del metabolisme pot ser fatal per a la planta.

Tot això és el que no veus, però si alguna vegada has comprat una rosa de Jericó en un dels freqüents mercats ambulants medievals que visiten les ciutats, aleshores ho has comprovat personalment. *Anastatica hierochuntica* és el nom científic de la rosa de Jericó, única espècie del seu gènere, *Anastatica*, i de la mateixa família de la colza, l'espècie model per als que treballem amb plantes: *Arabidopsis thaliana* o la ruca. Malgrat el seu nom, no creix a Jericó, però la trobem als deserts d'Aràbia, el Sàhara, Palestina i Egipte. Quan la rosa de Jericó es troba en estat de dessecació, les branques es contrauen fins a formar pràcticament una bola seca amb arrels minúscules que es va deixant portar pels vents i recorre deserts travessant països i alliberant llavors al seu pas. En aquesta ocasió, sí que podem dir que els xamans encertaven les seves prediccions meteorològiques emprant aquesta planta, ja que, si s'apropava humitat, s'obria lentament, i, si amenaçava pluja, s'obria molt vistosament i amb més o menys rapidesa segons fos la proximitat de descàrrega dels núvols.

Amb aquesta planta també ens donen gat per llebre, perquè una altra espècie, coneguda com a dauradella, més semblant a una falguera (també l'anomenen «rosa de Jericó»), té el mateix comportament i es gairebé idèntica, però a diferència d'aquesta, és endèmica del desert de Chihuahua (Mèxic), no té flors i es reprodueix per espores. Jo, escombrant cap a casa, et presento l'única planta de resurrecció que tenim a Espanya i que habita als Pirineus. La fa més especial el fet que és d'origen tropical, relíquia d'un passat molt més càlid, del Cenozoic, fa uns 66 milions d'anys i, tanmateix, malgrat el seu aspecte delicat, s'ha adaptat a la dessecació i al fred d'alta muntanya. Les fulles de la «orella d'os», *Ramonda myconi*, suporten temperatures sota zero, i fins i tot la formació de gel al seu interior, sense patir lesions irreversibles.

Ramonda myconi.

El desastre nuclear de Txernòbil el 1986 va causar milers de càncers i va convertir el que abans havia estat una zona poblada en una ciutat fantasma amb una àrea d'exclusió de 2.600 km². Els humans, igual que altres mamífers i ocells, haurien mort més d'una vegada per la radiació que les plantes van rebre als territoris més contaminats, i, tot i així, al cap de tres anys, la vegetació es va recuperar a les zones més radioactives. Avui és un indret on les plantes, els ossos, els llops i els porc senglars s'han apropiat dels boscos propers a la central nuclear. El que ocasionaria mutacions, càncer o mort als animals, a les plantes només els suposa una substitució de les cèl·lules o teixits danyats. La resiliència i la resistència innata a la radiació (no oblidem que la radiació que van tenir que suportar als seus començaments era més gran) i els mecanismes de protecció o reparació del seu ADN han fet que el ressorgiment i les poblacions vegetals siguin fins i tot més grans que abans del desastre.

Si porten milions d'anys habitant aquest planeta i han estat capaces d'arribar als nostres dies, és perquè les plantes disposen de mecanismes per evitar l'estrès, tolerar-lo, superar malalties i desenvolupar una sèrie d'adaptacions més o menys complexes que han fet possible la seva supervivència. Fixa't en les plantes quan vagis a un jardí botànic o quan visitis llocs nous. Observa-les bé perquè és molt fàcil, atenent al seu aspecte, poder endevinar quin es el seu hàbitat natural. I quan et dic que observis, vull dir que no les toquis si no les coneixes, que no les oloris i molt menys que les llepis. No sempre produeixen un nèctar dolç...

Fitoquímica: un món de molècules vegetals

«Tinc una immensitat que tremola als oceans». Juan Antonio
Villacañas (1922–2001), escriptor, poeta i crític espanyol.

Durant tot el cicle de la vida de les plantes s'estan formant
molècules. Algunes són el resultat del metabolisme primari
de les plantes, és a dir, processos com la fotosíntesi, la res-
piració, l'assimilació de nutrients, el transport de soluts,
etc. Els processos que no formen part del metabolisme pri-
mari generen altres molècules. Són els metabòlits secunda-
ris. Sovint la seva producció està restringida a un determinat
gènere de plantes, a una família o fins i tot a algunes espè-
cies. Es va arribar a pensar que es tractava simplement de
productes finals dels processos metabòlics sense més interès.
De fet, moltes de les seves funcions encara ens són desco-
negudes. Tanmateix, a banda de la seva importància ecolò-
gica i de la rellevància nutricional d'algunes, hem descobert
que poden tenir utilitat com a drogues i han servit com a
saboritzants, colorants, adhesius, olis, ceres o altres materials
emprats a la indústria.

L'estudi d'aquestes molècules, mitjançant la metabolò-
mica i les tècniques d'anàlisi modernes i més sensibles, ens
ha permès ara assignar-los funcions tan importants com la

participació en la defensa, l'acció com a agents alelopàtics (que exerceixen un efecte sobre altres plantes) o l'atracció dels pol·linitzadors o dispersors de llavors. Disposem de tota un estol de molècules amb diferents aplicacions. Molècules de les quals ens beneficiem dia a dia i altres que és millor ni tan sols olorar-les...

Imaginem ara la següent situació: aviat arribarà un dia especial per a la teva parella i per a tu que voldreu celebrar, i se t'ha ocorregut donar-li una sorpresa amb una vetllada romàntica a casa el dissabte que tots dos teniu descans. Aquell dia, tornant de la compra, reculls unes roses a la floristeria que et ve de passada, que acompanyaràs amb una targeta i violetes per decorar la taula. El sopar, res de complicat (l'important és el temps que estareu junts, oi?), està composta per una amanida ben decorada amb un llit de ruca, un bon tomàquet de l'hort en el seu punt de maduració (sí, el que sap a tomàquet de veritat), ceba vermella, una mica d'all i el plat favorit de tots dos que hagis estat tota la tarda cuinant: una safata multicolor amb una immensa varietat de *sushi* i uns petits sobres de *wasabi* i gingebre. L'ocasió s'ho mereix, agafa una bona reserva de 2011 i, per postres, cireres. Tot això, amenitzat amb una música suau, llum tènue i un cremador que desprengui aroma d'eucaliptus des de l'entrada de la casa.

Bé. Li has declarat la guerra a la teva parella. No em mal interpretis, em refereixo a la guerra química. Les plantes no tenen cap interès en millorar la nostra salut ni en decorar les nostres vides. Igual que els animals han desenvolupat urpes, ullals, verins o velocitat perquè no se'ls mengin, el que no volen les plantes és ser devorades, així que elles també es defensaran. Algunes amb espines, però totes amb guerra química. Si et pica, et rasques. Si tens set, beus. Si tens calor, t'abrigues. Si t'ataquen, crides demanant auxili i corres. Elles no poden sortir corrent quan es veuen amenaçades. El que fan és fabricar substàncies tòxiques per a insectes i altres animals, a més de produir còctels que actuen com a pesticides contra bacteris, virus i fongs. A diferència dels verins produïts per aranyes, serps o escorpins, el fi dels quals és capturar les seves preses, les plantes no pretenen acabar amb la vida d'altres organismes, sinó preservar la seva integritat. Els animals verinosos avisen de la seva toxicitat amb colors vius o combinacions de colors groc-negre o vermell-negre, una estratègia anomenada «aposematisme». Així t'estan indicant que és millor que no t'hi apropis. També recorren a l'estratègia del mal sabor, com fa alguna granota, o de la mala olor, com ara la mofeta i algunes serps o insectes.

Les plantes tenen una altra estratègia que entra en funcionament quan ja ha estat mossegada o atacada. És una tècnica basada en el sabor. El seu verí és amarg. No és un sabor agradable per a cap animal, inclosos nosaltres. Sentir aquesta repulsió a l'assaborir-ho és el que ens fa escopir-ho i no seguir menjant. Una estratègia que els ha donat resultat durant milions d'anys.

Amb tot, en ocasions, els metabòlits secundaris que produeixen no tenen una funció de defensa, sinó que faciliten la pol·linització perquè son responsables d'aromes i colors que serveixen per atraure els pol·linitzadors. Sigui quina sigui la seva funció, és el llenguatge de les plantes, la seva forma de comunicar-se en el medi en què viuen.

Tornem al sopar. La ruca de l'amanida que hem preparat té un sabor peculiar. No t'agrada gaire? No t'amoïnis, no ets estrany. Crec que els apassionats de la ruca som minoria. De fet, quan obro la bossa d'amanida variada, no sé què passa que sempre em cau més ruca al meu plat... Si no t'emociona el seu sabor, vol dir que ha aconseguit amb tu l'efecte que mira de provocar en els seus depredadors. El seu gust amarg es deu a la presència de glucosinolats, un tipus de compostos fenòlics anomenats així per ser derivats del fenol, aquella molècula pudent que utilitza el podòleg per cremar-te les ungleres. Es tracta d'un verí gairebé exclusiu de les plantes de la família de les crucíferes (coliflor, col, cabdell, col geganta, nap, bròquil...) i que és tòxic per a nombrosos insectes i nematodes. Els glucosinolats són innocus, però quan la planta és devorada per un insecte o un rumiant, es produeix una reacció química amb aquests compostos que és activada per uns enzims que es troben separats físicament a les mateixes cèl·lules. És a dir, que, si no es trenquen les cèl·lules per masticació, no es formaran els compostos tòxics que utilitza per a defendre's. Un dels productes generats són els isotiocianats o olis de mostassa, que són els responsables dels sabors amargs d'algunes hortalisses, dels aromes profunds i del picor, per exemple, del *wasabi*, la mostassa o el rave picant. Malgrat la toxicitat d'aquestes molècules, és molt aconsellable que els aliments d'aquesta família botànica formin part de la nostra dieta. Els isotiocianats inhibeixen la carcinogènesi de bufeta, mama, colon, fetge, pulmons i estómac en ratolins, i en el cas d'altres animals, hi ha evidències poderoses que apunten en la mateixa direcció.

Eruca vesicaria, la ruca.

La natura de vegades és imprevisible i al·lucinant. Alguns insectes han sigut capaços d'esquivar aquesta toxicitat vegetal, ja que la seva saliva produeix proteïnes que impedeixen la reacció química dels glucosinolats i la formació dels isotiocianats tòxics. Això és el que li passa a la tinya de la col (*Plutella xylostella*) o al pugó del nap i la mostassa (*Lipaphis erysimi*).

T'envolten milers de molècules vegetals que inunden els teus sentits (olfacte, vista i gust), t'alimenten... i fins i tot et protegeixen. Un tomàquet, un únic tomàquet, té uns 400 compostos químics que contribueixen a l'olor i al gust. I si ens fixem en el color, el licopè n'és el responsable. Licopè de *lycopersicum*, que és (vés per on) el nom científic de l'espècie del tomàquet (*Solanum lycopersicum*). Com a curiositat, *lycopersicum* en llatí significa «préssec de llop», ja que el tomàquet va ser considerat verinós durant molt de temps. El licopè és un metabòlit secundari del tipus carotenoide, que pertany al grup dels terpens, el més nombrós. És un pigment que aporta el color vermell a les fruites i verdures com ara la síndria, la papaia o el pebrot vermell. Té una altra activitat antioxidant provada, però, encara que s'ha relacionat amb la prevenció del càncer de pròstata i altres càncers, la pressió arterial i el colesterol, actualment no disposem de prou evidències per a assegurar aquests efectes.

Per a aquesta ocasió, compraràs tomàquets tenint la precaució que estiguin en el seu punt òptim de maduració, aspecte que serà molt més probable si compres tomàquets de proximitat acabats d'arrencar de la mata i no aquells que vinguin de lluny i hagin madurat en càmeres. El sabor de la teva amanida canviarà dràsticament i no haurà de ser un tomàquet especialment car ni ecològic, només que estigui en el seu punt. En cas contrari, podem tenir un problema.

El tomàquet, la patata, l'albergínia i el pebrot són cultius de gran importància que comparteixen una cosa: pertanyen a la família botànica de les solanàcies. Es tracta d'una família fascinant. Comprèn gairebé 100 gèneres i més de 2.700 espècies de plantes, però, entre elles, i a banda de les ja esmentades, hi trobem el tabac i la petúnia, molt útils en investigació científica, i un gran nombre de plantes tòxiques, com l'estramoni, la belladona, el jusquiam o la mandràgora, de les quals ja vam parlar en «temps de bruixes», oi que ho recordes?

Una altra característica que comparteixen les plantes d'aquesta família és que són molt riques en alcaloides i, com ja saps, tenen una acció fisiològica molt intensa en animals, encara que siguin dosis baixes. Alguns d'aquest alcaloides, com l'escopolamina, l'atropina, la hiociamina, etc., s'han utilitzat com a verins i com a psicotròpics, i és cert que moltes d'aquestes substàncies tenen importants propietats farmacèutiques i, de fet, s'empren actualment amb nombrosos usos terapèutics. Un d'aquests alcaloides, precisament el que dona nom a la família, és la solanina. És un glucoalcaloide, és a dir, conté sucre, i un alcaloide que, segons el cultiu que es tracti, serà solanidina (patata), tomatidina (tomàquet) o solasodina (albergínia), encara que tots s'anomenen «solanina» de forma genèrica. És molt tòxic i de sabor amarg. Ho tenen totes les solanàcies? Sí. Ens preocupa? Doncs, no. Hi ha solanàcies, com ara el tomàquet bord o tomàtiga del dimoni (*Solanum nigrum*), el contingut de solanina del qual el fa directament mortal (d'on, a més, va ser aïllada per primer cop). Però no es menja, tot i que els fruits madurs i cuits s'han arribat a utilitzar en melmelades i sovint s'utilitzen a El Salvador com a ingredient d'una sopa.

Nosaltres només ens mengem les patates, els tomàquets, les albergínies i els pebrots, i la domesticació durant milers d'anys s'ha encarregat d'anar reduint el contingut natural d'aquest alcaloide tan perillós. Les patates d'ara tenen 1.000 vegades menys solanina que la patata ancestral, i el tomàquet silvestre era tan tòxic que no es podia menjar. Tanmateix, avui dia, les patates que es cultiven a Perú a 4.000 m d'altitud contenen tal quantitat d'alcaloides que segueixen sent tòxiques. Allà la domesticació per eliminar els alcaloides i fer-los comestibles es basa en un procés mil·lenari tan antic com la pròpia patata que donarà lloc al *chuño* (fècula de patata).

Aquest procés no només aconsegueix eliminar-ne la toxicitat, sinó també reduir-ne el pes un 80 %, facilitar-ne el transport, conservar-ne tot el valor nutritiu i augmentar-ne la vida útil fins a 20 anys, amb la qual cosa es garanteix l'alimentació d'aquestes societats a 3.500 m d'altitud durant els mesos més durs, quan no hi ha aliments frescos. Quan cullen les patates, cap al maig, les porten a unes zones planes de la serralada anomenades *chuñochinapampa*, que en aimara vol dir «el lloc on es fa el *chuño*», i les estenen al sòl a fi de sotmetre-les a una liofilització natural: congelacions durant les gelades nocturnes de juliol i agost, ple hivern a l'hemisferi sud; un procés de trepig per eliminar l'aigua sobrera, i l'exposició al sol durant el dia per provocar la deshidratació. Aquest cicle es repetirà durant una setmana. El procés de trepig el realitzen dones i nens, i constitueix una festa familiar plena de joia i alegria perquè saben que tindran aliment segur durant molt de temps. Després de deixar-ho assecar uns dies, s'obté el *chuño* negre. El *chuño* blanc s'aconsegueix rentant-lo durant uns dies més en un rierol per seguir eliminant-ne els alcaloides i assecant-lo mitjançant trepig per eliminar la resta d'aigua i l'exposició al sol.

Estic segura que algun cop pelant patates hauràs vist alguna que, sota la pell, tenia un aspecte verdós, oi? Això és la solanina.

Com a metabòlit secundari, és una molècula de defensa que té propietats fungicides i insecticides que les plantes utilitzen per a defensar-se de malalties, insectes i altres depredadors. Atès que confereix un mecanisme de defensa natural a les plantes, s'ha emprat en agricultura com a forma de combatre malaltics als cultius. Estan sent molt estudiats perquè han mostrat efectes com d'antibiòtic, antifúngic i antivíric, entre altres propietats, però els estudis que abasseguen més l'atenció són els de la investigació del càncer. Hi ha resultats molt prometedors sobre els efectes d'aquest alcaloide contra el càncer, això sí, en ratolins.

Tot i que es troba a diferents parts de la planta, el que a nosaltres ens interessa és el fruit (o el tubercle), i la té. En el cas de la patata concretament, el contingut natural és prou baix, però hi ha factors que poden fer que augmenti, com, per exemple, una infecció pel conegut fong míldiu, la temperatura d'emmagatzematge, els danys per cops, la llum... En qualsevol cas, lògicament n'hi ha més al tubercle immadur que al madur.

Flors i baies de *Solanum nigrum*.

El problema de la solanina resideix en què no és una molècula que es degradi fàcilment quan es cuina. La cocció, el microones o una fritura suau pràcticament no tindrà cap efecte, tret que fregeixis a 210 °C durant almenys 10 minuts. Tanmateix, el procés complet per a preparar patates fregides de bossa o xips sí que aconsegueix eliminar gran part dels glicoalcaloides gràcies a tots els passos que tenen lloc durant la producció: pelat, tallat a rodanxes, rentat i fritura. En qualsevol cas, si estem pelant patates i ens trobem una que té una taca verda, només cal llençar-la. És difícil intoxicar-se, encara que n'hi ha hagut alguns casos. El color i el sabor t'avisarien amb temps. En canvi, amb el tomàquet cal anar més en compte perquè la quantitat de solanina (tomatidina en aquest cas) que conté és força més gran. Tret que la varietat de tomàquet que vulguis prendre sigui de color verd, quan ja està madur, evita els tomàquets immadurs de color verd. Si només disposes d'aquest tipus de tomàquet, cuina'ls i utilitza'ls per a salses o guisats, però mai cru en amanides. Com més madur estigui, més gran serà el contingut de licopè i més petit (pràcticament nul) el de tomatidina. Hi ha una pel·lícula de 1991 basada en una novel·la homònima titulada *Tomàquets verds fregits*. Pel títol, és possible que et vingui al cap.

La solasodina és l'alcaloide present a les albergínies, responsable del seu sabor lleugerament picant, juntament amb l'alt contingut d'histamines, que poden desencadenar reaccions al·lèrgiques en algunes persones. En el cas de les albergínies, la quantitat de solasodina és massa baix perquè tingui cap efecte tòxic, però, tot i així, és millor consumir-la cuinada.

La nostra amanida porta ceba i all, que es defensen dels seus enemics generant compostos rics en sofre. El que per a nosaltres són aromes i sabors bàsics a la nostra cuina, per als insectes és un potent verí. La ceba et farà plorar quan la piquis. Això es deu al fet que al tallar-la estem trencant les seves cèl·lules, de manera que els compostos rics en sofre que contenen al seu interior reaccionen al contacte amb l'aire i s'alliberen en forma de gas. Aquestes petites molècules de gas, quan pugen, reaccionen amb la humitat dels nostre ulls, transformant-los en petitíssimes quantitats d'àcid sulfúric, un àcid molt irritant i nociu. És per això que ens produeix cremor. El senyal de perill és rebuda i processada, fent que l'ull activi les glàndules lacrimals i alliberi aigua, o sigui, llàgrimes, el fi de les quals és diluir l'àcid fent-nos plorar i, per tant, protegir els nostres ulls. Això és interessant, però, a més, la ceba conté quercetina, i és destacable perquè és el flavonoide més abundant a la dieta humana. Els flavonoides pertanyen al grup dels compostos fenòlics i es caracteritzen per ser potents antioxidants. És molt abundant a la ceba (sobretot a la ceba vermella), però també els trobem a les pomes, al raïm, al bròquil o al te. A l'all, l'al·liïna, una molècula ensofrada derivada de l'aminoàcid cisteïna, es combina amb l'enzim al·liïnasa quan es tritura o pica l'all i és la responsable del seu aroma. (Si afegeixes alls sencers al menjar, encara que no els piquis, tritura'ls una mica aplanant-los amb la fulla plana d'un ganivet perquè alliberin tota la seva essència.)

El gingebre que acompanya sovint el *wasabi* a la nostra safata de *sushi* s'utilitza per a netejar el paladar al passar d'un tipus de peix a un altre. Si el seu sabor et recorda la colònia, no vol dir que t'hagis begut l'enteniment. De fet, en perfumeria és utilitzat com a fragància. Es tracta d'un gingebre envinagrat preparat a partir del fresc, emprant un vinagre d'arròs i sucre, així que picarà una mica. El natural té una fragància i un sabor picant característic i es deu a alguns olis volàtils que composen entre l'1 i el 3 % del seu pes: la zingerona, el shogaol i el gingerol (encara que n'hi han uns quants; el gingerol és el que hi predomina). Al gingebre fresc hi trobem gingerol, prou picant i parent de la capsaïcina del xili picant i de la piperina del pebre negre. Quan es cuina el gingebre, el gingerol es transforma en zingerona, que és menys picant i té una aroma dolça. Quan el gingebre s'asseca, el gingerol es deshidrata formant shogaols, dos cops més picants que el gingerol, la qual cosa explica per què el gingebre sec és més picant que el fresc.

El responsable del sabor picant dels aliments no sempre és la mateixa molècula. La capsaïcina, que es troba a les espècies del gènere *Capsicum*, com el xili picant, dona sabor i calor al propi xili, així com a la salsa de Tabasco, el pimentó picant, el curri i altres salses que et fan enrogir i plorar sense estar trist. Un truc: si veus que un humà s'està començant a transformar en drac, dona-li una mica de llet sencera. El greix de la llet dissoldrà la capsaïcina, donat que no és una molècula que es dissolgui en aigua, sinó en greix, i, a més a més, la caseïna de la llet envolta la molècula i neutralitza la picor.

L'escala Scoville mesura el grau de picor o cremor dels pebrots en funció de la concentració de capsaicinoides, expressada en unitats de calor de Scoville (SHU), des del dolç que no pica gens fins al màxim. L'honorable primer lloc va ser ocupat «fins fa poc temps» per la capsaïcina pura, amb 16.000.000 SHU, sense olor ni color però similar a la cera. Perquè et facis una idea, el nostre reconegut pebrot de Padrón es troba a la part baixa de l'escala (2.500-5.000 SHU); el xili de la salses de Tabasco, a la part mitja (30.000-50.000 SHU); i el *dragon's breath*, a la part superior (1.900.000-2.500.000 SHU). No ho tastis, pot matar per xoc anafilàctic. Per sobre d'aquesta escala, trencant totes les unitats, i encara que no estigui present als pebrots, el rècord el té la resiniferatoxina, un anàleg funcional de la capsaïcina, unes 1.000 vegades més potent que aquesta. És la molècula més picant coneguda per l'ésser humà, de la qual un bon amic meu ha dit: «La molècula que fa que l'infern cremi». Aquesta substància és produïda de forma natural per la lleterola (*Euphorbia resinifera*), una planta del Marroc similar al cactus, i per *Euphorbia poissonii*, de Nigèria. Si la capsaïcina tenia 16 milions de SHU, la resiniferatoxina té 15 mil milions de SHU. En humans, la ingestió de tot just 1,6 g pot causar la mort o danys greus per a la salut.

Que aquestes plantes produeixin capsaïcina no es quelcom fortuït. Tot i que als fruits hi ha capsaïcina, la concentració més gran d'aquesta molècula es troba a les llavors. Les aus, que són les que majoritàriament dispersen les llavors, són immunes. D'aquesta forma, podran seguir alimentant-se i repartint llavors que, encara que travessin el tracte digestiu, no perdran la capacitat de germinació.

Al contrari, els herbívors destrossarien les llavors amb les seves dents i els seus sucs gàstrics, i no serien bons aliats per a perpetuar la planta, així que no hi ha res com una gran sensació irritant perquè se'ls treguin les ganes d'alimentar-se'n. La selecció natural ha aconseguit que la producció de capsaïcina sigui alta perquè, d'aquesta forma, la planta s'assegura que serà menjada únicament per animals que l'ajudaran a dispersar-se. Gràcies a aquest efecte irritant, la capsaïcina és utilitzada per a dissuadir les plagues de mamífers, com ara talpons o rates, o l'apropament de cérvols, esquirols, ossos, etc. També es troba com a ingredient als esprais de defensa personal, atès que, quan l'aerosol entra en contacte amb la pell, especialment amb els ulls o les membranes mucoses, el dolor i la dificultat per respirar dissuadeixen l'atacant.

Fa un cert temps, una notícia apareixia a tots el mitjans animant-nos a prendre picant perquè ajudava a aprimar-se. Què hi ha de cert en això? Alguns estudis han demostrat que augmenta la despesa d'energia, la qual cosa es deu al fet que un dels efectes de la capsaïcina és augmentar la temperatura corporal i la sudoració, amb la qual cosa l'organisme ha de treballar més, incrementant la despesa calòrica un 25 % a fi de tornar a la normalitat. I, a més, sembla que la suplementació amb capsaïcina minva la sensació de gana i augmenta la de sacietat, a més d'estimular determinades proteïnes que cremen greixos. Però compte, perquè si per aprimar-nos creem una úlcera a base de cruspir menjars picants, potser valgui més la pena portar una vida més activa i una alimentació més adient fins que en un futur una suplementació de càpsules de capsaïcina pugui ajudar-nos a controlar l'obesitat.

Malgrat que la capsaïcina és emprada per tractar problemes digestius i afeccions del cor, i se li pressuposa activitat anticancerígena, en realitat no disposem d'evidència científica per assegurar-ho. Només sabem que és efectiva com a analgèsic en forma de crema i pegats per tractar el dolor en el cas de diverses patologies (lumbàlgia, artritis reumatoide...), inclòs el dolor nerviós de persones diabètiques (neuropatia diabètica) i els danys nerviosos causats per l'herpes zòster (neuràlgia postherpètica).

Euphorbia resinifera és una espècie nadiua del Marroc. El làtex sec de la planta ha tingut usos com a medicina antiga

El sopar serà una mescla de sabors suaus i explosius, i és molt probable que hagis de beure uns quants glops per calmar el sabor picant del gingebre o del *wasabi*. El vi que guardes per a aquesta ocasió especial és un reserva, un vi negre ric en tanins, compostos fenòlics de sabor sec, aspre, amarg i astringent, presents també al te, als caquis, als plàtans o als codonys (no has tingut mai la sensació de tenir pèls a la llengua quan has pres aquests aliments?). Aquest sabor té una funció per a la planta: evitar ser menjada. Malgrat això, hi ha animals, com els herbívors salvatges, que són tolerants de forma natural a les concentracions de tanins «habituals» de la planta. Contenen a la saliva unes proteïnes riques en un aminoàcid que captura els tanins i en minva l'acció tòxica, amb la qual cosa els transporta a través del tracte digestiu d'una forma segura. En el cas dels vins, els tanins provenen de la pell, dels grans i dels capolls del raïm del vi, però també de la fusta, ja que són abundants a l'escorça de molts arbres, com ara el roure o el castany. Amb el contacte a través del temps, els tanins de les barriques es van dissolent en el vi. Les barriques de roure poden ser emprades en vinificació fins a 70 anys i acostumen a ser més comunes, degut a les qualitats organolèptiques que aporten al vi.

Et sonarà molt un altre compost fenòlic present al vi: el resveratrol. El produeixen les plantes quan són infectades per patògens o quan pateixen un dany, ja sigui un tall o un aixafament. Com que el produeixen plantes, com ara alguns pins, vinyes, cacauets, arbustos de fruits silvestres o cacau, el trobarem, per exemple, a la pell del raïm, a les maduixes, a les mores, als nabius, als cacauets i al xocolata. La quantitat present al vi és ridícula, però, com acostuma a passar amb altres molècules que tenen alguna propietat interessant, en aquest cas, ser antioxidant és un reclam aprofitat per la indústria cosmètica i farmacèutica per a vendre'l en forma de cremes antienvelliment o suplements nutricionals amb poca o nul·la evidència científica. La realitat és que actualment no tenim prou certesa que ens permeti afirmar que resulta eficaç per combatre les cardiopaties o el càncer o que serveixi per allargar la vida.

La *Natural Medicines Comprehensive Database* («Base de Dades Exhaustiva de Medicaments Naturals») classifica l'eficàcia, basada en proves científiques, d'acord amb la següent escala: eficaç, probablement eficaç, possiblement eficaç, possiblement ineficaç, probablement ineficaç, ineficaç i evidència insuficient per fer una determinació. Doncs bé, únicament el resveratrol es considera probablement eficaç per reduir els símptomes de les al·lèrgies estacionals en adults.

Per postres, mentre penses en la frase de Pablo Neruda: «Vull fer amb tu el que la primavera fa amb els cirerers», somrius i apropes les cireres al centre de la taula. Com te les menges o el que fas amb elles és cosa teva... jo només et parlaré de cireres. El fruit del cirerer (*Prunus cerasus*) és petitet i vermell fosc, tret que ens confirma el seu alt contingut d'antocianines, uns altres metabòlits secundaris del grup dels flavonoides i dels polifenols que es caracteritzen, com ja saps, a banda de per donar color a fruites i flors, per la seva capacitat antioxidant. Les cireres són una font poc calòrica, rica en vitamines i minerals, especialment potassi i fibra, per bé que amaguen un secret verinós al seu interior. Com les llavors de poma, raïm i síndria, i els ossos d'albercoc, prunes, préssecs i les ametlles amargues, els ossos de cirera contenen un compost anomenat «amigdalina». Aquesta molècula és un metabòlit secundari de tipus glucòsid cianogènic pertanyent al grup dels compostos fenòlics. Va ser aïllat per primer cop a les llavors de l'ametller dolç (*Prunus dulcis*). No t'ha passat mai que, assaborint un grapat d'ametlles, alguna t'ha fet canviar el gest de la cara i fer una ganyota, i has exclamat: «ecs, quin mal gust!»? Aquesta ametlla procedeix d'una varietat d'ametller silvestre (*Prunus amara*), que produeix ametlles amargues amb un contingut més elevat d'amigdalina. Quan aquesta ametlla està al seu arbre i és danyada per algun insecte o herbívor que mira de menjar-se-la, l'amigdalina pateix una hidròlisi i es descompon en glucosa, el desagradable i amarg benzaldehid i un precursor del cianur: l'àcid cianhídric. El sabor del benzaldehid és un senyal perquè no la segueixin menjant; altrament, les conseqüències seran pitjors.

Ametllers en flor a prop de Vélez Blanco, província d'Almeria.

Això és el que ens passa a nosaltres. La masticació i la saliva desencadenen la reacció i ens alerten que alguna cosa no va bé. Per aquesta raó, en els tractats clàssics de criminologia es descriu una olor característica a ametlles en els enverinats amb cianur. La toxicitat de l'àcid cianhídric resideix en l'ió cianur. Explicat de forma molt simple, impedeix que l'oxigen transportat pels glòbuls vermells pugui ser utilitzat per les cèl·lules, o sigui, que les mata per asfixia. El resultat final serà la mort per aturada respiratòria en una hora com a molt, però, fins llavors, el procés serà una agonia: símptomes lleus, com mal de cap, vertigen, ritme cardíac ràpid i dèbil, respiració accelerada, nàusees i vòmits, que derivaran en pell freda i humida, convulsions, dilatació de pupil·les i, finalment, ofec.

És fàcil morir enverinat per menjar-se unes ametlles? Doncs, per començar, no crec que ningú accidentalment mengi ametlles amargues com si fossin pipes, però no. No passarà res per menjar-se'n una distretament, però, de fet, no farien falta massa per causar algun efecte. Aproximadament, un grapat de 20 ametlles amargues poden provocar la mort.

Per cert, malgrat que en el seu origen l'ametller produïa ametlles amargues, avui dia podem gaudir d'ametllers que produeixen llavors dolces. El motiu no és una domesticació a base de seleccionar varietats dolces fa milers d'anys, sinó una mutació d'un únic gen que va desactivar la síntesi d'amigdalina. Vés per on, quina sort!

Les violetes que adornaran la teva taula deuen el seu color púrpura a un pigment anomenat «delfinidina» (blau púrpura), una antocianina també present als pensaments, a les campànules i a les poques flors blaves que existeixen a la natura. El pigment present a les roses és l'antocianina cianidina, responsable del seu color vermell intens. També el trobem a les mores, a les maduixes, al raïm, a les cireres o als nabius, mentre que la pelargonidina, una altra de les antocianines més conegudes, li dona el color vermell o taronja als geranis i als aliments comuns amb cianidina, com ara les prunes i les magranes. Les antocianines poden confondre's

247

amb els carotenoides, que també donen color a flors i fulles, encara que, a diferència de les antocianines, els carotenoides no són solubles en aigua i només donen color vermell-ataronjat o groc, mentre que el ventall de colors que cobreixen les antocianines és molt més ampli.

La funció de les antocianines a les plantes és fonamental. D'una banda, constitueixen un mecanisme de defensa, preservant les flors i les fruites de la llum ultraviolada i, gràcies a la seva activitat antioxidant, protegeixen les cèl·lules dels radicals lliures. D'altra banda, aquest joc de colors forts i variats és una arma de seducció, com veurem més endavant. Si no es reprodueixen, se'n va tot en orris.

Tot i que són les roses les flors que realment donen fragància al saló, la resta de la casa està impregnada d'una aroma fresc d'eucaliptus. Totes les olors produïdes per les plantes (eucaliptus, llimona, citronel·la, menta, farigola, alfàbrega...) són el llenguatge que utilitzen, les seves veus, que de vegades alerten d'alguna situació perillosa. Moltes d'aquestes olors són mescles d'alcohols, aldehids i altres molècules que formen els olis essencials, pertanyents a un grup de metabòlits secundaris de gran importància anomenats «terpenoides» (el mateix grup al qual pertanyen els carotenoides). En realitat, són molècules petites, poc solubles en aigua, el que fa que siguin volàtils i per això les detectem per l'olor. Des del punt de vista comercial, són molt interessants pel seu ús com a aromes o fragàncies tant en alimentació com en cosmètica, però el seu efecte terapèutic encara ha de ser molt més estudiat. Durant els assajos clínics d'aromateràpia amb persones, s'ha avaluat el seu ús en el tractament de l'ansietat, les nàusees, els vòmits i altres afeccions de pacients amb càncer. A alguns els va millorar l'estat d'ànim, la son... però a d'altres no; en qualsevol cas, no hi ha estudis publicats per parts sobre l'ús de l'aromateràpia per tractar el càncer. Aparentment, més enllà de la sensació reconfortant de respirar una aroma agradable, de moment no hi ha molt més. És curiós que, malgrat que la seva funció ecològica realment és actuar com a repel·lent d'insectes o insecticides, a nosaltres, en canvi, enlloc de repel·lir-nos, ens agraden.

Avui t'has posat el teu perfum favorit, aquell que reserves per a les ocasions especials. Té un lleuger sabor cítric. Porta bergamota, un oli essencial que s'extreu per pressió de l'escorça ratllada de la bergamota madura. *Citrus x bergamia* produeix aquest fruit cítric de la mida i forma d'una pera, però no el tastis! És amarg. També s'empra per aromatitzar el te Earl Grey i el Lady Grey i en confiteria però, sobretot, és un ingredient habitual de colònies i perfums. Mira les notes d'olor i veuràs que es troba sovint.

El sopar ha sigut un èxit. Tot ha quedat genial i l'atmosfera creada ha sigut màgica. Un dia (i nit) per recordar. S'ha allargat fins a altes hores de la matinada, el vi... i, bé, com era de preveure, t'agafa un fort mal de cap. Ja no som tan joves! Crec que el millor és que recorris a la farmacologia vegetal. Una aspirina?

La farmàcia verda

«Pobre de mi! L'amor no es guareix pas amb herbes».
Ovidi *(43 a. de C.–17 d. de C.), poeta romà*

Les molècules produïdes per les plantes són, en nombroses ocasions, les armes que tenen per a la defensa i la supervivència, funcions que han d'estar equilibrades amb les necessitats energètiques i el creixement. Per això, les plantes medicinals i aromàtiques sempre han estat íntimament relacionades amb la salut i la cultura humanes.

Les antigues civilitzacions d'Orient, Egipte i Grècia tenien prou coneixement per recórrer a l'ús de plantes, a fi d'obtenir remeis per a la salut. Després, amb l'esplendor de la medicina àrab als segles VIII i IX, es comencen a utilitzar altres plantes procedents de l'Índia, Indonèsia i el sud-est asiàtic. Fou realment al segle XVIII, un segle de veritable esplendor pel que fa a la creació de jardins botànics, quan el floriment de la botànica científica i la química van encetar la investigació farmacològica.

Que un principi actiu amb propietat farmacològica s'hagi obtingut d'una planta no significa que menjant-te la planta sencera et curis. Sembla obvi, oi? Doncs encara hi ha gent que pensa que és així i convé recordar sovint que el principi actiu no és la planta en la seva totalitat. Passem ara a diferenciar uns quants productes. A Espanya podem trobar «medicaments a base de plantes», autoritzats per l'Agència Espanyola del Medicament i Productes Sanitaris, que es venen exclusivament a les farmàcies i tenen una indicació terapèutica reconeguda. Iberogast, per exemple, indicat per als gasos, n'és un. Aquí faig un incís a tall de curiositat. El 2010 existien al nostre país 315 medicaments autoritzats elaborats a base de plantes que eren comercialitzats per 39 companyies diferents. Un any més tard, entrava en vigor la nova normativa europea, que exigia a aquestes empreses nous estàndards de seguretat i qualitat. Només 38 productes medicinals dels 315 van obtenir la llicència, i el mercat es va reduir de 39 a només set companyies autoritzades.

Existeixen també molts «productes d'origen vegetal» que no són medicaments, encara que venen presentats i envasats amb un aspecte similar, de venda a les farmàcies, parafarmàcies i herbolaris. Compte amb les indicacions: molta palla i poc gra. També trobem plantes medicinals presentades d'una forma més «natural», a granel (passa't pel carrer la Cárcel, a tocar de la catedral de Granada. Hi ha una paradeta que porta més de 50 anys i ja forma part del patrimoni cultural), amb els seus petits rètols d'indicació per als gasos, la hipertensió, el dolor muscular, les pedres al ronyó, l'estat d'ànim... En fi, per a tot allò que vulguis i puguis imaginar. Més que herbes, sembla que venguin la pedra filosofal. I ja, per últim, tenim, ara sí, «medicaments de prescripció mèdica», el principi actiu dels quals és d'origen vegetal, però han mostrat l'eficàcia i al seguretat requerides per obtenir l'autorització com a medicament, més enllà que el seu origen (avui dia) sigui químic, animal, vegetal o biotecnològic. I per què t'estic clavant aquesta llauna? Doncs ho faig perquè no te'n refiïs de les herbes per molt naturals que siguin.

Existeix la percepció que els productes naturals són innocus pel que fa als efectes secundaris i avantatjosos pel seu suposat caràcter «natural», per oposició als principis actius emprats per la medicina tradicional. És clar que aquesta tendència es basa en el temps que es porten emprant, en les tradicions, en allò de «la meva àvia ja ho utilitzava», i mai en estudis científics que serveixin per avaluar la seva seguretat. Molta gent, segura que tot allò natural no pot ser perjudicial, ha ingerit infusions sense la dosi adequada i sense cap tipus de control, per descomptat, sense saber que totes aquestes herbes naturals produeixen altres molècules que poden tenir interaccions greus amb la presa de certs medicaments. Tant és així que el Ministeri de Sanitat va haver de catalogar centenars de plantes existents al mercat espanyol que des d'aquell moment van deixar de dispensar-se a herbolaris pel seu potencial tòxic. Només un parell d'exemples. L'all, tan emprat a les cuines i amb tantes suposades propietats medicinals (la majoria no provades) té una que és real. És un potent anticoagulant, per tant, no hauries de prendre-ho si estàs sota prescripció amb anticoagulants orals, ja que potencia el seu efecte i provoca un risc més gran de sagnat. És el mateix que et passaria amb el *ginkgo* i la papaia. Al contrari, si t'estàs medicant amb anticoagulants orals i prens *gingseng* o t'injectes heparina (després d'un temps immobilitzat o d'una cirurgia) i prens salze, tindràs risc de patir trombes. Possiblement, una de les plantes més populars i estudiades i amb una llarga llista d'interaccions és l'hipèric o l'herba de Sant Joan. Són només uns pocs exemples dels molts que n'hi ha. Totes es venen a gairebé qualsevol lloc i en diversos formats. Ves amb compte.

Segons la FAO, s'utilitzen més de 50.000 espècies de plantes amb fins medicinals. Alguns dels compostos són analgèsics (com ara la morfina, obtinguda del cascall, cultivat des de fa 7.000 anys), antitussígens (codeïna), antihipertensius (reserpina), cardiotònics (digoxina), antineoplàstics (paclitaxel) o antipalúdics (com l'artemisina o la cloroquina, emprada actualment contra la COVID-19, que és la versió sintètica de la quinina de *Chinchona officinalis*). Tots aquests compostos, i molts d'altres, s'han obtingut de fonts vegetals, però en cap moment les plantes van evolucionar per a servir-nos com a farmàcia de camp i fer-nos la vida més fàcil. A més, el fet que avui dia podem «gaudir» dels beneficis d'un tractament mèdic d'origen vegetal en moltes ocasions ha

estat per casualitat, com quan trobes una cosa que no cerca-
ves o quan en ciència busques una cosa i trobes una altra: és
el que anomenem «serendipitat».

Melilotus officinalis.

A principis del segle xx, els agricultors de les praderies del nord dels Estats Units van començar a plantar trèvol dolç (*Melilotus officinalis*). Aquesta herba venia d'Europa i resultava resistent al fred i a la sequera, així que la idea era proveir farratge abundant per l'alimentació del bestiar. A EUA i Canadà es va produir el 1920 un brot d'una malaltia del bestiar que no s'havia produït mai abans. Els animals morien per hemorràgies internes. Un veterinari canadenc, Frank Schofield, va determinar que la causa era l'alimentació del bestiar amb una mescla florida de trèvol dolç, que actuava com a potent anticoagulant. Fins el 1940, aquesta substància va ser un misteri. Karl Paul Link i el seu grup de la Universitat de Wisconsin van aïllar i caracteritzar el causant d'aquestes hemorràgies. La substància era 3,3'-metilenobis-(4-hidroxicumarina), una micotoxina que més tard va ser anomenada «dicumarol». En sintetitzar dicumarol van confirmar els seus resultats i van demostrar que era idèntic a l'agent d'origen natural.

Durant els anys posteriors, seguirien trobant i identificant altres substàncies similars amb les mateixes propietats anticoagulants. La primera que es va comercialitzar va ser el propi dicumarol el 1941. Uns anys després, es va obtenir la warfarina, un derivat del dicumarol que va ser utilitzat com a potent verí contra rosegadors. Fou patentat el 1948 com a raticida i emprat en àrees residencials, industrials i agrícoles. El seu nom ve de «WARF», que significa «Wisconsin Alumni Research Foundation», i «ARINA», que denota la relació amb la cumarina, aquell metabòlit que també estava present a la canyella de càssia.

El 1951, un soldat de l'Exèrcit americà va intentar suïcidar-se amb warfarina, però no va tenir èxit. Això va suposar l'inici dels estudis d'aquest compost com a anticoagulant terapèutic. Va resultar ser superior al dicumarol, així que, a mitjans de la dècada dels 50, va ser aprovat el seu ús clínic en humans. El president dels EUA, Dwight Eisenhower, fou un dels primers en prendre-la després de tenir un atac de cor el 1955.

Però si hi ha un medicament d'origen vegetal que sobresurt per sobre de la resta, és l'aspirina. Tothom la coneix. Ha alleujat el dolor, la febre i la inflamació de milions de persones a la Terra... i a la Lluna, perquè ha arribat fins al nostre satèl·lit amb motiu de diverses missions espacials. Avui en dia, es consumeixen arreu del món uns 200 milions de pastilles diàries. Actualment, el 100 % de la producció mundial d'aspirina, manufacturada per la multinacional Bayer, té lloc a Langreo (Espanya). Doncs bé, existeixen antecedents que els sumeris i els xinesos utilitzaven les fulles de salze com a analgèsic fa més de 3.000 anys, encara que van ser els texts d'Hipòcrates (460–370 a. de C.), pare de la medicina grega, on s'esmenta per primer cop l'ús d'un beuratge obtingut de l'escorça i les fulles d'un tipus de salze, *Salix latinum*, que s'administrava per alleujar els dolors i la febre, o bé es mastegava per aconseguir analgèsia durant el part. Tanmateix, el medicament, el principi actiu del qual és l'àcid acetilsalicílic, ha complit recentment 120 anys d'història. I déu-n'hi-do quina història!

Tot comença amb Edward Stone, un reverend anglès, que, coneixent l'ús de l'escorça del salze blanc, va portar a terme estudis clínics amb 50 pacients amb febre i altres malalties inflamatòries utilitzant fulles de salze seques dissoltes en aigua, te i una mica de cervesa. Va enviar els resultats en forma de carta, però donant-li un enfocament científic, a la Royal Society el 1763, destacant l'efecte antipirètic de l'extracte emprat. La fase posterior d'aïllar i purificar el principi actiu va durar mig segle. El primer que es va aïllar de l'escorça del salze va ser la salicilina, que resulta tòxica en excés. És un precursor de l'àcid salicílic i de l'àcid acetilsalicílic de sabor amarg (com la quinina de la tònica), groguenc i en forma d'agulles cristallines. Tot i que dos investigadors italians van aconseguir aïllar-la prèviament, va ser Johann Buchner, professor de Farmàcia de la Universitat de Múnic, qui el 1828 va aconseguir aïllar-la amb una puresa més elevada.

Deu anys després, el 1838, Raffaele Piria, químic italià, treballant a La Sorbona de Paris, va aconseguir separar la salicina en sucre i en un component aromàtic anomenat «saligenina», precursor dels cristalls incolors als qual va anomenar «àcid salicílic». Hi va haver intents de sintetitzar àcid acetilsalicílic per millorar el sabor amarg i altres efectes secundaris de l'àcid salicílic, com la irritació de les parets de l'estómac. Tots aquests descobriments van desembocar en la fundació per part del químic Friedrich Bayer de la companyia Bayer. El director de la branca farmacèutica, Arthur Eichengrün (conegut per desenvolupar el medicament d'èxit contra la gonorrea fins que va ser tractada amb antibiòtics), es va encarregar de desenvolupar una forma menys tòxica d'àcid salicílic i li va encomanar aquesta tasca al jove farmacèutic alemany Felix Hoffmann, que, finalment, va aconseguir sintetitzar l'àcid acetilsalicílic el 10 d'agost de 1897. Hoffmann va provar la seva fórmula exitosament amb el seu pare, que patia dolors causats per un reumatisme crònic.

Eichengrün va passar la fórmula del seu pupil a Heinrich Dresser, qui estava al comandament de la branca farmacològica de Bayer, però aquest la va refusar al·legant que era cardiotòxica. És possible que no li interessés massa, perquè, amb l'ajuda de Hoffmann, també estava desenvolupant un nou antitussigen per a Bayer menys addictiu que la morfina: l'heroïna. Aquesta substància sortiria a la venda pocs dies després de l'aspirina. El propi Eichengrün va provar l'aspirina per demostrar que no era cardiotòxica i això va convèncer Dresser finalment, qui va redactar els informes i va enviar la droga perquè fos avaluada, de manera que, finalment, els treballs de Hoffmann i Eichengrün van ser ignorats. Dresser la va anomenar «aspirina»: *a*, prefix grec que significa sense; *spir*, per *Spiraea ulmaria*, de les flors del qual se n'obté el principi actiu, i *in*, per ser un sufix utilitzat en aquell moment per a les drogues, o sigui «droga fabricada sense l'ús de la dita planta». El 6 de març de 1899 va ser inscrita amb aquest nom a l'Oficina Imperial de Patents de Berlín, com a marca registrada de Bayer. Es va introduir així com a marca comercial al mercat mundial com a antipirètic, antiinflamatori i analgèsic, encara que avui en dia se li atribueixen més propietats terapèutiques i, per tant, més indicacions. Fa dècades que l'OMS va incloure l'aspirina a la llista de medicaments indispensables que tot sistema de salut hauria de tenir.

Per combatre la grip, és prou conegut el Tamiflu, dels laboratoris Hofmman-La Roche. Aquest medicament té com a principi actiu l'oseltamivir, molècula que deriva de l'àcid shikímic, que s'extreu del *shikimi* o anís estrellat japonès. Aquesta planta és molt tòxica perquè conté anisatina, amb gran activitat insecticida. La seva disponibilitat mundial és limitada. Per aquest motiu, a partir de 2010 s'han publicat algunes investigacions utilitzant altres mètodes de síntesi alternatius a l'ús de l'àcid shikímic. S'han emprat llavors de liquidàmbar o acícules (les fulles amb forma d'agulla) del pi, però el rendiment d'aquests processos ha estat molt baix. Malgrat tot, el 2011 un grup de científics japonesos van aconseguir obtenir àcid shikímic macerant fulles de *ginkgo* en un líquid iònic a alta temperatura. I el rendiment va ser elevat.

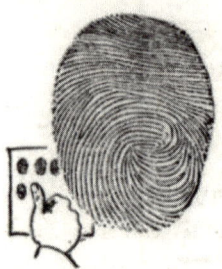
Un anunci d'Aspirina de Bayer de 1920.

Però les plantes també han servit per tractar el càncer. El 1958 comença la història del paclitaxel. L'Institut Nacional del Càncer d'EUA va encarregar a botànics del Departament d'Agricultura que recol·lectessin mostres de més de 30.000 plantes per comprovar les seves propietats anticancerígenes. Arthur S. Barclaym, un dels botànics, va recollir uns quants quilos de branques, agulles i escorces del teix del Pacífic. Un temps després, el 1963, Monroe E. Wall va descobrir que els extractes de l'escorça tenien propietats antitumorals. El principi actiu era el paclitaxel, que va ser aïllat el 1968 per Monroe E. Wall i Mansukh C. Wani. El 1970, els dos científics en van determinar l'estructura. Després d'allò, només restava perfeccionar el mètode d'obtenció i conèixer el seu mecanisme d'acció, abans que es convertís en una eina molt eficaç per als metges que tracten pacients amb càncer de pulmó, ovari, mama i formes avançades del sarcoma de Kaposi. Es ven des del 1993 amb el nom comercial de Taxol. Amb aquest nom, ja no oblidaràs que es va obtenir del teix.

Algunes molècules vegetals han servit per a la producció de fàrmacs després de molt de temps i d'un dur procés d'investigació. No podem negar que ens han fet la vida més fàcil i que hem pogut suportar dolències que, sense elles, haguessin estat insofribles. Una preciosa flor, aparentment delicada com el cascall (una mena de rosella), ens ha proporcionat un seguit de principis actius. Tot i que aquest flor ha estat cultivada per l'home des de fa milers d'anys, el seu ús en medicina probablement es remunta a l'antic Egipte. Als jeroglífics es descriuen els usos com a analgèsics i calmant del suc que surt dels caps del cascall, i al Papir Ebers se n'indica l'ús per «evitar que els nadons cridin fort». Parlaven de l'opi, que ha tingut fins lúdics i fins i tot va arribar a generar un conflicte de grans proporcions al segle XIX, degut al seu mercadeig per part de França, Regne Unit i EUA a la Xina, però, en medicina, ha estat la font de principis actius tan importants com la morfina (el seu nom ve del déu grec dels somnis, Morfeo, ja que aquesta substància produïa una son intensa), la codeïna (mira els ingredients d'algun xarop per la tos), la papaverina i la noscapina. Si estàs pensant en les llavors de rosella que tens a la cuina o en el pa de llavors que menges de tant en tant, no t'amoïnis. Aquests compostos s'extreuen de la sàvia del fruit en forma de càpsula. No hi ha alcaloides a les llavors.

És possible que hagis vist l'amigdalina, que estava present en alguns ossos i llavors de fruits, i que és enormement tòxica, a la venda amb un altre nom, vitamina B17, coses de la medicina ortomolecular. Gaudeix de molta popularitat en certs fòrums i xarxes socials. Ni és una vitamina ni cura cap càncer. Ni ara ni quan es va emprar fa uns quants anys. De fet, la pròpia Cochrane, organització que s'encarrega de valorar la informació mèdica disponible, afirma que no hi ha cap assaig clínic que suporti la hipòtesi que pugui tenir efectes beneficiosos conta el càncer i avisa del risc considerable d'enverinament per cianur després de la ingesta. Si us plau, no facis ximpleries. La moda del Laetril va costar moltes vides, entre elles la d'Steve McQueen, que es va tractar amb aquest fàrmac fraudulent, amb els resultats que es podien esperar: va morir.

Les molècules d'origen vegetal estan sent avaluades contínuament. Per esmentar només un exemple, la planta flor de nit (o bella de nit) té diferents usos. Les flors serveixen per obtenir colorants que s'utilitzen en el sector de l'alimentació i això és deu a la presència de vuit betalaïnes (pigments vermells i grocs). Se n'obté un tint carmesí que és comestible i dona color a pastissos i gelees. L'arrel ha estat emprada com a purgant i, si veiem la seva composició, conté certs rotenoides, molècules que actuen com a insecticides. Les fulles són riques en certs esterols, un dels quals, el b-sitosterol, s'ha utilitzat per a l'alleujament dels símptomes derivats de la hiperplàsia benigna de pròstata amb bons resultats.

La riquesa d'aquests compostos de les plantes és impressionant, així com la varietat de molècules i aplicacions, per la qual cosa també és lògic pensar que segueixin apareixent fàrmacs el principi actiu dels quals és d'origen vegetal. Ens ajudaran a prevenir, a tractar dolències, a guarir-nos...., tot i que de moment no tenim cap evidència que la clau de la immortalitat tingui origen vegetal.

Aurora acomiadant-se de Tithonus de Francesco
Solimena, 1704. Museu J. Paul Getty.

Les plantes (no) són eternes

«Who Wants To Live Forever». Freddie Mercury (1946 –1991), cantant, compositor, pianista i músic britànic.

Segons la mitologia grega, Titó, el fill mortal del rei de Troia, posseïa una bellesa enlluernadora, per la qual cosa era fàcil que Eos, deessa de l'aurora, se n'enamorés. Incapaç d'acceptar la idea de perdre'l, li va demanar a Zeus que li concedís la immortalitat al seu estimat..., però va oblidar un detall. Titó seria immortal, però envelliria, perdent la bellesa, la ufanor i l'interès d'Eos, que no només el desitjava immortal sinó eternament jove.

Hi ha espècies d'éssers vius que són tècnicament immortals i, a menys que siguin caçades, emmalalteixin o es produeixi un canvi en l'ambient que els afecti de forma fatal, són biològicament immortals. Aquests individus rarament moren de vells. Això és el que li succeeix, per exemple, a la cloïssa Ming d'Islàndia (*Arctica islandica*), que tenia 507 anys quan un grup de biòlegs la van treure de les aigües de les costes d'Islàndia el 2006. Va rebre aquest nom per haver nascut durant el regnat de la dinastia Ming de la Xina, el 1499. La medusa *Turritopsis nutricola* pot tornar enrere en qualsevol fase del seu cicle de vida, fins i tot després de las seva maduresa sexual, i romandre jove sempre que el seu sistema nerviós es mantingui íntegre. És una mena de Benjamin Button en bucle. O com les cèl·lules HeLa d'Henrietta Lacks, que va morir de càncer cervical el 1951, i que segueixen reproduint-se a dia d'avui. Han estat una gran aportació a l'avenç científic, ja que aquestes cèl·lules han servit per investigar la primera vacuna de J. Salk contra la pòlio, la sida, el càncer, l'efecte de la radiació o les substàncies tòxiques, etc. S'han publicat més de 60.000 articles científics on han estat utilitzades. Tot i que això té una part fosca. Ni Henrietta ni la seva família, ciutadans afroamericans, van ser informats ni van donar el seu consentiment perquè les seves cèl·lules fossin emprades en investigacions mèdiques.

Els arbres són organismes únics pel que fa al desenvolupament, la resistència i la longevitat. Alguns arbres no només acostumen a viure unes quantes centenes d'anys, sinó que també poden fer-ho durant mil·lennis!, la qual cosa fa que la nostra vida ens sembli força insignificant si les comparem. A més, hi ha un concepte en botànica i ecologia, conegut com a «senescència negativa», que defineix que l'arbre pot tenir millor rendiment fisiològic a mesura que envelleix. Però el fet que els arbres puguin tenir una longevitat extrema no vol dir que siguin immortals.

Malgrat la tremenda plasticitat dels arbres, el seu creixement i la seva longevitat estan limitats no només per factors genètics, sinó també per factors biòtics i abiòtics i per condicionants estructurals associats a l'edat, com, per exemple, restriccions hidràuliques relacionades amb l'altura. De tots els estressos ambientals, la sequera és el més determinant per al creixement de les plantes. Fins i tot, en el cas de les sequoies, els arbres més alts, l'altura no sembla excedir dels 130 m. La raó és que a l'aigua li costa més arribar a les parts més altes i això redueix l'expansió de les fulles i la fotosíntesi, encara que hagi prou aigua al sòl. A més, els nous brots formats a una alçada superior als 100 m hauran de competir per aconseguir nutrients amb els ja existents. Fet i fet, és més l'alçada de l'arbre i no pas la seva edat el que limita el seu creixement. En ocasions, l'estrès no té un efecte negatiu. L'estrès lleu o moderat pot promoure la longevitat dels arbres de vida llarga, però l'estrès sever, i especialment l'originat per insectes i patògens, pot causar-li la mort. Als boscos de coníferes dels parcs nacionals Sequoia i Yosemite de Serra Nevada (Califòrnia, EUA), es va avaluar la mort de 3.729 arbres durant tretze anys i es va comprovar que el dany profund produït per insectes i patògens va ser la causa de la mort del 58 % dels arbres, dels quals el 86 % estaven entre els més alts.

Els arbres més longeus són els que tenen més de 100 anys. Són principalment coníferes que sobreviuen més que qualsevol altra espècie, arribant a tenir més de 1.000 anys. En canvi, les palmeres ornamentals i fruitals que acostumen a viure entre 25 i 50 anys creixen ràpidament i tenen una baixa alçària.

Als boscos, amb una localització exacta guardada gelosament per preservar-los, trobem exemplars que són els testimonis més longeus de la civilització humana. Tenim, per exemple, un pi longeu en algun lloc de les White Mountains de Califòrnia que té 5.069 anys. La seva edat va ser determinada el 2012 per Tom Harlan. Per contextualitzar-ho, quan aquest pi va néixer, la roda portava 500 anys inventada, encara quedava algun mamut despistat i estava sorgint l'escriptura jeroglífica. Quan el pi ja tenia 500 anys, es va acabar de construir la Gran Piràmide de Guiza i van aparèixer els primers documents escrits en forma de tabletes de fang, fita que va marcar el començament de la història. El nostre pi tenia gairebé 2.000 anys quan regnava Ramsès II.

Matusalem és un personatge bíblic del Gènesi, un dels vuit supervivents del diluvi universal i és popularment conegut per haver viscut molt. A les White Mountains hi habita un pi longeu també anomenat Matusalem, però no ha viscut 969 anys, sinó cincs vegades més: de moment, 4.852 anys. Quan aquest pi va començar a créixer encara estàvem a l'edat del bronze.

Als anys 50 va haver-hi un gran interès per part dels investigadors en trobar l'espècie d'arbre més longeva, a fi d'utilitzar l'anàlisi dels anells per conèixer el clima en períodes anteriors, la datació de jaciments arqueològics, etc. I, com no podia ser d'una altra manera, també per veure si era possible desbancar l'arbre més antic conegut, que fins a aquell moment era Matusalem. En una ribera d'una antiga glacera del pic Wheeler, avui dia el Parc Nacional de la Gran Conca (Nevada, EUA), hi viu una població de pins longeus. En una zona accessible però més aïllada va créixer Prometeu.

Donald D. Currey era un estudiant graduat a la Universitat de Carolina del Nord que estudiava la dinàmica climàtica de la Petita Edat de Gel, un curt període fred que va comprendre des de començaments del segle XIV fins a mitjans del segle XIX (són 500 anys i és possible que no et sembli tan curt, però pensa que la darrera glaciació va durar 100.000 anys). Currey emprava tècniques de dendrocronologia basades en el patró de creixement dels anells de les espècies arbòries i arbustives llenyoses. Casualment, aquesta tècnica també va ser utilitzada per datar la cloïssa Ming amb la qual hem començat aquest capítol, i va ser el que li va provocar la mort. El jove estudiant va conèixer l'existència de la població d'aquests pins i, avaluant-ne la mida, la taxa de creixement i la forma, va arribar a la conclusió que es trobava davant d'arbres de més de 3.000 anys.

Prometeu va ser un dels pins avaluats. El va anomenar WPN-114, ja que va ser el 114è arbre mostrejat per a la seva investigació. Fou talat i tombat per Donald F. Curry el 6 d'agost de 1964. No se sap del cert si Currey ho va sol·licitar o el personal del Servei Forestal va suggerir que talessin l'arbre en lloc de prendre'n una mostra. Els motius? Hi ha diverses teories: una errada del seu perforador que va fer que es trenqués i s'encallés a l'interior del tronc; la idea que una mostra era difícil d'obtenir i que no donaria tanta informació com la secció completa del tronc; o la tranquil·litat de pensar que hi havia molts més arbres d'edat similar a Prometeu, malgrat que una de les persones implicades en l'autorització de la seva tala sabia que no era així. Quin error! Prometeu era únic. Tenia 4.844 anys i, sens dubte, era el més vell de l'indret. Altres estudis posteriors calculen que aquest arbre tenia una edat de 4.900 anys. La mort de Prometeu va empipar molt la premsa i el públic, però va motivar la creació del Parc Nacional de la Gran Conca, que protegeix els pins longeus; no es poden talar ni recol·lectar-ne la fusta.

També hi ha angiospermes que poden assolir una longevitat extraordinària. Els baobabs, el nom dels quals d'origen àrab *buhibab* «significa pare de moltes llavors», són arbres del gènere *Adansonia*, que comprèn vuit espècies (set de les quals són africanes i una, australiana). *Adansonia grandidieri* és l'espècie més alta i esvelta, fàcilment reconeixible perquè, a banda de la seva alçada (25 m), es caracteritza per tenir un tronc llis de fusta fibrosa ple d'aigua. Pot contenir-ne fins a 120.000 litres que acumula quan plou, amb l'objectiu de poder sobreviure quan arriba l'escassesa a les regions àrides on habita. En general, és un arbre del qual se n'aprofiten força productes. Per exemple, l'escorça fibrosa s'utilitza per fer teixits; la polpa del fruit, per al consum humà i per a nodrir les cabres (la qual cosa ajuda a dispersar les llavors entre els fems); i de les llavors s'extreu un oli que s'empra en àmbits culinaris.

Alguns exemplars de baobabs assoleixen edats molt avançades. Aquests arbres viuen tant de temps perquè produeixen periòdicament noves tiges, de manera similar a com altres arbres fan amb les branques. Amb el pas del temps, aquestes tiges es fusionen en una estructura en forma d'anell, la qual cosa crea una falsa cavitat al centre del tronc. El botànic francès que va donar el seu nom al gènere, Michel Adanson, va considerar que alguns exemplars d'*Adansonia digitata* tenien uns 5.000 anys, però això fou considerat una conjectura, ja que fins a aquell moment no se sabia si el tronc tindria anells. Atesa la dificultat, probablement no es van plantejar seccionar el tronc d'un baobab de tanta alçada i diàmetre per estudiar-lo (si l'haguessin tingut), segons va apuntar E. R. Swart en una carta publicada a *Nature* el 1963. Aquest investigador, emprant la datació per carboni 14, va arribar a calcular una edat similar (5.568 anys) en unes mostres més petites d'arbres que van ser talats a la dècada dels 60. Sí, els baobabs tenien anells al tronc. El que succeeix és que no resulten adients per calcular la seva edat, perquè els seus troncs no produeixen forçosament anells anuals.

Per cert, s'estan morint i no sabem per què. No sembla que sigui conseqüència d'epidèmies ni de malalties. Tot apunta que pot ser un efecte de l'escalfament global, encara que caldrà seguir investigant i veure què és el que realment està acabant amb les angiospermes més antigues del nostre planeta.

Adansonia grandidieri. Madagascar.

No és el mateix «resistència» que «resiliència». I tampoc no significa el mateix «envelliment» (permanència en el temps) que «senescència» (deteriorament fisiològic causat per l'edat). En un article d'opinió publicat a la revista *Trends in Plant Science* el 2018, Munné-Bosch, del Departament de Biologia Evolutiva, Ecologia i Ciències Ambientals de la Universitat de Barcelona, afirma que només uns quants individus poden sobreviure prou per assolir una edat avançada, de manera que arribar a la vellesa és una excepció i no la regla dels arbres longeus. Addicionalment, és difícil determinar la senescència d'aquests arbres en el seu hàbitat natural, simplement perquè el nombre d'arbres més vells serà reduït. Llavors, què és el que els fa ser tan longeus? Com poden evitar el desgast de l'envelliment? En primer lloc, disposen d'una tassa lenta de canvis mutacionals. Si les cèl·lules mare es divideixen només uns quants cops, la probabilitat de patir mutacions perjudicials acostuma a ser baixa. L'edat és un factor negatiu, però, perquè l'arbre tingui una mida i alçada mínims i arribi a florir i a assolir l'etapa d'arbre madur, també és essencial que l'ajudin a suportar l'estrès que pateix durant les primeres etapes del seu desenvolupament. Atès que l'alçada els limita el creixement, el que fan és créixer en amplada, és a dir, augmenten el diàmetre del tronc i així eviten la senescència de tot l'organisme.

Una altra estratègia és perdre la dominància apical, la qual cosa significa que quan talles la tija per la part superior, la planta creixerà en amplada desenvolupant nous brots laterals. És una estratègia ben coneguda pels amants dels bonsais. En primer lloc, al capdavall és una forma efectiva de fer que l'arbre no segueixi creixent cap a dalt i de garantir l'aportament d'aigua i nutrients a tota la planta, ja que no han d'«enfilar-se» sinó repartir-se. En segon lloc, és possible que el tronc sigui destruït per un llampec o un fort vent o que hagi patit danys severs per altres motius. Un tronc danyat no és sinònim de mort. De fet, és teixit mort en un 95 % i, com diuen a les Illes del Ferro de *Joc de Trons*, «allò que està mort no pot morir». Sempre que el sistema vascular estigui intacte, és possible que l'arbre pugui ressorgir construint una nova vida sobre les estructures mortes, com ens recorda el conegut poema de Machado «A un olmo seco». Podríem dir que si el creixement de l'arbre es distribueix en diferents zones, es reparteix el risc i pot seguir vivint, encara que una d'elles pugui danyar-se.

El vell Tjikko.

Això és el que va passar a Noruega. Al Parc Nacional de Fulufjället trobem Old Tjikko i, a prop d'aquest, Old Rasmus. Ambdós són un tipus d'avets, o millor dit, falsos avets pertanyents a l'espècie *Picea abies*. Leif Kullman va descobrir Old Tjikko i el va anomenar així en homenatge al seu gos difunt. Tot just fa 5 metres d'alçada, però, si pogués parlar, explicaria fets de fa més de 9.550 anys, quan es va començar a domesticar la civada i el blat (amb la consegüent aparició de la cervesa i el pa) i s'encetava l'agricultura a Pròxim Orient. No ho sembla. Durant milers d'anys, el seu aspecte fou el d'un arbust jove o atrofiat (això rep el nom de formació *krummholz*, que en alemany significa «fusta torçada», i són vegetacions deformades i atrofiades en paisatges subàrtics i subalpins), degut a les condicions extremes de l'indret on viu: tanmateix, les seves arrels tenen milers d'anys. Al segle xx, l'escalfament global va fer que creixés amb una aparença d'arbre normal. El secret d'aquest arbre és reproduir-se per esqueixos, com faig jo amb el meu potos «mare», plantant una branqueta en un altre test, o com quan reproduïm els rosals, tallant-ne una tija i posant-la a la terra. Això significa que el nou arbre que es formi serà un clon genèticament idèntic a l'anterior. Old Tjikko viu en un hàbitat amb un clima dur, de manera que, quan arriba l'hivern, el pes de la neu trenca les branques i, en caure a terra, comencen a desenvolupar les noves arrels. El seu tronc morirà algun dia; de fet, s'estima que no viuen més de 600 anys, per la quan cosa quan un mor, un altre ocupa el seu lloc, ja que el seu sistema d'arrels està intacte. Coneixem el lloc exacte on es troba l'Old Tjikko. Per tant, si mai podeu anar-hi, hi ha visites guiades per veure'l. M'estremeixo només de pensar-ho. Un arbre de gairebé 10.000 anys!, quan gairebé tota la humanitat no érem més que un grup de caçadors-collidors.

Quan arriba la tardor, el *Gingko biloba* exhibeix
unes fulles d'un intens color groc.

Una investigació recent, publicada el gener de 2020 a la prestigiosa revista *Proceedings of the National Academy of Sciences* (PNAS), explicava com s'ho manega *Ginkgo biloba* per complir milers d'anys. *Ginkgo* és un gènere que podríem considerar un fòssil vivent, l'únic representant de tota la seva estirp sense cap parent viu. Portar més de 250 milions d'anys entre nosaltres ha despertat la curiositat dels científics per comprendre els mecanismes que el fan viure tant. Els autors de l'estudi han arribat a la conclusió que els gens relacionats amb el creixement i la capacitat de realitzar la fotosíntesi o de germinar les llavors funcionaven correctament en arbres vells. Però, a més, els gens relacionats amb la resistència a les malalties o amb la producció de metabòlits secundaris que participen en la defensa funcionaven encara millor. En resum, l'estudi demostra que els arbres vells han desenvolupat mecanismes que permeten un equilibri entre el creixement i l'envelliment.

La plasticitat dels arbres mil·lenaris és impressionant. La competència per l'espai és importantíssima ¾com ja hem vist en capítols anterior¾, on les plantes competeixen per la llum, però aquests arbres normalment estan aïllats en zones amb poca competència. En general, els arbres més vells acostumen a ser més resistents, però menys resilients que els més joves. Al contrari, els arbres mil·lenaris semblen ser una excepció, ja que són resistents com els vells i resilients com els joves, donat que eviten els efectes negatius que comporta una alçada i mida més elevades, i són capaços de reiniciar el sistema. Malgrat aquesta plasticitat, no són immortals. Només podrien assolir la immortalitat a través de la línia germinal o emprant la propagació clonal, és a dir, si són clons... i això succeeix.

Pando, també conegut com el Gegant Tremolós, no és pas un arbre. És una colònia de més de 6.000 tones i mitja de pes, que s'estén per una superfície equivalent a la Ciutat del Vaticà i l'ocupa amb uns 47.000 arbres genèticament idèntics, clons d'un únic àlber bord o trèmol (*Populus tremuloides*). Per tant, no parlem de l'arbre més vell conegut, perquè ha perdut l'entitat com a individu, però sí la colònia clonal més antiga (Jurupa Oak, una colònia de roures a Riverside, Califòrnia, data de fa 13.000 anys). Va ser descobert per Burton Barnes, de la Universitat de Michigan, a la dècada de 1970, i va ser estudiat en detall per Michael Grant, de la Universitat de Colorado, a Boulder, el 1992.

Pando es troba al Parc Nacional Fishlake, Utah (EUA), amb una localització perfectament determinada, com un ens immens i daurat bressolat pel vent. Impressionant. Segons un report de l'OCDE (Organització per a la Cooperació i el Desenvolupament Econòmic), Pando no ha florit des de fa uns 10.000 anys, quan va tenir lloc la darrera glaciació. O sigui que, en aquell moment, va abandonar la reproducció sexual i ja només es reprodueix asexualment. Ho fa mitjançant estolons, brots de les seves arrels que acaben per convertir-se en tiges (troncs) adults. Aquests 47.000 troncs van morint i renovant-se contínuament, i molts d'ells estan connectats per les seves arrels. Encara no t'he dit la seva edat. Al·lucinaràs. Els seus troncs tenen una mitjana de 130 anys, però les arrels d'aquest gegant s'estima que tenen... 80.000 anys. I, segons alguns experts, poden arribar als 1.000.000 d'anys! Amb aquestes xifres, és molt i molt difícil estimar l'edat de Pando de forma precisa.

Malauradament, el Gegant Tremolós s'està morint. No ha crescut en els darrers 30 o 40 anys. Se'n desconeixen les causes exactes, encara que tot apunta a una combinació de factors: conseqüències del canvi climàtic com la sequera, el pasturatge ¾que està destruint els nous brots¾ i el desenvolupament humà a la zona. La Universitat Estatal de Utah i el Servei Forestal dels Estats Units estan fent un gran esforç per trobar una manera de salvar-lo. Al capdavall, depèn de tots.

Més enllà de la seva edat, els arbres més alts i d'una envergadura més gran són els més vulnerables a la sequera i a les altes temperatures generades per l'escalfament global. La manca d'aigua origina la formació de bombolles d'aire o embòlies als vasos conductors dels arbres, tenint la mort com a conseqüència. I la mortalitat d'aquests arbres és especialment preocupant perquè, gràcies a la seva capacitat d'absorció, són una reserva del carboni de l'atmosfera. Ja hauríem de començar a prendre'ns-ho seriosament. Si no hi ha plantes, no existirà cap altre ésser viu.

Foto d'una arbreda de *Populus tremuloides*, àlber bord.

PART IV.
I ESTIMA... LES PLANTES TAMBÉ CREEN VIDA

N'hi ha de tots colors... i formes

«La tardor és una segona primavera quan cada fulla és una flor». Albert Camus (1913–1960), dramaturg i poeta francès.

Què seria dels colors sense flors? Convindrem que la part més bonica d'una planta és una flor. I no és pas casualitat. La seva mida i forma, però sobretot el seu color i aroma, tenen la simple i a la vegada complexa funció de garantir la pol·linització i, conseqüentment, la continuïtat de l'espècie. L'explosió de colors de les flors és, a banda d'una exhibició d'energia, una exuberància estètica i un recurs biològic. Tanmateix, les plantes que no necessiten pol·linització acostumen a tenir flors poc vistoses i sense colors.

Si hi ha una flor que destaqui per la seva bellesa i simbologia, és la rosa. Hi ha unes 100 espècies de roses i més de 30.000 cultivars que s'han obtingut encreuant espècies, a la recerca de nous trets ornamentals o millors adaptacions a malalties. Els cultivadors de roses del segle xx perseguien l'obtenció de flors més grans i amb bonics colors, deixant de banda la fragància. Però, al seu començament, no va ser pas així. Quan les roses van començar a domesticar-se, la intenció era aconseguir flors amb més pètals, ja que a partir d'aquests s'obtenia l'aigua de roses i els olis essencials tan preuats. Es van arribar a produir roses amb més de 100 pètals i, sorpresa!, van veure que era bella, així que va passar a ser la reina de les plantes ornamentals.

La primera imatge d'una espècie de rosa es troba a l'illa de Cnossos, a Grècia, i correspon al segle XVI a. de C., encara que les primeres dades de la seva utilització es remunten a la Creta del segle XVII a. de C. L'origen del nom de «Rodes», l'illa grega, és incert, però la hipòtesi que adquireix més importància afirma que, probablement, l'esmentat nom faci referència a la rosa, atès que el seu cultiu sovintejava i existeixen monedes d'aquesta illa, del segle III a. de C., amb imatges de roses que donen més valor a aquesta teoria. La rosa era considerada com a símbol de bellesa pels babilonis (ja hi eren presents als famosos jardins de Babilònia el 600 a. de C.), siris, egipcis, romans i grecs. A l'antiga Grècia, la rosa estava estretament associada amb Afrodita, la deessa de la bellesa, la sensualitat i l'amor. L'expressió «Haver estat criat en un llit de roses» prové dels sibarites, naturals de Síbaris, on els habitants més rics omplien els seus matalassos de pètals de roses. Actualment potser es consideri la planta ornamental més important cultivada per la bellesa i per la fragància de la seva flor, però també per l'extracció d'oli essencial utilitzat en perfumeria i cosmètica, i pels seus usos medicinals i gastronòmics.

El fruit del rosal silvestre (*Rosa canina*), el gavarró, té un alt contingut de vitamina C i potassi, a més de vitamines A, D i E i antioxidants. A la sèrie dels 90 *Twin Peaks*, el projecte ultrasecret de l'FBI i l'Exèrcit dels EUA que estudia casos sobrenaturals s'anomena Rosa Blava per una frase pronunciada per una dona en un dels casos abans de morir, suggerint que les respostes no podien aconseguir-se excepte per un camí alternatiu que s'hauria de recórrer. És curiós, perquè malgrat portar segles cultivant aquesta planta i haver-ne obtingut formes i colors d'allò més diversos, hi ha un color que se'ls resisteix als milloradors: el blau. Després de molts anys i intents, s'ha aconseguit obtenir una rosa blava, però hem hagut de recórrer a la biotecnologia i als gens de la petúnia.

Il·lustració d'un tetradracma de Rodes amb una rosa
en el seu revers, *Le Magasin pittoresque* 1865. BNF.

En canvi, la rosa negra, el simbolisme de la qual està lligat
a la mort, el comiat, la renovació, el dol, la maldat... i també a
la bruixeria i al culte demoníac (o a l'amor, si ets més de l'es-
tètica gòtica), no existeix. És possible que vegis fotos de roses
completament negres i que llegeixis que es cultiven de forma
excepcional a Halfeti, un petit poble de Turquia. Fins i tot,
que aquest color es deu a les condicions úniques d'aquell sòl
i al pH de les aigües subterrànies de l'Eufrates. És fals. Si fos
cert, serien unes roses d'un negre atzabeja bellíssim, com
el vellut, però no es veritat. Són imatges manipulades digi-
talment o roses que han estat tenyides. És com quan veus
una rosa multicolor, blau turquesa o verda. Tanmateix, hi ha
dues varietats de rosa que poden passar per negres, encara
que realment són d'un vermell molt i molt fosc: la rosa Black
Baccara i una altra encara més fosca, la Perla Negra. La
Black Baccara és una de les més cobejades del món i una
autèntica peça de col·leccionista. La Perla Negra es cultiva
als anomenats *black rose nurseries*, o sigui, una mena de vivers
on la seva temperatura i ambient estan totalment contro-
lats, ja que es tracta de flors extremadament delicades. I si
t'agrada el cinema i per a tu la sensació de felicitat absoluta
és veure Julie Andrews corrent per un prat al Tirol, que sàpi-
gues que hi ha una varietat de rosa que porta el seu nom
(«Julie Andrews», no «Tirol»).

Black Baccara.

Però què són en realitat els colors de les flors? D'on surten? Si et dic que el color és salut per a nosaltres, no vaig gaire errada. Els colors són molècules de pigments i, en funció dels pigments i de la seva combinació, es genera tota la varietat de colors que exhibeixen. La majoria dels colors de flors i fruits pertanyen a dos grups de pigments: carotenoides i antocianines, ambdós són metabòlits secundaris que vam veure fa poc. Els carotenoides són responsables del color groc, taronja i vermell de moltes flors, de la pastanaga (que, com saps, és una arrel comestible) i de fruits com la taronja o el tomàquet. La importància d'aquestes molècules per a nosaltres és que són essencials per a la visió. El b-carotè és un precursor de la vitamina A, i, igual que la resta de carotenoides, només podem obtenir-los a través de la dieta perquè no els podem sintetitzar. Les antocianines són responsables d'una gamma de colors molt més ampla que va des del vermell fins al púrpura, passant per taronges, grocs i blaus. Estan presents a les flors i en alguns fruits com les mores, les cireres, les prunes, el raïm negre, etc. El color resultant depèn del pH (grau d'acidesa i alcalinitat) on es trobi.

El científic alemany Richard Willstätter (1872 –1942) fou el primer en descriure el canvi de color de les antocianines. Al canviar el pH, el color passa de vermell ataronjat en condicions àcides, com el de la pelargonidina (maduixes o gerds) al vermell intens-violeta de la cianidina (mores, cireres, nabius) en condicions neutres i al vermell púrpura-blau de la delfinidina (raïm cabernet sauvignon) en condicions alcalines. Això es coneix com a «efecte batocròmic». Aquests pigments que s'acumulen a les flors absorbeixen una part de l'espectre de la llum i reflecteixen i transmeten una altra. Per això, el color que nosaltres veiem és el que reflecteixen i transmeten, no el que absorbeixen. Tanmateix, les abelles i les vespes tenen la capacitat de detectar la llum ultraviolada, motiu pel qual algunes flors que depenen d'aquests insectes per a la seva pol·linització han desenvolupat pigments que reflecteixen la llum ultraviolada solar, de manera que els insectes la puguin veure. El blau, blanc, violeta, groc o rosa són els colors típics d'aquestes flors, però mai el vermell, que no pot ser detectat.

Ara que hi penso, em ve al cap una flor blanca preciosa que s'ho posaria difícil als pol·linitzadors en un dia de pluja. Es tracta de *Diphylleia grayi*, una planta herbàcia silvestre que creix al Japó. També és coneguda com a «flor de cristall». El motiu? Quan plou i els seus pètals es mullen, perden el pigment i es tornen transparents, fins que s'assequen i recuperen el seu color original. Pel que fa als colors de les flors, hi ha una de la qual em parlat en alguna ocasió que té una genètica del color una mica curiosa i força complexa. És la flor de nit. Aquesta planta pot tenir flors de diferents colors dins del mateix exemplar, i fins i tot una flor individual pot estar esquitxotejada de colors diversos. Això es deu a la presència de zones o cèl·lules amb diferent ADN (és el que coneixem com a «quimeres»), probablement resultat d'alguna mutació. Les branques amb flors normals no s'hauran vist implicades en la mutació, per la qual cosa no es transmet a la descendència. A més, pot canviar de color a mesura que madura, i això és originat per una transformació dels seus pigments. Per exemple, en el cas de la varietat groga, pot produir flors que canviïn gradualment al rosa fosc. O també les flors blanques poden canviar al violeta clar.

Però no només hi ha pigments a les flors i als fruits. Segur que si et demano que pensis en una imatge típica de la tardor, et ve al cap la caiguda de les fulles dels arbres, fulles que no són verdes. A les parts verdes de les plantes, que són la majoria, el pigment més abundant és la clorofil·la, responsable de dur a terme la fotosíntesi que transforma la llum solar en sucres i de subministrar-li, per tant, l'energia que els cal per créixer, per viure, en definitiva. Hi ha milions de molècules de clorofil·la a cada fulla. Malgrat que l'absorbeix en dues longituds d'onda, una amb llum blava i l'altra amb llum vermella, reflecteixen a la zona intermèdia que correspon al verd. Per això la veiem verda... fins que arriba la tardor.

Amb l'arribada dels dies més curts, amb menys llum, les plantes no tenen un metabolisme tan actiu, perquè els suposaria una despesa més gran d'energia. Durant la tardor, es preparen per entrar a l'hivern i alentir el seu metabolisme, així que la producció de clorofil·la ja no és tan activa, cosa que fa que vagin aflorant els colors que romanien ocults darrere de l'abundància d'aquest pigment. Grocs, taronges de diferents tons, vermellosos, rogencs... Presenten tota una varietat de colors deguda a carotenoides i antocianines, ara més abundants que la clorofil·la. Els nivells de carotenoides són constants al llarg de l'any, però, emmascarats per la clorofil·la, només surten a la llum a la tardor. Els responsables dels tons grocs són un tipus de carotenoides, les xantofil·les, com la luteïna (que dona color al rovell de l'ou). Un dels més nombrosos serà el b-carotè, que absorbeix la llum blava i verda i reflecteix la groga i vermella i, per tant, el veurem com el responsable del taronja. A diferència dels carotenoides, les antocianines són eminentment tardorenques, es disparen durant aquest moment i donen a les fulles la seva gamma de vermells i rogencs.

En el cas de les plantes, aquests pigments tenen com a funció protegir les fulles i flors de la radiació ultraviolada per la seva capacitat antioxidant, protegir de la congelació en èpoques de fred i, especialment en el cas de les flors, atraure els pol·linitzadors.

La varietat de flors i colors és tan extensa com la varietat de mides i formes que podem trobar. Des de la flor més gran coneguda, i que ja coneixes també, *Rafflesia* d'uns quants quilos, a la més petita, visible més aviat amb lupa, anomenada *Wolffia*. Aquest gènere comprèn entre nou i onze espècies de plantes minúscules, verdoses i aquàtiques. En general, es coneixen com a llenties d'aigua i tenen la particularitat de ser prou saludables nutricionalment. El seu contingut de proteïna es molt alt, un 40 % de proteïna vegetal d'alt valor biològic, molt poc greix i un 25 % de fibra, així que tota la investigació que gira al voltant d'aquesta planta és fa amb fins nutricionals. De fet, es menja a gran part d'Àsia. Com el seu nom indica, «llentia» no té res a veure amb la forma d'una flor normal ¾el que coneixem com una flor típica, amb els seus sèpals, pètals de colors vius, estams i pistil. Són plantes que no depenen dels pol·linitzadors, no requereixen la seva col·laboració ni tenen la necessitat de cridar-los l'atenció. La natura ens segueix sorprenent. Tot té un perquè, una raó de ser.

Què persegueix llavors la forma de les flors? Per què és tan variada? Al cap i a la fi, la interpretació evolutiva que li donem és que la forma de les flors respon a un conjunt de factors: facilitar la pol·linització, la dispersió del fruit i de la llavor i, sobretot, la protecció de les estructures reproductives contra els depredadors. En aquesta cerca de l'eficàcia i de l'optimització, la forma de les flors de vegades és capritxosa i sorprenent. Entre els pol·linitzadors i les flors hi ha una relació molt especial, estreta, fins al punt que han coevolucionat, i determinades plantes només es deixen pol·linitzar per un insecte específic. Aquell, i no un altre, es veurà atret cap a la flor i es portarà el pol·len. Si hi ha una família de plantes amb les flors més estranyes, és la família de les orquídies. Per cert, saps d'on ve la paraula «orquídia»?

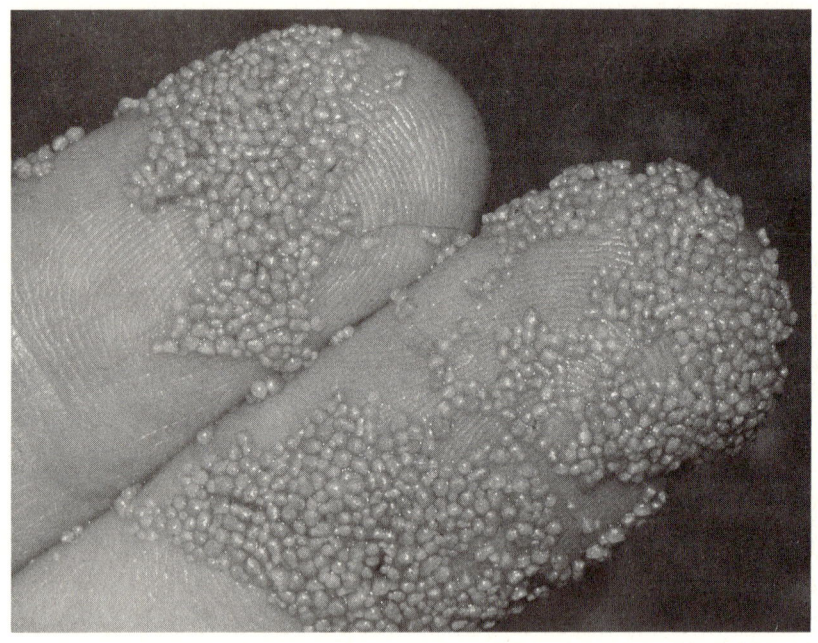

Wolffia. Cada mota de menys d'1 mm de longitud és una planta individual. Autor: Christian Fischer.

El floriment del sexe (I): masculí

«El cervell és el meu segon òrgan favorit». Woody Allen
(1935), director, actor, escriptor i comediant estatunidenc.

El pol·len és la via que tenen les flors per fer més flors. És una frase bàsica que utilitzo amb els alumnes perquè siguin conscients de la seva importància. En els humans, seria una cèl·lula que conté l'espermatozou. Important no et sembla? Si vols tenir descendència, ho és. Per aconseguir-ho, la major part de les vegades cal transportar el pol·len, i aquí és on intervé la pol·linització, fase en què es dispersen els grans d'unes flors a unes altres per facilitar la fecundació i aportar diversitat genètica. És un error pensar que el propi gra de pol·len és el gàmeta o la cèl·lula reproductora masculina. Cada gra de pol·len té dues cèl·lules diferenciades: una cèl·lula vegetativa, que ocupa la major part del gra i s'encarregarà del desenvolupament del tub pol·línic; i una cèl·lula generativa, molt més petita, inclosa dins de la cèl·lula vegetativa i la funció de la qual serà dividir-se quan arribi el moment de donar dos gàmetes masculins (o espermàtides, les que originarien els espermatozous en l'home). El pol·len es produeix a les anteres de les flors. Agafa una flor que sigui gran, com l'assutzena, i mira-la detingudament.

Insecte en una flor de la qual s'emportarà grans de pol·len adherits..

Per on la tens agafada no s'anomena «cua» ni «cueta», sinó «peduncle». Les fulles verdes que surten just a sota de la flor són els sèpals (el conjunt de tots el sèpals l'anomenem el «calze»), i els pètals acostumen a ser variables en nombre, aromàtics ¾gairebé sempre agradables¾ i de colors vius (i tots els pètals junts formen la «corol·la»). Fins aquí tot bé, són les parts que tots coneixem. Ara ens centrarem només en l'aparell reproductor masculí. En conjunt, se l'anomena «androceu» (del llatí *androecium*, i aquest del grec ἀνδρός, «varó», i οἰκίον, «casa») i és ben simple. Consta dels estams. Els reconeixeràs perquè hauràs vist uns filaments molt prims i llargs, a l'extrem de cadascun dels quals es troba l'antera. De moment, desa la flor, perquè després veurem la part femenina! Cada antera pot produir 100.000 grans de pol·len, que són únics de cada espècie. Sota el microscopi, observarem grans de pol·len amb un aspecte extern molt variat. La coberta externa, anomenada «exina», té una textura ideada per facilitar la seva dispersió segons el medi (si és l'aire, serà llisa; si el pol·len se l'emporten els insectes, serà rugosa per facilitar l'adherència). Aquesta coberta és molt dura i resistent, la qual cosa té lògica si tenim en compte que protegeix l'ADN que originarà nous individus i està exposada a condicions ambientals que poden ser adverses.

A més de belles, les imatges que ens ofereix un microscopi electrònic són molt útils, ja que la morfologia és una característica molt especifica. El sens fi de formes i textures diferents farà que sigui fàcil identificar famílies, gèneres i fins i tot les espècies que s'hi inclouen. Així va sorgir la palinologia, ciència que s'encarrega de l'anàlisi de la morfologia del gra de pol·len i les espores estudiant la seva paret, així com les dimensions, la forma, la mida, la simetria, les obertures, el contorn, etc.

Algunes de les diverses propietats que té el pol·len el fan protagonista d'un altre tipus de disciplines científiques, com ara la paleopalinologia. A més, les característiques químiques de l'exina fan que el gra de pol·len tingui una gran resistència a la putrefacció. Això, unit a la sedimentació i a la fossilització, fa que la informació extreta del pol·len permeti deduir com era la vegetació en un determinat lloc en el passat, quina ha estat la seva evolució o si s'han produït extincions.

Però l'estudi del pol·len pot aportar molta més informació, fins i tot pot ajudar a resoldre un crim. Imagina un cos que s'ha trobat en un bosc. Les restes d'herba, fulles, llavors i arrels trobades al cadàver el primer que ens diran és si hi va ser traslladat després de la seva mort, on va estar abans i si el van matar en aquell lloc. A més, analitzant l'estadi de desenvolupament de les plantes que hi ha sota del cos, la pèrdua de clorofil·la, la presència de nous brots o la mort de la superfície vegetal, podem precisar amb certa exactitud el temps que porta allà. Amb l'entomologia forense succeeix quelcom semblant; atès que durant la putrefacció del cos hi apareix una fauna cadavèrica en un ordre seqüencial, es pot predir de forma prou acurada la data de la mort en funció de l'insecte trobat (i la seva fase). Les espores i el pol·len es localitzen a les fosses nasals i a les oïdes del cadàver i dels vius. I si no, que els ho preguntin als soferts al·lèrgics: ho saben de primera mà. No és només que cada tipus de pol·len sigui diferent, sinó que cada hàbitat té una combinació diferent de plantes, el que podríem anomenar «empremta pol·línica única». D'altra banda, el fet que la coberta exterior del pol·len sigui tan resistent fa que es conservi molt bé i perduri encara que les condicions ambientals siguin dolentes. Aquestes diminutes partícules vegetals s'adhereixen al cabell, la pell, la roba o el calçat i acaben arribant a gairebé qualsevol objecte, la qual cosa les converteix en una prova molt clarificadora en els estudis forenses.

En una samarreta de cotó, després d'unes quantes bugades, encara hi ha grans de pol·len adherits, cosa que ens permetrà ajustar la localització del seu propietari amb una exactitud aproximada d'1 km. El 1959 va desaparèixer un home a les proximitats de la ciutat de Viena. Després d'uns quants dies, no apareixia ni viu ni mort. No hi havia pistes fiables sobre el seu parador, així que la policia va optar per revisar el domicili d'un possible sospitós. En el decurs del registre de la casa es van trobar unes botes tacades de fang, que van ser enviades al professor Klaus, un investigador que es dedicava a l'estudi de pol·len fòssil, perquè les examinés. La mostra contenia pol·len recent d'avets i salzes, combinada amb espores d'una espècie del Miocè de més de 20 milions d'anys d'antiguitat. Aquesta raresa, trobada a la terra adherida a les sabates, situava el sospitós en una zona molt concreta, un bosc proper a la vall del Danubi, en què els sediments presentaven aquesta peculiar combinació. Finalment, el sospitós, amb una mica de pressió, va confessar el seu crim i va indicar el lloc exacte en què havia enterrat el cos de la víctima.

Grans de pol·len de diverses espècies de plantes comunes: girasol (*Helianthus annuus*), campaneta de jardí (*Ipomoea purpurea*), malva reial (*Alcea rosea*), assutzena (*Lilium auratum*), primavera de jardí (*Oenothera fruticosa*) i ricí (*Ricinus communis*). La foto està ampliada aproximadament 500 cops, i el gra que es pot veure a la part esquerra inferior fa aproximadament 50 μm de llarg.

El 2006 es va publicar un cas forense molt curiós a la revista *Forensic Science International*. Dos intrusos varons van entrar en una casa on dormia una noia que havia deixat la porta del darrere oberta perquè hi accedís el seu xicot. Es va despertar i va veure uns estranys a la seva habitació. Els intrusos van sortir corrents, i a un d'ells se li va caure la jaqueta a la cuina. Immediatament, va tornar a recuperar-la, però, com que anava amb presses per sortir de la casa, es va fregar amb un arbust d'hipèric en flor que creixia just a la zona de la porta del darrere. Un sospitós va ser arrestat més tard aquell dia, acusat d'assalt indecent contra una dona i de robatori, però va negar qualsevol participació i es va negar a declarar qui era el seu còmplice. Un dia després, la roba del sospitós va ser analitzada en el decurs d'un examen forense. L'anàlisi de pol·len de parts seleccionades de la seva roba va mostrar que els seus pantalons de xandall contenien un 14 % de pol·len d'hipèric, la jaqueta vaquera, un 24 %, i el polo, un 27,5 %. La majoria d'aquests grans de pol·len encara tenien els seus continguts cel·lulars intactes i estaven agrupats a la roba, la qual cosa demostra que no havien estat dispersats per l'aire. El pol·len de l'arbust hipèric era idèntic en color, forma, desenvolupament i rang de mida al pol·len de la roba. Tal quantitat de pol·len trobada a les peces de roba era indicador que el subjecte devia haver estat en contacte directe i íntim amb un arbust en flor.

Les proves de pol·len són, per la seva naturalesa, circumstancials i, sovint, no poden emprar-se per si mateixes per condemnar o, més estrictament, per determinar la veritat. El sospitós va poder estar en contacte amb hipèric en un altre lloc, però les investigacions detallades van indicar que això era poc probable. En 30 anys de treball forense a Nova Zelanda, el pol·len de *Hypericum* només s'havia trobat a la roba en quantitats mínimes. Aquesta és només una de les formes en què la palinologia forense pot ajudar els organismes encarregats d'una acció criminal, i demostra que aquesta disciplina ha de considerar-se com a part integral de qualsevol investigació criminal.

No oblidem que un dels principis bàsics de la criminologia és el principi d'intercanvi de Locard. El Dr. Edmond Locard (1877 –1966) va especular que cada cop que s'estableix contacte amb una altra persona, lloc o cosa, el resultat és un intercanvi de materials físics. És a dir, cada cop que entrem en contacte amb alguna cosa hi deixem alguna cosa nostra, però també ens emportem alguna altra. Tingues-ho en compte si et planteges cometre un delicte.

En relació amb el pol·len, hi ha un concepte molt interessant amb aplicacions molt pràctiques en biologia de plantes. Es tracta de l'androesterilitat o *male-sterility*, i és la incapacitat d'una planta de produir i/o disseminar grans de pol·len funcionals. O sigui, que la planta és estèril. És un procés natural que pot deure's a errades en el desenvolupament del pol·len o a mutacions. Tanmateix, els milloradors genètics han sabut treure profit a aquest defecte, i és possible tant mantenir-lo de forma artificial com provocar aquesta esterilitat, donat que en el camp de la millora genètica vegetal té una gran utilitat. Una de les aplicacions és que les línies androestèrils són un excel·lent mètode de contenció per evitar la disseminació del pol·len en plantes transgèniques i pol·linitzacions no desitjades, especialment si parlem de plantes en cultius oberts que acostumen a produir grans quantitats de pol·len dispersat pel vent.

Abans d'explicar-te l'altra gran aplicació, cal que ens aturem per descriure el concepte biològic de «vigor híbrid» o «heterosi». Partim de la idea que, quan hi ha endogàmia, és a dir, reproducció entre membres molt propers de la mateixa família o llinatge, la variabilitat genètica és reduïda i això és un problema. De fet, se sap que l'endogàmia en algunes famílies reials entre oncles i nebodes o entre cosins no només ha portat problemes de salut, com en el cas dels Habsburg entre els segles XVI i XVII, sinó que fins i tot va arribar a acabar amb la dinastia dels Àustria a causa de la infertilitat de Carles II.

No has sentit mai que els gossos amb pedigrí acostumen a viure més i a estar més sans que els de pura raça? Doncs, l'heterosi vindria a ser el resultat oposat a l'endogàmia. Dit d'una altra manera, és un efecte que es produeix quan els descendents són millors que els pares. Les millors característiques dels pares es combinen en els seus fills, la qual cosa no succeiria si aquests fills es reproduïssin després entre ells. Aquestes característiques beneficioses no es transmeten a les successives generacions, de manera que l'única forma de tenir individus que les heretin és creuant sempre individus parentals que les tinguin (coneguts com a «línies pures»). El resultat serà un híbrid, però de dos individus de la mateixa espècie, per la qual cosa tindrà descendència viable. És important no confondre aquest híbrid amb l'organisme resultant de creuar dues espècies, com passa amb la mula, el gos llop, el plàtan o la maduixa. El vigor híbrid és molt cobejat pel seu gran valor en agricultura i en ramaderia, on s'aplica al ramat i a les aus de corral. Com menor sigui el parentesc entre línies o races, o més allunyades per origen estiguin, més gran serà el vigor híbrid i, per tant, millors qualitats mostrarà.

Grans de pol·len.

En agricultura, les plantes resultants tenen més grandària, són més homogènies, més resistents o donen millor rendiment. Una de les grans revolucions en l'agricultura del segle XX va ser la introducció en el mercat de les llavors híbrides F1 (l'F1 ve de «filial de primera generació», o sigui, la primera descendència). Aquestes llavors són les que donaran plantes que manifestin vigor híbrid. Vers el 1930, els productors de blat de moro estatunidencs van començar a renunciar a les seves pròpies llavors i a comprar les que els oferien les empreses especialitzades. Es tractava de llavors híbrides F1, les quals van causar un espectacular increment del rendiment del blat de moro a Estats Units a la segona meitat del segle XX, que es va multiplicar per sis. Atès que els individus d'aquesta F1 tindran millors qualitats que els seus pares, els agricultors compren cada any aquesta llavor híbrida en lloc d'emprar les obtingudes a les seves pròpies collites. Ningú els obliga, ho fan perquè coneixen els resultats. Avui en dia, pràcticament totes les llavors dels cultius que es comercialitzen són híbrides.

Tornant a l'altra aplicació de les línies androestèrils, si es vol produir llavors hibrides F1, és fonamental desenvolupar i mantenir les línies pures que faran de progenitors, una de les quals és el parental masculí (pol·linitzant) i l'altra, el parental femení (pol·linitzada). La clau és que l'encreuament sigui en el sentit desitjat. Per tant, a fi d'evitar que hi hagi pol·linització creuada, l'ideal és que la línia que s'utilitza com a parental femení sigui androestèril, perquè així ens assegurem que ni s'autopol·linitza ni pol·linitzarà el parental masculí. L'encreuament seria efectiu i en el sentit correcte. D'altra banda, un cop obtinguts els híbrids, hem d'evitar l'autofecundació (recorda que han de venir sempre dels parentals «superiors»), i aquesta característica és la part més costosa del procés d'obtenció d'aquestes llavors. Tradicionalment, es fa traient les anteres una a una, procés que és coneix com a «emasculació». En el cas del blat de moro, és fàcil perquè té flors masculines i femenines separades, i només s'hauria d'arrencar la masculina, que és un plomall superior, però et pots imaginar el que és anar emascu-lant en altres plantes on les flors tenen dos sexes i haver de pol·linitzar-les a mà... Els androestèrils són la solució.

Pel que fa a les bondats del pol·len, si ja tens una certa edat, segurament recordaràs l'oncle Cirilo, que va crear el Ciripolen pels volts dels 90: una beguda que afavoreix el vigor sexual feta a base de pol·len. Aquesta beguda va patrocinar el Rayo Vallecano durant una temporada i es va repartir a les presons de mitja Espanya per tenir contents els presos. És cert que el pol·len és un pol·linitzador sexual? La composició nutricional del pol·len depèn de l'espècie. Té proteïnes, grei-xos, hidrats de carboni (la majoria sucres), però també mine-rals, vitamines, micronutrients... És tan saludable perquè es justifiqui un aportament de 35 g de sucres? Doncs, si hem de ser sincers, l'FDA (l'Agència de Medicaments i Alimentació estatunidenca) no ha trobat efectes perjudicials, tret que siguis al·lèrgic al pol·len o a les abelles, però tampoc tenim cap evidència científica d'efectes beneficiosos. És cert que la seva composició és rica i nutritiva, però, donat que se'n con-sumeix poca quantitat, l'efecte és molt limitat i res que no es pugui obtenir amb una dieta saludable.

El pol·len forma part d'altres productes que també són aprofitats com a aliments o suplements nutricionals. El prò-poli és una mena de resina fabricada per les abelles mel·lífe-res (*Apis mellifera*) amb la seva saliva a partir de cera d'abe-lles, exsudat de sàvia d'arbres, olis i pol·len. Tot i que durant segles s'ha pensat que la funció del pròpoli era segellar els ruscos per protegir-los de la pluja, la temperatura o el vent, s'ha comprovat que, en realitat, la seva funció és la de refor-çar-ne l'estabilitat estructural, reduir les vibracions, segellar entrades alternatives i prevenir malalties i paràsits. El prò-poli s'utilitza per tractar la inflamació i les llagues dins la boca (mucositis oral), així com les cremades, i per comba-tre la diabetis, l'herpes labial, les aftes i altres dolències. No obstant això, l'evidència científica ha demostrat que única-ment podria ser eficaç per tractar la inflamació i les llagues a la boca. Quant a la resta, oblida't de moment, perquè no hi ha prou proves.

El floriment del sexe (II): femení

«I am obnoxious to each carping tongue / who says my hand a needle better fits. / A poet's pen all scorn I should thus wrong / for such despite they cast on female wits; / if what I do prove well, it won't advance, / they'll say it's stolen, or else, it was by chance». Anne Bradstreet (1612 –1672), escriptora i poeta estatunidenca.

La part femenina és més complexa. Tant és quan llegeixis això o en quin context. L'aparell reproductor femení de la flor no podia ser una excepció. Si el masculí era l'«androceu», el femení serà el «gineceu». Aquest vocable ve del grec γυναικειον (*gynaikeion*) derivat de γυνη (*gynē*) o γυναικος (*gynaikos*), que vol dir «dona». I el nom no deixa de ser metafòric, ja que a l'antiga Grècia el gineceu era la part de la casa on vivien les dones, i en una flor el gineceu és la part on es troben els gàmetes femenins. Les flors han servit com a inspiració a molts artistes. Si haig d'escollir-ne un, em quedo amb l'estatunidenca Georgia O'Keefe. Aquesta longeva senyora, considerada la mare de l'estil modernista estatunidenc, al llarg de la seva carrera va pintar cents de quadres de flors amb una estètica molt pròpia, ja que li agradava retratar-les de molt a prop, representant tots els trets de la seva anatomia.

Molts crítics d'art han volgut veure en aquestes representacions tan particulars una metàfora de la sexualitat femenina, donat que s'hi afegeix el fet que li agradava pintar completament nua, però ella ho va negar sempre i va dir que només eren flors i que les pintava perquè li agradaven, tot i que, mirant els seus quadres, és inevitable veure-hi referències a la sensualitat femenina. El 2014, un dels seus quadres florals, *Jimson Weed/White Flower No.1,* que representava una flor de *Datura stramonium,* va ser venut per 44,4 milions d'euros. Per cert, Georgia tenia estramoni al seu pati perquè ignorava la toxicitat d'aquesta planta. Diguin el que diguin, aquesta ha estat la flor més cara de la història. Ja sé que el quadre d'*Els gira-sols* de Van Gogh es va vendre per un preu superior, 74,5 milions d'euros, però en aquest quadre de Van Gogh hi apareixen 15 gira-sols, el que equival a 5 milions per flor. Per tant, la flor més cara és la que va pintar Georgia. Admirar els bells quadres de Georgia O'Keefe és una forma de conèixer com són les flors, sobretot la part femenina que representava amb gran luxe de detalls. Serveix per a veure les similituds amb l'aparell reproductor femení de l'*Homo Sapiens?* Això ja ho deixo a la imaginació de cadascú.

Igual que el calze està format per sèpals i la corol·la per pètals, el gineceu es compon de carpels que també són fulles modificades, encara que, en aquest cas, estan especialitzades en la formació i protecció dels gàmetes femenins. Agafa la flor del capítol anterior. Fixa't que, si li treus alguns pètals, a l'interior veuràs una estructura típica en forma d'ampolleta que s'anomena en realitat «pistil». Bàsicament, consta de tres parts: l'ovari, l'estil i l'estigma.

Seguint amb el símil de l'ampolla, l'estigma és la boca de l'ampolla. A més de rebre el pol·len, determinarà si és compatible i l'ajudarà a emetre el tub pol·línic que arribarà a l'ovari, a través del qual es transportaran els grans de pol·len. Com veus, la part femenina de la flor és molt selectiva i estableix la seva pròpia frontera a l'entrada, que determina qui pot entrar i qui no. Un «no és no» vegetal en tota regla. L'estil seria el coll de l'ampolla, allargat i variable, que pot oscil·lar entre els 0,5 mm i una mica més de 30 cm en algunes varietats de blat de moro.

Flor del taronger o tarongina on veiem l'estigma a la part central.

T'has fixat en els pèls grocs o taronges que acompanyen la panotxa de blat de moro a la planta? Aquestes barbes són els estils de totes les flors que formen la inflorescència femenina, és a dir, des del punt de vista botànic, una inflorescència no és una sola flor, sinó un conjunt de flors petites. En el cas del blat de moro, passa una cosa molt curiosa: cada gra ve d'una fecundació diferent, raó per la qual hi ha varietats que s'anomenen «variegades», perquè tenen grans de diferents colors. Estem acostumats a veure les varietats de blat de moro blanques o grogues, que, a més, al ser híbrides, són homogènies, però hi ha varietats de blats de moro blaves, vermelles o verdes. La meva favorita és Glass Gem, que va ser desenvolupada per Carl Barnes a Oklahoma, a partir d'encreuaments amb diversos blats de moro nadius. La particularitat d'aquest blat de moro és que cada gra sembla una perla de cristall amb un color diferent. És una autèntica meravella i representa la multitud de gineceus que trobem a una sola panotxa, ja que, si només hi hagués una fecundació i l'embrió es dividís després, tots els grans tindrien el mateix color. No deixis de cercar imatges d'aquest blat de moro.

Hi ha un cas semblant on tenim multitud d'inflorescències, amb la diferència que no cal que es fecundi, sinó que directament el que et menges és la pròpia flor. I com que és una flor que no té pètals ni estams, sinó que és un amuntegament de gineceus, el que t'estàs ficant a la boca és un bon grapat de genitals (vegetals) femenins. Això et passa cada vegada que menges coliflor o bròquil. Pensa-hi la propera vegada i veuràs com li trobes un puntet diferent.

Continuem amb la part femenina de la flor. A l'ampolla, l'ovari és la base gruixuda, la part més important de la reproducció sexual. És el lloc que acull els òvuls, des d'un fins a centenars, depenent de l'espècie, on té lloc la fecundació i on es desenvoluparà el nou embrió que formarà part de la llavor. Amb el pas de flor a fruit, l'òvul es transformarà en llavor. És fàcil confondre l'òvul amb el gàmeta femení, atès que s'anomenen igual quan parlem d'animals. Però quan parlem de plantes, de la mateixa manera que vam veure abans que el pol·len no era el gàmeta masculí, el gàmeta femení s'anomena «cèl·lula ou» i es desenvolupa dins de l'òvul. Això és degut al fet que les plantes no es mouen i estan exposades a la intempèrie. Nosaltres fecundem en la intimitat i les nostres cèl·lules germinals estan protegides pels nostres sistemes reproductors. En canvi, el pol·len ha d'anar d'un lloc a l'altre sense protecció, i en algunes plantes la part femenina també està exposada als elements, per la qual cosa li cal una estructura més complexa que protegeixi la cèl·lula germinal. Per tant, si mai t'ho pregunten, un gra de pol·len no és com l'espermatozou ni un òvul de plantes és com l'òvul. És una estructura més complexa. De fet, la protecció del gàmeta femení ha creat més d'un problema evolutiu.

Les coníferes són el grup més important de la subdivisió botànica, que són les gimnospermes, allò que, quan érem nens, estudiàvem com a «plantes sense flors», a fi de diferenciar-les de les angiospermes o «plantes amb flors».

Es van originar fa uns 350 milions d'anys i van dominar la Terra durant més de 200 milions d'anys fins que van aparèixer les primeres plantes amb flors i també alguns animals, com els dinosaures, els cocodrils i els taurons. Les plantes d'aquest grup pertanyen a uns 80 gèneres amb més de 800 espècies, i totes comparteixen aquests trets: tenen la llavor nua i no produeixen fruit, però sí flors... o una cosa semblant. Les flors de la majoria de les gimnospermes tenen els carpels oberts, lliures, no es diferencia l'estil ni l'estigma i tampoc no es forma una cavitat ovàrica. Els òvuls estaran exposats, nus. Saps quina és la «flor» del gènere *Pinus*? Una pinya, aquelles que esquivem quan passegem per una pineda. Seria una inflorescència anomenada «con femení» o «estròbil». Et sona haver vist unes boletes als xiprers? Doncs, ni flors «especials» ni fruits. Són pseudofruits procedents de les seves «flors masculines». De vegades, podem confondre els pseudofruits amb els fruits de veritat, els que tenen les angiospermes. Quin és el problema evolutiu? Com que tenen l'òvul molt exposat, es fa molt sensible, sobretot a la calor i a la dessecació, motiu pel qual totes les coníferes es desenvolupen en climes temperats o freds. Has vist mai pins o avets en una jungla tropical? Ni els veuràs pas. Amb l'objectiu de colonitzar les zones on feia més calor, les plantes van haver de desenvolupar flors amb una complexa estructura del gineceu, amb la qual cosa els òvuls quedaven més protegits amb l'estigma, l'estil i l'ovari. L'èxit evolutiu de les plantes i la conquesta de tots els hàbitats i tots els climes es degueren al desenvolupament d'una flor completa amb una part femenina molt complexa, i així van poder ocupar els climes on les gimnospermes ho tenien difícil o impossible. Una flor, amb una part femenina desenvolupada, es considera un dels èxits mes grans de l'evolució. Les dones som complexes perquè fem tasques essencials i complicades; al capdavall, som el súmmum de l'evolució.

I ja que parlem de coses complexes, la part femenina de la flor és d'allò que no hi ha. Per començar, n'hi ha una gran varietat i molts tipus diferents. És curiós mirar l'interior de les flors, ja que ens trobem dissenys molt diversos en funció de la seva fórmula floral. De vegades, hi haurà un únic carpel, però en altres casos n'hi haurà més d'un que es fondrà formant un únic pistil, com succeeix amb els gèneres *Tulipa*, *Passiflora* o *Solanum*. També hi ha casos intermedis en què el que es fon són els ovaris i els estils, i només queden lliures els estigmes. Si veus una flor d'hibisc, tan habitual als carrers, ho veuràs molt clar: té cinc estigmes globosos. Però també hi ha flors amb un únic pistil, amb dos o amb tres, de vegades formats per un únic carpel, o per uns quants, o amb pistils independents. Poden tenir diferents formes en funció de l'orientació de l'estil respecte l'ovari, i aquest pot ser apical (quan té forma de gerro), ginobàsic (típic de les lamiàcies, com el romaní) o lateral (típic de les rosàcies, com la maduixa), depenent de si surt de la base o del costat. Això es fa perquè sigui més selectiu amb el pol·len o per evitar l'autofecundació.

Podem seguir complicant el tema, col·locant l'ovari a diferent alçada respecte a la resta d'estructures de la flor. Cal treure'n l'entrellat perquè la posició de l'ovari serà rellevant en la formació del futur fruit. Per exemple, si l'ovari es troba a sobre del receptacle (ovari súper) originarà drupes, també conegudes com a fruites d'os, com ara l'albercoc, el mango, la cirera o l'oliva. Si l'ovari es troba per sota de tota la resta, serà un ovari ínfer i originarà fruits com les magranes o les pomes, o també pot estar en una posició intermèdia (ovari semiínfer). Es pot seguir complicant? Sí. Podem trobar ovaris diferents en funció del nombre de cavitats ovàriques o lòculs. Quan obris un tomàquet, mira on es troben les llavors. Les zones gelatinoses que ocupen són els lòculs del tomàquet. També podem classificar com es disposen les placentes i els òvuls segons el tipus d'ovari i el nombre de lòculs que tingui. Com veus, tot plegat és complex, així que no pensis que les dones som complicades. Si fóssim una flor, seria pitjor. Nosaltres, simplement, tenim responsabilitats elevades.

Secrecions naturals

«Lleument desvelats / per la teva mà que juga / amb pudors isuors / eixugant entre pètals de carn l'estigma / de la teva flor més nua, / mullant-ho tot, / mullant-ho tot, / volant per universos de licor». «Mullant-ho tot», de Luis Eduardo Aute (1943–2020), músic, poeta, pintor i escultor espanyol.

La gelea reial és produïda per les abelles mel·líferes per tal d'alimentar totes les larves. El pol·len en forma part i alimenta les larves de les obreres. La larva reina s'alimentarà d'una gelea reial pura, sense pol·len. A més, la reina només prendrà això durant tota la seva vida. La seva composició és rica i abundant: 60 % d'aigua, sucres (abundants), proteïnes, lípids i cendra. Conté vitamines (cap de liposoluble), aminoàcids, minerals i compostos antibacterians. No és gens estrany que, amb aquesta composició, es pensi que pugui tenir algun benefici nutricional o terapèutic. És possible, però, de moment, res demostrat almenys per a nosaltres.

Més de 30.000 apicultors s'encarreguen de recollir 31.000 tones l'any d'un producte molt conegut (dels 2,8 milions de ruscs que hi ha a Espanya). Es tracta de la mel, produïda per les abelles a partir del nèctar de les flors. L'ús tòpic de la mel té una llarga història. De fet, és l'apòsit més antic que es coneix. La mel va ser utilitzada per l'antic metge grec Dioscòrides al segle I per tractar les cremades i les ferides infectades. Les propietats curatives de la mel s'esmenten a la Bíblia, l'Alcorà i la Torà. Durant mil·lennis, ha servit com a aliment, com a medicina i com a conservant. Tant és així que es considera possiblement eficaç contra les cremades, la tos, les llagues a la boca originades per quimio o radioteràpia i la cicatrització de les ferides, encara que, indiscutiblement, els seus usos terapèutics van molt més enllà. Però la mel té un problema: com és un producte que ve de les plantes, pot ser tòxica. Fins i tot mortal.

Segle IV a. de C. L'Expedició dels Deu Mil, comandada després de la mort del comandant Clearc per Xenofont, militar deixeble de Sòcrates, avançava cap a Pèrsia per ajudar el príncep Cir el Jove a aconseguir el tron contra el seu germà gran. Camí del mar Negre, l'exèrcit portava rondaires que cercaven menjar pel camí, els quals, per la seva alegria, van trobar nombrosos ruscs. Després de prendre la mel, van mostrar símptomes d'ebrietat i van caure estabornits a centenars, encara que es van recuperar als pocs dies. 350 anys després, els soldats de Mitrídates VI van col·locar ruscs al llarg del camí per on havien de passar les tropes enemigues i van aconseguir que els soldats, un cop van menjar la mel, caiguessin atordits, la qual cosa va ser aprofitada per degollar tres esquadrons.

Què havia passat? No era mel natural? La mel, coneguda com a «mel boja», que va intoxicar els soldats de Xenofont i els enemics de Mitrídates VI (a més d'altres casos similars a la història), estava feta a partir de flors de rododendres, en concret *Rhododendron ponticum*, una planta que es troba al sud d'Espanya, Portugal, mar Negre i altres indrets. Conté un grup de toxines que són les granayatoxines i, a més, conté etanol i altres substàncies que poden ser tòxiques. Curiosament, els abellots són immunes, però les abelles mel·líferes moren…, excepte les que viuen a les zones del rododendre, que han desenvolupat cert tipus d'immunitat al llarg de l'evolució. Hi ha altres plantes el nèctar de les quals també és tòxic, com ara l'estramoni, la belladona i l'el·lèbor. O bé pot tenir propietats narcòtiques, com succeeix amb la mel feta a partir de les roselles d'Afganistan.

La mel com a medicina natural està experimentant una època de renaixement. Això és el que ha passat especialment amb la mel de manuka, que s'ha posat de moda recentment. N'havies sentit a parlar? Com acostuma a passar amb alguns productes, prèviament alguna celebritat l'ha pres o se l'ha untat ves a saber on i ja hi som. Esgotada. I si hi afegeixes que és caríssima, amb més motiu. Que n'és de fàcil entabanar la gent! No és broma. En aquest cas, ha estat novament Gwyneth Paltrow qui l'ha promocionat. La mel de manuka és produïda per abelles de Nova Zelanda a partir del nèctar de l'arbust de manuka o arbre del te (*Leptospermum scoparium*). Algunes parts de la planta ja eren emprades pels maoris com a medicina, per guarir ferides o combatre dolors d'estómac. L'arribada dels antibiòtics efectius va fer que la mel es descartés per ser «inútil però inofensiva»; tanmateix, fins llavors, es va aprofitar la seva capacitat antimicrobiana. La seva popularitat rau en les propietats que se li atribueixen: immunològiques, antibacterianes, antioxidants, digestives i antiinflamatòries, entre d'altres.

El curiós és que ha estat classificada segons l'UMF (Factor Únic de Manuka, per les seves sigles en anglès). Veuràs, en aquesta mel hi ha diversos components que es consideren responsables de les seves propietats curatives, que són el metilglioxal (que hi aporta el poder antibacterià i és molt abundant, a diferència d'altres mels), el peròxid d'hidrogen (que, malgrat la seva escassa concentració, manté la seva activitat), la leptisperina (procedent del nèctar) i el DHA (un àcid gras omega 3). Doncs bé, com més gran sigui l'UMF de la mel de manuka, que està directament relacionat amb la quantitat de metilglioxal, millors seran les seves propietats i més cara serà. El valor de l'UMF oscil·la entre 0 i 26, acreditat pel laboratori Honey Research Unit, que pertany a la Universitat de Waikato (Nova Zelanda). Perquè sigui considerada una mel activa ¾amb un mínim de poder antibacterià¾ ha de contenir almenys un UMF 10+, que pot servir també per millorar el sistema immunitari i la vitalitat. Per sota de 10+, ni et molestis. L'UMF 15+ té un elevat factor antibacterià i l'UMF 20+ està catalogat com a grau mèdic. Serà veritat tot això o es tracta d'una altra enganyifa de màrqueting i postureig? PubMed ens dona gairebé 400 resultats amb mel de manuka. Fins ara, podem dir que l'evidència científica mostra que és efectiva en animals per guarir ferides, infeccions cutànies i cremades. En els estudis *in vitro* presenta activitat davant una munió d'espècies bacterianes, incloent-hi algunes de les més perilloses. Més enllà d'això, encara cal investigar. I ho estan fent.

Si a l'immortal obra de Marcel Proust *A la recerca del temps perdut* una magdalena era el que aguditzava la memòria de l'autor, a mi em passa amb una flor. Jo era una nena. Algú, no recordo qui, em va ensenyar com tirant d'un punt específic de la flor (llavors no sabia que s'anomenava «peduncle»), sortia un filament ocult amb una goteta a la superfície i, quan el llepaves, et feia sentir com un colibrí. Devia ser massa petita perquè tampoc recordo el nom de la flor, o tal vegada ni tan sols me'l van dir. Diria, anys després, que és la flor de nit, perquè sovint es pot trobar als jardins, atesa la seva facilitat per reproduir-se. Et confesso que reconèixer la flor al carrer m'ha fet sentir com una nena fent una entremaliadura, així que he tirat del fil i l'he llepat tancant els ulls. Era nèctar. Els insectes deuen sentir un petit plaer quan el succionen. Al capdavall, és la recompensa que ofereix la planta a qui contribueix disseminant el seu pol·len. És dolç perquè està més o menys concentrat en sucres, aminoàcids ions i substàncies aromàtiques. Però anem amb compte perquè també pot contenir alcaloides, com la cafeïna o la nicotina. La cafeïna no es detecta als insectes pol·linitzadors, per la qual cosa no els resulta desagradable, però els està generant una petita addicció, de manera que visiten més sovint les flors el nèctar de les quals té aquest alcaloide que les que no ho tenen.

A aquells que no els agradi la nicotina no es portaran el nèctar (però sí el seu pol·len), amb la qual cosa la mateixa quantitat de nèctar serveix per atreure més insectes, i això augmenta al seu torn les possibilitats de pol·linitzar-les. Una curiositat sorprenent és que el nèctar se sol produir en una zona molt íntima de la flor, tant que, per accedir-hi, els pol·linitzadors acaben fregant-s'hi fins al punt que no només se'n van plens de pol·len sinó que part d'aquest segurament fecundarà la mateixa flor.

És l'ingredient principal de la mel, a més de constituir l'aportació energètica més gran de colibrís, abelles, mosques, papallones i altres insectes pol·linitzadors.

Les plantes, les flors i els seus pol·linitzadors tenen una relació tan estreta que han evolucionat paral·lelament, donant lloc a estratègies fascinants. El fi que es persegueix és perpetuar l'espècie, o dit altrament, la pol·linització i la dispersió de les llavors, com veurem més endavant. Reconeixements específics, domini d'un sobre l'altre, supervivència, engany..., digne del millor *thriller*, tot plegat per transmetre els seus gens. Comença la peli.

Còpula vegetal, gairebé sempre

«De sobte encara em pren aquell vent o l'amor / i rodolem per terra entre abraços i besos». «Els amants», Llibre de meravelles, de V. A. Estellés (1924–1993), poeta i periodista espanyol.

Les plantes són capaces de reproduir-se sense sexe, mitjançant una reproducció asexual, on no intervenen les flors ni les cèl·lules sexuals ni hi ha cap fecundació. Hi participa només un progenitor, així que, com que no hi ha fusió de gàmetes, les noves plantes seran genèticament idèntiques a ell (si no es produeix cap mutació). Seran clons. A partir d'una cèl·lula, un teixit, un òrgan o una part de la planta mare, s'originen noves plantes degut a la capacitat que tenen les cèl·lules vegetals, a diferència de les animals, de poder generar un individu complet sota certes condicions de creixement, en un procés conegut com a «totipotència cel·lular». Una cèl·lula totipotent seria com un guió en blanc d'una pel·lícula, que pot ser un *thriller*, una comèdia, un drama o ciència-ficció. És una via ràpida de reproducció i de regeneració, la qual cosa és un avantatge. Tanmateix, evolutivament, si algunes plantes es reproduïssin només així estarien condemnades a l'extinció. Com que no hi hauria mescla de caràcters ni variabilitat genètica, no hi hauria capacitat d'adaptació, la qual cosa, ateses les condicions canviants del medi, seria una mala notícia. Els estolons són tiges que, al créixer arran de terra, arrelen espontàniament. És el cas de les maduixes. Si les tiges creixen sota el sòl i en sentit horitzontal i emeten arrels i brots, són rizomes (gingebre); si són fulles engrossides subterrànies són els bulbs (alls i cebes); i si parlem de tiges engrossides que també acumulen substàncies de reserva, són els tubercles com la patata o la xufa.

L'home ha desenvolupat els seus propis mètodes per multiplicar les plantes de forma artificial emprant les estaques, els esqueixos, els murgons o els empelts. Tret dels empelts, emprats sovint als fruiters, i els murgons, utilitzats a les vinyes, la resta de tècniques són de primer de jardineria. Si se't trenca una branca d'un test, pots ficar-la en aigua fins que doni arrels i després enterrar-la (esqueix), o enterrar-la directament si té gemmes (estaca). En qualsevol cas, això és com els *gremlins*; a partir d'un, pots obtenir molts més, només amb aigua i una mica de terra.

Lògicament, a través de la biotecnologia, hem trobat altres mètodes per reproduir les plantes d'una forma ràpida a partir de qualsevol part i mitjançant el cultiu *in vitro* amb un munt d'aplicacions.

Fulla de *Bryophyillum* amb brots. Algunes plantes creixen a partir de la fulla. Reproducció asexual en plantes.

Tot i així, podem trobar unes plantes amb una reproducció asexual però no vegetativa, com en els casos anteriors. Es reprodueixen mitjançant llavors, formades a partir dels teixits de l'òvul matern, en un procés conegut com a «apomixis», i donen individus també idèntics. Els avantatges són els mateixos, però la diferència és que les llavors, al dispersar-se, produiran plantes lluny de la seva mare (i dic «mare» apropiadament), i així eviten la competència lògica pels recursos que hi hauria si creixessin just al costat. Encara que s'ha descrit en més de 400 espècies, no s'ha observat en cap gimnospermes. Ho trobem, per exemple, a la dent de lleó, en alguns gèneres de gramínies, rosàcies (com ara les roses o les pomes) i en cítrics de forma natural.

Les plantes no es mouen, això ja ho saps. Per lligar ho tenen complicat. Aquí no hi ha transport públic, biblioteques, pubs ni aules on intercanviar una mirada còmplice amb el teu company sexual. Algú s'ha d'encarregar de facilitar la tasca i, d'alguna manera, cal cridar l'atenció dels pollinitzadors. Com si es tractés de les millors armes de seducció, els colors, les fragàncies i les formes són els mecanismes bàsics per facilitar la reproducció sexual entre plantes. Però no sempre ha estat així. Fa més de 250 milions d'anys, certs grups d'insectes van començar alimentant-se de sang, després de parts vegetatives de la planta i, finalment, van modificar la seva alimentació de les parts reproductives, com el pol·len, coincidint amb l'aparició de les angiospermes i les gimnospermes.

El vent també pot encarregar-se de transportar el pol·len, és el que es coneix com a «anemofília»; o bé l'aigua, el que anomenem «hidrofília». Fins i tot nosaltres mateixos, com ja hem vist, podem tenir adherit pol·len que transportarem a altres indrets. Però els principals responsables de dur a terme el procés són altres animals (zoofília): insectes pertanyents a l'ordre dels himenòpters (abelles, vespes i formigues), dípters (mosques i mosquits), lepidòpters (papallones i papallones nocturnes o arnes) i coleòpters (escarabats). A més, aus, mamífers i alguns rèptils són els pol·linitzadors més comuns a les regions tropicals. Però quan van començar a transportar el pol·len? És molt complicat estimar el moment exacte. A més, la ciència, que ens està donant respostes contínues a les mateixes preguntes (la ciència no ho sap tot, i el que sap, de vegades, pot canviar), ens acaba d'aportar informació nova. Crèiem que la pol·linització de plantes amb flors es remuntava a fa 48 milions d'anys, però no. Una investigació recent, del 2019, ha demostrat l'existència d'una nova espècie ja extinta, el que avui seria un escarabat anomenat *Angimordella burmitina*, conservat en ambre. La particularitat d'aquesta notícia és que aquest petit animaló contenia 62 grans de pol·len des de fa... 99 milions d'anys. Cretàcic. Aquest insecte s'estava posant a les flors i transportant el seu pol·len mentre el tiranosaure o el velociraptor voltaven per allà compartint escenari i trepitjant les mateixes flors. Un altre escarabat va demostrar que havia pol·linitzat gimnospermes fa 105 milions d'anys. Segurament, la pol·linització és prou anterior, encara que fins ara no hem pogut demostrar-ho, malgrat trobar pol·len a l'aparell digestiu d'insectes de fa més de 200 milions d'anys. Se'l van empassar, però el van transportar a altres flors?

La flor és la pedra angular sobre la qual gira tota la biologia reproductiva sexual de la planta, ja que, com hem vist, allotja els òrgans reproductors femenins i masculins, i és on tindrà lloc la formació de gàmetes i la fecundació. La majoria de les flors que trobem en un ram, un jardí o un hort són hermafrodites, la qual cosa significa que la mateixa flor tindrà aparell reproductor masculí i femení, com, per exemple, el tomàquet, la poma, el cafè, els cítrics, etc. Però hi ha flors que son unisexuals, és a dir, que tenen només un dels dos sexes. Quant a les plantes, n'hi ha d'hermafrodites (amb flors hermafrodites), monoiques i dioiques. Les monoiques tenen els sexes separats, però conviuen a la mateixa planta, és a dir, un únic peu té flors femenines i altres de masculines. El típic exemple és el blat de moro: a la part superior, té un plomall, que es la flor masculina, mentre que les panotxes són flors femenines. I les plantes dioiques són aquelles en què totes les flors de la mateixa planta són masculines o femenines. És el cas de la palmera de dàtils, el kiwi, la papaia i el cànnabis, on la planta femenina serveix per a obtenir el material recreatiu i la masculina, per a fer espardenyes.

Malgrat que els coneixements sobre la sexualitat de les plantes no van arribar fins al segle xvii i es van confirmar al xix, ja en temps dels babilonis es pol·linitzava manualment la palmera de dàtils, que és dioica. O sigui, eren conscients que calia alguna intervenció per reproduir-la. Haig d'aclarir que el fet que una planta tingui flors hermafrodites no significa que inevitablement s'autofecundi. Dependrà de si la planta és al·lògama, és a dir, que requereix fecundació creuada, o autògama, que s'autofecundarà. L'evolució ha aconseguit que, encara que les flors siguin hermafrodites i això permeti l'autofecundació, la planta s'autoimposi barreres de diferent naturalesa per impedir-ho. Per exemple, poden desenvolupar ambdós sexes separats en el temps o en l'espai o que el pol·len sigui autoincompatible. L'autofecundació de les plantes autògames, malgrat els seus inconvenients com a mètode reproductiu, donat que es perd biodiversitat al promoure l'endogàmia i al capdavall estaria condemnada al fracàs, és un procés preferent però no exclusiu. En un moment determinat, i malgrat el seu cost genètic, els pot interessar si no hi ha molts individus a la zona. L'avantatge és que el pol·len no ha de recórrer grans distàncies, no pateix inclemències atmosfèriques ni està sotmès al capritx del pol·linitzador; a més, així es garanteix la màxima eficiència en la reproducció. La malesa, en gran part invasora, i els cereals són plantes autògames. Les seves flors seran petites, amb poc pol·len, sense olor ni nèctar. No els calen. I malgrat el temps que fa que les coneixem, encara ens sorprenen.

Un estudi publicat a la revista *PNAS*, al maig de 2020, indicava que, fins i tot dins de la mateixa espècie o de la mateixa planta, les flors amb més pes tindran la part masculina més desenvolupada, mentre que les més lleugeres, probablement, seran les que desenvolupin les llavors. Això és així perquè si la flor té més desenvolupada la part masculina, els pètals es faran més grans per atreure millor els pol·linitzadors, mentre que, si la part femenina es desenvolupa més, els pètals seran petits, però els carpels s'enfortiran per protegir la part femenina. Així que, fixa't-hi, si veus una planta amb una flor bella i gran que cridi la teva atenció, compte quan la toquis, perquè et cobriràs de pol·len.

Ophrys minoa var. candica amb abella en flor.

Vegem ara un cas típic de planta al·lògama que requereix una petita ajuda. Una flor vistosa i aromàtica atrau l'atenció d'un insecte, s'hi posa, s'emporta una miqueta de nèctar i, voletejant per aquí i per allà, s'impregna de pol·len. Se'n va a una altra flor per seguir alimentant-se i el pol·len que deixa caure fecunda una altra flor. *Voilà*. Aquest esquema simple pot complicar-se i retorçar-se de forma astoradora. En qualsevol cas, el mecanisme funciona, és efectiu. La recompensa en forma de nèctar és la més habitual; en termes de màrqueting, diríem que és una estratègia de «fidelització del client». L'insecte tornarà. Hi ha altres recompenses més específiques per a alguns animals. Per exemple, alguns escarabats masteguen pètals o parts internes carnoses de la flor. Les plantes poden aportar materials per construir nius, servir de recer i descans o proporcionar un lloc per posar els ous. Però, de vegades, simplement no donen res.

El cas més espectacular és la forma en què les orquídies enganyen els seus pol·linitzadors. Tenen una relació especial amb el sexe que comença pel seu propi nom. El terme *orquis* significa «testicle» per la forma globular que té l'arrel de moltes d'aquestes flors. Són les reines del mimetisme físic i químic. Les formes de les flors d'aquestes plantes són les més estranyes, circumstància que fa que semblin micos, agrons, ànecs, ballarines i un sens fi d'aparences. La majoria generen nèctar o pol·len per gratificar insectes i ocells, però en el cas d'un terç de les orquídies (hi ha entre 22.000 i 26.000 espècies), aquesta estratègia és un frau. Seria allò de «Qui més promet? El carall quan està dret. I quan torna a estar pla, ben poca cosa et vol donar». Que n'arriba a ser de savi el refranyer popular.

Les plantes del gènere *Ophrys* no ofereixen nèctar ni pol·len. Prometen sexe i després res de res. *Ophrys* recorre a la disfressa. El label, un pètal modificat de les orquídies que és d'una mida més gran que la resta dels pètals, vist des de dalt adopta la forma d'una abella femella fins i tot amb petits pèls, amb la qual cosa simula el seu abdomen. A més, és iridescent quan li dona la llum, com les ales de l'abella, i és capaç de segregar feromones que imiten les de l'abella femella per tal de transmetre el missatge químic d'atracció sexual al mascle. Quan aquest arriba, s'hi posa a sobre i es mou com si estigués copulant, de manera que el pol·len cau estratègicament sobre el mascle i se l'emporta a una altra flor. Emmurriat però carregadet de pol·len. Durant una estona, no ho tornarà a intentar. Ho farà quan se li passi l'empipada, així que segurament serà en una altra planta més allunyada i lleugerament diferent a l'anterior (la qual cosa convencerà l'insecte que no li tornarà a passar el mateix). I així facilitarà la diversitat genètica. Error. Li tornarà a passar. Sens dubte, l'estratègia que segueixen les orquídies ha estat un factor clau en l'èxit de la seva existència.

Quan pensem en olors agradables de flors, ens ve al cap la fragància de les roses, les gardènies, el gessamí, la tarongina... Tanmateix, hi ha altres flors que empren una aroma similar a podrit o a descompost per atreure els pol·linitzadors. En són exemples les orquídies del gènere *Dracula* (el seu nom ve de la forma de drac que adopten), però hi ha exemples més sorprenents.

Aquest tipus de flors no utilitzen la promesa del nèctar i el pol·len, sinó d'un cadàver on depositar els seu ous o alimentar-se. És el cas del gènere *Rafflesia*, que ja hem vist com exemple de planta paràsita amb la flor més gran coneguda, o d'*Amorphophallus titanum*, també anomenada flor cadàver. És una planta meravellosa, típica dels contes de fades, que pot superar els 3 m d'alçària. Per cert, hi ha gent que pensa que la flor cadàver és la més gran. De fet, el seu aspecte és el d'una flor gegant! Podria ser-ho, però no seria totalment correcte. El que sembla una flor realment no ho és. Aquella barra de pa gegant s'anomena «espàdix» i és un tipus d'inflorescència. Les flors no són visibles, perquè es troben a la part baixa de l'espàdix i es reparteixen en centenars i milers per cada inflorescència, a sobre les masculines i a sota les femenines. L'espàdix pot arribar a pesar 75 kg i té una textura i color semblant a un tros de carn. Saps quina és la seva estratègia addicional? La seva floració només dura dos dies, però les flors femenines i masculines floreixen de forma separada. Primer s'obren les flors femenines a fi d'evitar l'autopol·linització i, un dia després, ho faran les flors masculines. Escarabats i mosques transportaran el pol·len d'una planta a l'altra. El més increïble és que la planta augmenta la temperatura fins als 37 °C, coincidint amb l'obertura de les flors femenines, a fi de dispersar millor l'olor, detectat en un radi de 4 km^2, i atraure els insectes que, amb sort, hagin estat a una altra planta i puguin dipositar-hi el pol·len. Hi ha plantes d'aquest tipus que només floreixen un cop a la vida, la qual cosa fa que sigui un esdeveniment únic que reuneix gran quantitat de curiosos.

De vegades, un organisme aliè s'apodera de la planta i l'utilitza pel seu propi benefici. Aquesta és l'estratègia seguida per alguns fongs paràsits, com ara *Uromyces pisi* o *Puccinia monoica*. *Puccinia* és un fong causant del rovell, una greu malaltia dels cereals. Durant el seu cicle de vida, parasita una planta de la família de les brassicàcies, com la col, l'arabidopsis, el rave, el bròquil... i també una herba. Les hifes del fong s'alimentaran dels nutrients de la planta penetrant en la tija, però, a l'hora de reproduir-se, anul·len completament la planta i se n'apoderen. Impedeixen que formi flors i, en lloc d'això, generen pseudoflors, idèntiques quant a mida, forma i color «groc» a les que hauria de tenir la planta, i no només amb llum visible, sinó amb ultraviolada (les abelles i molts insectes pol·linitzadors veuen en aquest rang). A més, el fong produeix una feromona que imita l'olor atraient per als insectes. Però encara n'hi ha més. *Puccinia* obliga la planta a produir una substància dolça i enganxosa similar al nèctar. D'aquesta forma, els insectes no s'emportaran el pol·len, però si les espores del fong, fet que facilitarà la seva reproducció.

Tot i que les plantes i els insectes ja han arribat a un punt evolutiu estable en la estratègia coevolutiva que segueixen, existeixen alguns insectes que perforen les flors per robar el nèctar sense pol·linitzar-les i altres que segueixen consumint el pol·len de les flors, amb la qual cosa contribueixen poc o res al procés de pol·linització.

Amorphophallus titanum o flor cadàver.

A les costes del Brasil hi viu una planta estranya. S'anomena *Scybalium fungiforme* i és paràsita de les arrels d'altres plantes. *S. fungiforme* ha fet anar de corcoll els investigadors perquè no aconseguien endevinar quins pol·linitzadors tindria. Només és visible quan brota del sòl, i es tracta de flors sangonoses amb unes escates que protegeixen el seu nèctar. Quin tipus d'insecte té la força necessària per apartar les escates? No poden ser abelles, mosques ni tan sols un ocell. Recentment, les càmeres de visió nocturna han portat molta llum sobre la qüestió i se n'ha tret l'entrellat: les sarigues. No són els únics mamífers pol·linitzadors. També trobem rosegadors, girafes i alguns primats i marsupials, com ara el petit *Tarsipes rostratus* australià, similar a la musaranya, que fonamentalment s'alimenta de pol·len i nèctar de *Banksia*. Sovint s'observen adaptacions sorprenents de les flors al dirigir-les al seu pol·linitzador i això succeeix amb un dels mamífers pol·linitzadors més importants: els ratpenats. Les flors pol·linitzades per papallones diürnes, com la planta del tabac, són erectes, amb poca olor, de colors vius (taronja, blau, morat, vermell), tubuloses (adaptades a l'aparell bucal succionador de les papallones), amb el nèctar molt abundant, de sabor suau i agradable i molt amagat al fons. En canvi, les flors pol·linitzades pels ratpenats són grans, robustes, pendulars, còncaves, de colors poc o gens cridaners, amb gran quantitat de nèctar i pol·len i molt fragants, que recorda l'olor de fruita o matèria fermentada i acostumen a ser flors solitàries. En són exemples típics els baobabs, el gènere *Agave* o els cactus. La llengua d'aquests ratpenats pot mesurar gairebé tant com el seu propi cos. A tall de curiositat, la flor de la passió (*Passiflora mucronata*) és pol·linitzada pel ratpenat de llengua llarga de Pallas (*Glossofaga soricina*), el metabolisme del qual és el més ràpid mai registrat en un mamífer, similar al colibrí, i obté el 80 % de la seva energia dels sucres del nèctar del qual s'alimenta.

A aquestes alçades, no tindràs cap mena de dubte de la importància de la pol·linització per a la posterior fecundació i desenvolupament d'una nova planta... i per tant per a la seva supervivència. Són processos que no tindrien lloc si els seu òrgans sexuals i tubs de nèctar no estiguessin perfectament alineats; en tal cas, no hi hauria pol·linització. De la mateix manera que els animals poden patir percaços, les plantes poden experimentar accidents mecànics, com ser trepitjades o que els caigui una branca a sobre i danyi les flors. En ocasions, aquests danys poden malmetre la seva capacitat d'atreure els pol·linitzadors i, per conseqüent, de reproduir-se. Sorprenentment, algunes flors són capaces de solucionar aquest problema. Les flors simètriques bilateralment (els costats esquerre i dret es reflecteixen entre si), com l'orquídia, gairebé sempre poden restaurar la seva orientació correcta movent les tiges de les flors individuals o bé la tija que suporta un grup de flors. En canvi, les flors radialment simètriques, com ara la petúnia o la rosa, no tenen aquesta capacitat. Això és un exemple més de l'evolució i de la capacitat d'adaptació als canvis del seu entorn. Al capdavall, els hi va la vida.

Amor, aviat tindrem un fruit

«*Se li unflen els peus / El quart mes / li pesa al ventre / a aquella noia en flor / que l'amor va rondar / regalant sement*». «*De part*», *de J. M. Serrat (1943), cantautor, compositor, actor, escriptor, poeta i músic espanyol.*

El pol·len ja està al seu lloc. El vector o vectors encarregats del seu transport han complit la seva missió i l'han dipositat a l'estigma. El següent pas serà començar la germinació i el desenvolupament d'un tub pol·línic fins a arribar al sac embrionari, on s'allotja el gàmeta femení. Un cop allà, serà fecundat pel gàmeta masculí.

Tots aquests processos poden succeir un rere l'altre en poc més de 15 minuts, com és el cas de la dent de lleó russa (*Taraxacum kok-saghyz*) o bé de *Quercus*, que requereix gairebé 14 mesos per a fer el mateix. Normalment, entre la pol·linització i la fecundació passen entre 12 i 24 hores, però, ja veus, algunes s'hi recreen. Això sí que és entretenir-se en els preliminars.

Comença el desenvolupament d'un nou ésser.

S'han confirmat les sospites i, fruit de la fecundació, això és el que obtindrem, un fruit. Deu-n'hi-do quin moment! D'ara endavant, l'òvul creixerà i es transformarà en una llavor, el que en el nostre cas seria un bebè, mentre que l'ovari transformat i madur de la flor (l'entorn on es desenvolupa la llavor) serà un fruit, i per a nosaltres, el ventre de l'embarassada. La formació del fruit és un fet tan comú que, juntament amb les flors, suposa un altre èxit evolutiu de les angiospermes.

Arbre de jaca ben carregat de fruits.

Digues-me com ho vols perquè tinc de tot. Són enormement variables quant a mida, forma, color i textura. Alguns tot just mesuraran 1 mm, com els d'algunes gramínies o dels aquenis de la maduixa (ara t'explicaré això), mentre que altres seran grans i pesats, fins a uns quants quilos, com carbasses, melons o síndries. Però n'hi ha de més grans. Una fruita de força importància a Bangladesh, Sri Lanka i Indonèsia és una «fruita amb el sabor de totes les fruites», com es coneix a Llatinoamèrica, perquè, encara que la seva polpa (lleugerament àcida i profundament dolça) recorda el mango i la taronja, té altres sabors semblants al plàtan, la poma, la guanàbana, la papaia i la pinya. Es tracta de la jaca

322

(*jackfruit* en anglès), produïda per l'arbre de jaca, *Artocarpus heterophyllus*. El seu fruit, considerat exòtic i tropical, pot arribar a pesar 50 kg! També és molt ric en calci i vitamines A i C. Per cert, si has tingut mai l'oportunitat de viatjar a zones tropicals i tastar les seves fruites, enhorabona! T'hauràs adonat de la increïble varietat de textures i formes dels fruits que s'hi poden trobar: el tamarinde té forma d'estrella; la pitaia és curiosa per fora i per dins, tant que a Vietnam l'anomenen «menjar de drac»; la llima Kaffir, rugosa; el litxi, amb una superfície plena de «pinxos»; el rambutan, cobert de «pèls»; el lulo, com una taronja per fora i un tomàquet per dins; o el maracujà, amb una textura tan gelatinosa que sembla que t'estiguis menjant un cervell cru (o com a mínim a mi m'ho sembla).

Estudiar des del punt de vista botànic l'anatomia del fruit i els tipus de fruits que hi ha probablement no et resulti interessant, encara que hi ha una ciència que s'hi dedica, la pomologia, el nom de la qual ve de Pomona, la deessa romana de la fruita. Però el que sí t'explicaré és alguna curiositat dels fruits.

La major part de la teva vida has pensat que les maduixes són fruits carnosos, oi? I si et dic que la maduixa és un tipus de fruit sec? Concretament, és un fruit sec indehiscent (no s'obre al madurar). Veuràs, cada fruit de la maduixa és el que fins ara pensaves que era la llavor, cada puntet. I dins de cada puntet, hi ha la llavor de veritat. La maduixa és el que es coneix com a «fruit tipus poliaqueni», on la maduixa com a tal és un receptacle carnós i sucós de la inflorescència sobre el qual es disposa cada flor, que es transformarà en un fruit; és a dir, en un puntet de la maduixa. Un altre aqueni seria cadascuna de les pipes d'un gira-sol. La pipa és el fruit (sec, aquí està més clar) i el que hi ha al seu interior és la llavor. Bé, ara pensa en les gramínies, com ara l'arròs, el blat, la civada o l'avena. Pensa en el blat de moro, en la panotxa. Cada gra de blat de moro és un fruit, i és un fruit sec indehiscent. La closca és el salvat i l'interior és el germen, on hi ha la llavor i, per tant, l'embrió. Ara passem a les llegums, que les reconeixeràs perquè saps que tenen beines allargades, com els pèsols, la soja, les faves o les llenties. Cadascuna d'aquestes beines és un fruit. El que hi ha al seu interior són les llavors. Els cacauets també són llegums, però com que creixen sota terra estan protegides per una beina més dura. Totes les llegums són un tipus de fruit sec (dehiscent, que significa que, al madurar, s'obre per alliberar les llavors).

Possiblement, pensaves que el coco és un fruit. Doncs no ho és pas. El coco que ens mengem és la llavor. Quan el compres al súper, ve separat de la resta del fruit, però aquest, encara que té la mateixa forma del coco, és molt més gran. El veurem per dins comparant-ho amb altres fruits. Serà divertit, com un «viatge a l'interior de la terra», de fora cap endins. La closca externa del fruit és dura i s'anomena «epicarpi» o «exocarpi». En el cas de la pruna, seria la pell i, en el de la taronja, també. Tot seguit, entre la closca i el coco hi ha una zona blanca molt fibrosa i seca que s'anomena «mesocarpi». En el cas de la pruna, és tot el que es menja (per això és un fruit carnós) i, en el de la taronja, és la capa blanquinosa que hi ha a sota la pell (també s'anomena «albedo» i és prou nutritiva, encara que ens faci angúnia menjar-la). Finalment, trobem l'endocarpi. Al coco, és la closca; a la pruna, és l'ós (dins del qual hi ha la llavor); i a la taronja, són els grillons. Per cert, des del punt de vista botànic, el tomàquet és un fruit, com ho és el pebrot, l'albergínia, el cogombre, la beina de pèsols o la càpsula d'una rosella. Et dic que el tomàquet és un fruit i et quedes com si res? Des del punt de vista botànic, sí, el tomàquet es considera un fruit, ja que deriva de la flor i conté les llavors. L'OMS ho considera així. El diccionari de la RAE també, ja que el defineix com «[...] fruit de la tomaquera». Tanmateix, avui dia, a peu de carrer, entre la gent del sector agroalimentari i als fogons de les cuines dels grans xefs, així com en alguns organismes com l'Oficina Europea d'Estadística (Eurostat), es considera una verdura. El debat de si el tomàquet és un fruit o una verdura ve de lluny. Concretament, d'Estats Units al segle XIX: el cas «Nix vs. Hedden». El 1883, i després de la Guerra de Secessió estatunidenca, el Congrés va imposar un impost del 10 % a les hortalisses importades (fresques o en conserva), però no a les fruites (verdes, madures o seques). La família Nix, amb la seva empresa John Nix and Company, era una de les principals importadores, el producte estrella de la qual era el tomàquet. Atenent al fet que classificar el tomàquet a la categoria d'«hortalisses importades» plantejava un dubte seriós, va emprendre accions legals contra el recaptador del port de Nova York, Edward L. Hedden, perquè es considerés el tomàquet una fruita i evitar així el pagament dels aranzels. Les úniques proves aportades durant el judici van ser definicions sobre fruites i verdures extretes de diferents diccionaris, que després es van aclarar amb l'opinió de dos testimonis amb 30 anys d'experiència en el comerç d'aquests aliments. La part demandant deia que el tomàquet era una fruita, excepte pel fet que tenia llavors, mentre que els advocats de l'Estat argumentaven que el pèsol, l'albergínia, el cogombre i altres contenen llavors i són considerats vegetals. Aleshores, qui tenia la raó? Finalment, el 1893, la Cort Suprema d'Estats Units va decidir el següent:

> En termes de botànica, el tomàquet és un fruit, igual que ho són cogombres, carbasses, mongetes i pèsols; però en el coneixement comú de la gent, tot són verdures, que es cultiven en horts i se serveixen generalment en el sopar, amb o després de la sopa, el peix o les carns [...] i no com a fruites generalment per postres.

Així que, ja ho saps, el tomàquet, encara que qualsevol botànic et digui (o a mi se m'escapi) que és un fruit, és una verdura, per llei.

La classificació dels fruits és extensa i complexa, però, a grans trets i sense entrar en detall, hi ha fruits simples, que són els que venen d'una sola flor amb un únic ovari (de dos tipus: carnosos i secs); fruits agregats, que provenen d'una sola flor amb diferents ovaris que maduren a la vegada (com la maduixa, el maduixot o la xirimoia); i fruits múltiples, en els quals totes les flors d'una inflorescència participen en el desenvolupament d'una estructura que sembla un únic fruit però que en realitat són molts (com la figa, la mora o la pinya). Per cert, quan vegis una pinya, pensa que cada trosset que es diferencia a la seva paret ve d'una flor. T'estàs menjant moltíssimes flors que, quan maduren, engreixen, no deixen espai i acaben fusionant-se per a formar una pinya.

Seguint amb els fruits, igual que fan les llavors, es disseminen emprant diferents vectors. Atenent al tipus de fruit i de llavor(s) que té, gairebé podríem endevinar la forma de dispersió. Els fruits de les plantes angiospermes més evolucionades s'han especialitzat adaptant-se a la millor estratègia per disseminar les llavors. Tot i que utilitzen l'aire (anemocòria), especialment les gimnospermes, o l'aigua (hidrocòria), la via de dispersió principal serà mitjançant els animals (zoocòria). Si el fruit es ben carnós, dolç i sucós (com el kiwi, el raïm, la papaia o el caqui), o carnós però amb os central, també anomenats «fruits d'os» (com l'albercoc, la cirera, el préssec, la pruna o el mango), l'estratègia serà cridar l'atenció dels animals perquè se'ls mengin. A tu t'agraden els fruits carnosos; de fet, la majoria de fruites que acostumes a prendre com a postres quan menges fruita en formen part. Doncs a ells també. Seran fruits de colors vistosos, preferentment vermells. Encara que també hi ha fruits secs que seran dispersats per animals, com els esquirols que transporten glans o avellanes a la boca fins a les seves lligueres. És per això que la paret d'aquests fruits és prou dura per resistir l'exposició a la saliva durant el transport.

Si Newton m'estigués llegint (i si hagués sigut veritat), diria: «Ei, Rosa! Que t'oblides de la gravetat». Doncs, és veritat. Els fruits rodons, pesats i grans cauen directament de l'arbre al terra. Això, que es coneix com a «barocòria», és una altra forma de dispersió, aprofitada per la gravetat i complementada amb l'aigua o els animals en ocasions, perquè, en d'altres, roden lluny de la planta mare. Com més gran i alt sigui l'arbre, més lluny arribarà. Com els passa, per exemple, als cocos.

Amb l'alvocat (*Persea americana*), va succeir quelcom insòlit. El fet que podem menjar guacamole o afegir-lo a l'amanida és una cosa extraordinària i ho devem als agricultors asteques de fa milers d'anys. Si no hagués estat per ells, aquest fruit s'hauria extingit el mateix dia en què va morir el darrer animal «gola profunda», capaç d'empassar-se la seva llavor sense ofegar-se, fa 13.000 anys. Sembla ser que fa milions d'anys, al Cenozoic, unes criatures immenses, similars a elefants, mamuts, cavalls enormes i altres herbívors, eren les que s'encarregaven de menjar-se els alvocats i disseminar les llavors amb els seus fems. Per això, el fruit, la polpa del qual és molt nutritiva i tendra, actua com a esquer. Probablement, el principal escampador d'aquest fruit fos el peresós gegant, que es va extingir fa molt de temps, però aleshores com va sobreviure l'alvocat? Connie Barlow, al seu llibre *The ghosts of evolution* («Els fantasmes de l'evolució»), explica aquest fet com un anacronisme evolutiu, la qual cosa també va succeir amb altres fruits, com la papaia. És a dir, que mentre que aquest mamífers gegantins fa milers d'anys que ja no existeixen, els alvocats sí. La seva llavor pràcticament no ha canviat de mida, malgrat sigui evident que en l'actualitat la mida no li aporta cap avantatge. Van ser els asteques de Mesoamèrica els que el van domesticar i, gràcies a ells, s'anomena «alvocat», paraula que prové del nàhuatl *ahucatl*, que significa «testicle», un possible motiu pel qual el consideraven símbol de fertilitat. El que és evident és que potser el consum humà sigui l'única raó que explica que encara no s'hagi extingit.

El fet que molts fruits constitueixin una part fonamental de la nostra alimentació fa que esdevinguin objecte de manipulació biotecnològica. Es persegueix un volum més gran, més temps de vida útil i, sobretot, millors propietats nutricionals i organolèptiques. Però una de les aplicacions que més ens ha interessat com a consumidors ha estat poder disposar de fruits sense llavors. Per comoditat o seguretat, preferim no haver d'anar separant la polpa de les llavors amb les interrupcions que això comporta. Pel que fa als cítrics, això és tan important que una partida de taronges pol·linitzades i, per tant, amb grans o llavors, pot arruïnar els agricultors, ja que no es podrà comercialitzar igual. Per tant, disposem de tècniques per evitar-ho en el cas de les taronges, les mandarines, el raïm, les síndries i els plàtans.

Podem trobar fruits que s'han format sense pol·linització ni fecundació prèvia en un procés conegut com a «partenocàrpia». Com que no hi ha fecundació, tampoc no hi ha embrió ni, per tant, llavor. És el cas, per exemple, del cogombre d'amanida o del plàtan comestible de forma natural. Podem induir la partenocàrpia de diferents formes, per exemple, afegint hormones o jugant amb la temperatura (més baixa amb pebrots i més alta amb tomàquets). Una altra forma d'induir-la és produint androesterilitat, com en el cas de les taronges Navel (les reconeixeràs perquè tenen «melic» en un extrem).

Una variant de la partenocàrpia contempla que en altres fruits sense llavors pugui produir-se pol·linització i fecundació. El que succeeix és que l'embrió avorta en estadis molt primerencs i és imperceptible en el fruit. És el cas del raïm o la síndria on podem trobar llavors blanquinoses, petites i toves. El cas dels plàtans és ben curiós. Els plàtans son fruits triploides, o sigui que tenen tres jocs de cromosomes, fet que provoca que el repartiment cromosòmic sigui desigual i doni lloc a gàmetes inviables, la qual cosa al seu torn origina individus estèrils. O sigui, sense llavors. Per exemple, si creuem un individu diploide amb dos jocs de cromosomes com nosaltres (2x) amb un altre de tetraploide (4x), els gàmetes del primer seran haploides (x) i els del segon seran diploides (2x), per la qual cosa l'individu resultant serà 3x, i el seu pol·len, estèril.

El plàtans que ens mengem avui dia, *Musa* × *paradisiaca*, són una varietat hibrida triploide entre *Musa acuminata* i *Musa balbisiana*. La reminiscència de les seves llavors que fa milers d'anys ocupaven gran part de la seva polpa són avui uns puntets negres que té al seu interior. Com que és estèril, no es pot reproduir per llavors, i l'única forma serà a través de trossos de parts de la planta, per la qual cosa tots els seus individus són iguals, clons. Això és el que ha passat des del 1950 amb la varietat Gros Michel. Als anys 50, la malaltia de Panamà, causada per un fong, va obligar els agricultors a adoptar una nova varietat, la Cavendish triploide i estèril que mengem avui en dia. La generació de varietats triploides és un mètode emprat també amb les síndries perquè podem gaudir d'un potent sabor dolç. Ara sí, sense llavors i sense interrupcions.

Els nens marxen de casa

«I va marxar. I va anomenar el seu vaixell Llibertat».
«Un veler anomenat Llibertat», de J. L. Perales (1945),
cantautor, compositor, escriptor i productor espanyol.

La llavor, com hem vist, és l'òvul transformat i madur després de la fecundació. És el bebè vegetal, el que permet la continuïtat de la vida de les plantes gimnospermes (on està nua i no dins d'un fruit) i angiospermes (on es troba protegida dins dels fruits).

El fet que les plantes no es desplacin no és més que una altra complicació a l'hora de propagar-se, colonitzar nous hàbitats i perpetuar-se, de manera que no tenen més remei que garantir la dispersió de les llavors. Com? Doncs n'hi ha que produeixen moltes i petites, encara que n'hi ha algunes que en produeixen poques però molt grans, mentre que d'altres tenen cobertes molt resistents que es van estovant amb les pluges per germinar, etc. És tan important que arribi al lloc idoni per germinar com que arribi en bon estat. I per això haurà de tenir prou aliment per nodrir i protegir l'embrió fins que aquest germini. Ha de retardar la germinació si cal i aportar-li nutrients no només fins que pugui germinar, sinó fins que desenvolupi arrels i fulles verdes i pugui valer-se per si mateix. Qui va dir que ser planta fos fàcil? I ser mare? Menys!

A nosaltres també ens interessa que tot aquest procés vagi bé. Ens alimentem de moltes llavors que formen part essencial de la nostra dieta: arròs, llegums, cereals, fruits secs, etc. Les processem per obtenir pa, pasta, coquetes de blat de moro, de blat o d'arròs, espècies com la mostassa i el sèsam, el cafè, la cervesa, la xocolata i els olis (de gira-sol, colza, oliva, blat de moro, cotó, coco, cacauet). Són font de medicaments, matèries primeres de la indústria tèxtil (fibres de cotó, que creixen al voltant de les llavors), química (oli de jojoba industrial), energètica (biocombustibles), etc.

Si hi havia fruits de tots colors, mides, formes i textures, de llavors ja ni t'explico. Les trobarem ridículament petites, com les de la rosella i les orquídies. Per cert, parlant de l'orquídia, aquesta flor pot produir fins a 4 milions de llavors (bàsicament polsina), però com que són tan petites, gairebé no tenen material de reserva. Aquest és un dels motius pels quals havien de créixer associades a un fong micorrízic, que els aportarà els nutrients que requereixen. La llavor més gran del regne vegetal és el coco, però no el que mengem habitualment, sinó un coco conegut vulgarment com a «cul de negra» per la seva forma i color, que pot pesar fins a 20 quilos. El produeix *Lodoicea maldivica*, una palmera anomenada també «coco de mar», originària de les Seychelles. El fet que sigui una espècie dioica, amb sexes separats, els fruits de la qual triguen uns set anys en madurar i produeixen la majoria de vegades una única llavor tan gran, fa que l'èxit reproductiu sigui prou baix i sigui considerada avui dia una espècie amenaçada. Fa temps es pensava que l'aigua transportava les llavors, però s'ha comprovat que els arbres estan limitats a només dues illes. Per cert, totes les llavors tenen una part anomenada «endosperma», que és la que la nodrirà abans i durant la germinació. Seria com la placenta dels mamífers. En el cas del coco que trobem al súper, la seva endosperma és parcialment líquida i està molt bona. És l'aigua de coco. Si resulta interessant des del punt de vista nutricional, és precisament per això, perquè ha de nodrir l'embrió fins a un temps després de germinar. Baix en calories i greixos, conté aminoàcids, minerals com el sodi, el potassi, el magnesi i el calci, i algunes vitamines.

Durant la Segona Guerra Mundial, la demanda de sang era tan alta que de vegades els metges i el personal sanitari amb poc mitjans al seu abast havien d'improvisar amb el que tenien a mà. El seu contingut aquós i ric en electròlits fa que l'aigua de coco fos administrada intravenosament pels britànics a Ceilan i pels japonesos a Sumatra per rehidratar els ferits, davant la manca de plasma, però no oblidem que això va ser una mesura desesperada i que pot ser perillosa, especialment pel seu alt contingut en potassi i sodi.

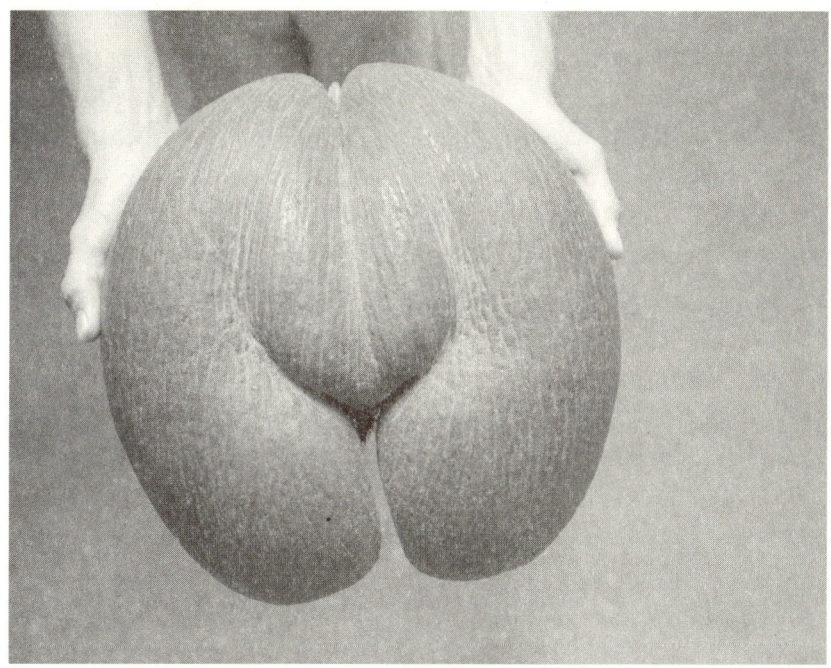

Unes mans sostenen la forma voluptuosa d'una exòtica
llavor de coco de mar d'una jungla de les illes Seychelles

Seguint amb el periple de les llavors, un cop la llavor ha completat el seu desenvolupament i s'ha proveït de les substàncies de reserva que faciliten la germinació quan arribi el moment, poden passar dues coses. Entrarà en una fase de repòs durant un temps variable sense perdre viabilitat i en unes condicions que poden ser bones o no. Això és una estratègia adaptativa que pretén afavorir la dispersió de les llavors i evitar que germinin abans de temps (a prop o fins i tot dins del fruit). Podríem descriure-ho com una mena de moratòria en la disseminació. Superat aquest temps, ja pot germinar, però és possible que no ho faci, perquè no hi ha aigua, que acostuma a ser la causa més comuna. Ha passat llavors del repòs a la quiescència. La segona cosa que pot passar és que, malgrat haver trobat les condicions perfectes en tots els aspectes (temperatura i humitat), no germini perquè li passa alguna cosa. Hi ha un problema. Aquest repòs s'anomena «latència» i acostuma a ser causat per substàncies presents al sòl, inhibidors que formen part de la llavor o requeriments específics, com succeeix amb les maleses que germinen només si estan a la superfície i exposades a la llum solar. O sigui, que la llavor pot estar en repòs, en quiescència o en latència. Però, això sí, des del moment en què la llavor entra en repòs, comença un compte enrere que té un temps limitat per dispersar-se i germinar. Normalment, aquest temps és relativament curt, com en el cas del salze, que només resisteixen uns dies. Altres espècies poden aguantar desenes o cents d'anys. Això és, en teoria, perquè, com ja et vaig dir, la ciència no deixa d'aportar-nos noves evidències però també dubta, i ens canvia el que donàvem per fet (així és ella).

Una de les llavors més longeves conegudes pertany a una palmera de dàtils. Fou trobada fa més de 50 anys a Israel, i el 2005, científics israelians van aconseguir que germinés i donés una formosa «palmera de dàtils jueus». Aquesta llavor tenia uns 2.000 anys. Matusalem, que va ser com la van anomenar, va ser la primera, però després han vingut Adam, Jonàs, Uriel, Boaz, Judit i Hannah, altres palmeres obtingudes de llavors de la mateixa època trobades a Judea. No deixa de ser sorprenent que podem trobar avui dia palmeres com les que van créixer a Jerusalem en temps bíblics. Tot forma part d'un projecte a llarg termini amb el qual es pretén conèixer el llinatge desaparegut, desentranyar quin es el secret de la longevitat de la llavor de la palmera de dàtils i poder aplicar aquest descobriment a altres plantes i, sobretot, a l'agricultura.

Però hi ha més. El 2012, un grup d'investigadors russos van aconseguir regenerar *Silene stenophylla*, una planta herbàcia del Pleistocè, a partir del fruit. Un rosegador prehistòric, una mena d'esquirol terrestre, va amagar el fruit al seu cau, a la tundra del nord-oest de Sibèria, on va romandre durant 32.000 anys fins que va ser trobada a 38 m de profunditat. Poc després de ser excavats, els caus van ser segellats amb terra arrastrada pel vent, enterrats sota metres de sediment i congelats permanentment a –7 °C. La seva aparença un cop crescuda és quelcom diferent a l'espècie actual, però el que està clar és que el permagel és una rica font de molècules, material genètic de plantes silvestres i una reserva de gens antics.

Malgrat això, el que és cert és que no és habitual que les llavors resisteixin milers d'anys. De fet, a mesura que va passant el temps, van perdent viabilitat i cada cop és més difícil que germinin o, si ho fan, poden produir plantes dèbils o amb problemes. El temps en què son viables, durant el qual encara són capaces de germinar sense problemes, és el que coneixem com a «longevitat de les llavors». De què depèn? Doncs de molts factors. Resumint, podríem dir que la llavor més longeva seria aquella que en el moment de la dispersió tingui una coberta impermeable (que la protegeixi de l'entrada d'aigua), baix contingut inicial d'aigua, alta tolerància a la deshidratació i al fred, un període de latència, metabòlits secundaris que aportin resistència als microorganismes, resistència al deteriorament genètic, etc. O sigui, sembla una llavor impossible, però, com acabem de veure, existeix.

Saber quant de temps disposaran d'una viabilitat òptima és important no només de cara a un banc de llavors (on, en funció d'aquest temps, s'han d'anar renovant els lots), sinó per a qualsevol persona que estigui relacionada amb la producció, l'emmagatzematge o la comercialització. Pensa que, probablement, les que sobrevisquin més temps a l'emmagatzematge creixeran millor i donaran més collita.

Parlant de emmagatzematge, saps la importància que té un banc de llavors? Un banc de llavors o de germoplasma és com una caixa forta. El que es desa en dipòsits més o menys grans i sota un seguit de mesures de seguretat (no per a nosaltres) no són lingots d'or ni diamants, sinó germoplasma, és a dir, aliment en potència. El germoplasma és tot aquell material biològic que pot servir per regenerar un altre organisme. Aquests dipòsits emmagatzemen llavors, tubercles, arrels, espores o qualsevol altra forma de material genètic per poder reproduir-lo en cas necessari. Si desapareixen varietats a la natura, perdem gens d'adaptació al medi, resistència a plagues i malalties, etc., que poden resultar molt valuosos i útils per l'obtenció de noves plantes mitjançant millora genètica. Hi ha uns quants bancs de germoplasma a Espanya, d'espècies silvestres, d'espècies hortícoles, d'espècies rares o amenaçades, ornamentals, etc. A la Universitat Politècnica de València, on jo treballo, disposem d'un dels més rellevants de la Comunitat Valenciana, que conserva una col·lecció d'unes 13.000 entrades d'hortícoles (solanàcies i cucurbitàcies, sobretot), procedents d'Espanya, Amèrica Central i Llatinoamèrica. L'objectiu d'aquest banc valencià, a més de la conservació, és regenerar, caracteritzar i promoure que se segueixin emprant aquestes varietats. Els diferents països tindran els seus propis bancs de germoplasma, però, si hi ha una nau nodrissa de tots els bancs de llavors, és el Magatzem Global de Llavors de Svalbard. Visitem-lo.

Ens desplacem fins al cercle polar àrtic, a poc més de 1.000 km del pol Nord. A Spitsbergen, l'illa més gran de l'arxipèlag noruec d'Svalbard, trobem excavat al permagel nòrdic un búnquer. Un projecte que, tant per la seva ubicació com pel seu aspecte i funció, sembla mes típic d'una pel·lícula de ciència-ficció. El primers ministres de Noruega, Suècia, Finlàndia, Dinamarca i Islàndia van participar en la cerimònia de «col·locació de la primera pedra» el 19 de juny de 2006. La construcció d'aquest projecte va costar 45 milions de corones noruegues (uns 9 milions de dòlars) i va ser finançada en la seva totalitat pel Govern de Noruega. El Magatzem va ser aixecat a uns 120 m sobre el nivell del mar. Els pocs que tenen autorització per entrar recorren un túnel de 100 m de llarg proveït d'un sistema de seguretat i d'un circuit de càmeres de vigilància (no hi ha personal permanent a les instal·lacions). Al llarg del túnel, es localitzen les àrees administratives i, al final, trobem tres càmeres subterrànies, d'uns 1.200 m³ cadascuna. Cada càmera té una capacitat d'emmagatzematge d'1,5 milions de mostres de llavors diferents disposades en estants i perfectament classificades (en total, pot acollir 4,5 milions de mostres). El Magatzem està construït a prova d'erupcions volcàniques, terratrèmols de fins a grau 10 a l'escala de Richter, crescudes del nivell del mar i radiació solar. El permagel (capa de sòl permanentment congelada) de l'exterior actua com a refrigerant natural, mantenint una temperatura constant de −18 °C en cas de fallada del subministrament elèctric.

Les primeres llavors van arribar el gener de 2008. Avui en dia, hi ha més d'1 milió de mostres de més de 5.000 espècies vegetals. El 2020 s'hi han afegit 60.000 noves entrades (una entrada és una llavor diferent a una altra, que pot ser una altra varietat de la mateixa espècie), entre les quals hi ha tres tipus de mongetes i quatre de blat de moro, inclòs el blat de moro sagrat White Eagle ¾donats pel poble cherokee d'EUA¾, el blat ancestral procedent de la Universitat de Haifa, a Israel, o patates de Perú.

Ha estat dissenyada per emmagatzemar duplicats de varietats de llavors provinents de bancs de llavors d'arreu del món, moltes de les quals es troben als països en desenvolupament. Però no de qualsevol llavor, sinó només d'aquelles que poden ser úniques i rellevants per garantir el futur de l'agricultura. Si venen d'un país en desenvolupament, el Magatzem Global de Llavors de Svalbard es farà càrrec del cost de preparació, embalatge i enviament dels diferents recursos genètics que són importants per a la humanitat.

L'objectiu principal d'aquest banc mundial de llavors és preservar els cultius que serveixen d'aliment a la humanitat en cas de catàstrofe natural o guerres, encara que també en altres supòsits, com ara accidents, fallades tècniques, retallades de fons, etc., de manera que els bancs de llavors serien restablerts amb llavors de Svalbard.

I el cert és que no ha hagut de passar molt de temps per fer-ne ús. El 2015, amb la guerra de Síria, el banc de llavors d'Alep va ser destruït. El 2017 van tornar a ser depositades després d'haver estat cultivades novament. Històricament, la dieta humana ha emprat més de 700 espècies de plantes. Tanmateix, avui dia s'empren menys de 150, i només 12 espècies representen la font vegetal de la nostra dieta actual. Dins de cada espècie vegetal, el Magatzem acull un gran nombre de varietats i diversitat genètica. Per tant, és la millor forma de conservar la biodiversitat. Per exemple, allotja més de 100.000 varietats d'arròs!

Les llavors són envasades en paquets de 500 llavors amb quatre capes especials de segellat tèrmic per aïllar-les de la humitat. Un cop classificades, es mantindran a una temperatura constant de −18 °C en contenidors segellats especialment. Aquesta temperatura i l'accés limitat a l'oxigen garanteixen una baixa activitat metabòlica i retarda l'envelliment de les llavors, amb la qual cosa, com dèiem abans, la longevitat serà més gran. En qualsevol cas, disposem de tècniques per comprovar-ne la viabilitat i, en cas que suposés un problema, seria el moment de substituir-lo per un altre lot nou. A més, el permagel del Magatzem garantiria la viabilitat continuada de les llavors durant 200 anys en cas que es produís una fallada del subministrament elèctric. Amb tot, ha calgut invertir en manteniment abans del que es pensava degut al canvi climàtic. El 2016, la temperatura va registrar un increment inusual, el permagel es va anar descongelant i l'aigua va arribar a entrar al túnel, per bé que, sortosament, no va arribar a les càmeres on estan les llavors. Un projecte d'uns quants milions d'euros ha servit per aïllar la volta dels efectes de l'escalfament global, que està succeint massa ràpid en aquella regió.

Magatzem Global de Llavors de Svalbard.

Per cert, si t'has preguntat si es guarden llavors transgèniques al Magatzem, la resposta és no, de moment. Per fer-ho, cal una aprovació prèvia i, com que la legislació noruega en matèria de biotecnologia és anterior a la creació del Magatzem, fins que no es facin canvis a la normativa o excepcions que tinguin en compte aquests detalls, no es podran emmagatzemar llavors OMG. Si els responsables veiessin que l'emmagatzematge d'aquestes llavors fos essencial per complir el propòsit del projecte, Noruega revisaria les polítiques i normes que ho permetrien.

El Magatzem Global de Llavors de Svalbard és l'últim bastió, guardià de l'ADN vegetal del planeta i de la nostra història com a agricultors des de fa més de 10.000 anys.

Seguint amb la vida de la nostra llavor, quan ja està perfectament formada, madura i en l'etapa de repòs, arriba el moment de la seva dispersió. Els nens se'ns marxen de casa. Elles soles no ho podran fer. Els cal ajuda, encara que de vegades sigui mínima. És tan important que surtin! És l'única forma que tenen de conquerir nous hàbitats, però, a més, si no es moguessin, estarien augmentant la pressió al lloc i els descendents estarien convivint massa a prop dels pares. A la vida real acostuma a passar quelcom semblant. No som propietat dels nostres pares, encara que ells decidissin portar-nos al món. Cadascú de nosaltres som un projecte propi que s'ha de desenvolupar. Ja hauràs sentit allò de «El casat, casa vol». Doncs és això. Com li passava al pol·len, les llavors seran dispersades a través dels diferents vectors (un o més, perquè no són excloents), així que l'evolució ha fet que adoptin formes, mides, colors i textures de vegades molt curioses o que desenvolupin estructures especials dirigides a fer més òptim el procés.

Per exemple, el vent és el principal agent dispersor de les llavors (anemocòria). Com seran les llavors dispersades pel vent? «Ha mort després d'haver-li caigut a sobre un coco de 20 kg transportat pel vent». Tret que fos un huracà, aquesta notícia seria més pròpia de *El mundo today*, però, compte, que hi ha huracans (i cocos de 20 kg). De fet, mor més gent per la caiguda d'un coco que per atacs mortals de taurons. Atès que, com es lògic, les llavors dispersades pel vent seran petites i molt lleugeres per mantenir-se suspeses a l'aire tant de temps com sigui possible. Això és el que succeeix, per exemple, amb les llavors de tabac, les roselles o les orquídies. De vegades, la llavor té ales i es torna aerodinàmica, com les ales d'un ocell o d'un avió, un disseny completament afavorit pel vent. Això els passa especialment a les llavors de gimnospermes (llavors que estan nues i no dins de fruits), com freixes i olms. Altres vegades són vil·lans, boletes plomoses i lleugeres, com les de la dent de lleó, encara que un exemple curiós seria el de *Salsola kali*. Aquest nom no et dirà res, però has vist aquelles plantes seques que roden pel desert a les pel·lícules de l'oest? En aquell cas, és la planta sencera la que es trenca per la base i es desplaça dispersant cents de milers de llavors. Al card girgoler o panical campestre (*Eryngium campestre*) li passa exactament el mateix. Per cert, associada amb aquest card hi viu una micorriza, que és el bolet del card (*Pleurotus eryngii*), molt apreciada en gastronomia.

«...Dius que una oreneta transportarà un coco? Podria agafar-lo per fora!». Diàleg de la pel·lícula dels Monthy Python, *Els cavallers de la Taula Quadrada*, tan absurd com divertit.

En el cas de les plantes aquàtiques, és l'aigua la que s'encarrega de la dispersió (hidrocòria), encara que també és el vector idoni per a plantes que, tot i no ser aquàtiques, es troben a les proximitats de rius i mars, o bé en zones on l'arrossegament de l'aigua de pluja actua com un bon mecanisme de dispersió. A diferència de la gegantina llavor del coco de mar, que no està adaptada a ser transportada per l'aigua, la llavor de *Cocos nucifera* (el fruit que coneixem i gaudim) té un gran forat a dins que li permet flotar i emprar les corrents marines per viatjar i conquerir altres platges o illes, fins i tot a milers de quilòmetres de distància.

Els animals tenen molt a dir en aquest procés. Si s'alimenten de fruits, com els ocells i molts mamífers (com els ratpenats, els primats o els rosegadors), un cop ingerits, les llavors no només passaran intactes al seu tracte digestiu, sinó que, de vegades, els propis àcids gàstrics facilitaran la posterior germinació. Com que tot el que entra ha de sortir, les llavors aniran impregnades dels seus fems i seran repartides per allà on vagin. Però pot succeir que no dispersin les llavors «per dins» sinó «per fora», adherides a la seva superfície, raó per la qual moltes llavors i fruits tenen ganxos, pèls o espines. Tot el que t'acabo de dir val per a tu també. Si vas a la muntanya i en un moment donat tens una urgència física, s'activa l'alerta marró i has de ajupir-te sense trepitjar cap pedra, amb un paquet de mocadors de paper a la boca i mantenint l'equilibri com si fossis del Cirque du Soleil, estàs fent el mateix que ells, igual que quan se t'enganxen aquells molestos pinxos que semblen velcro a la roba mentre fas senderisme.

Tot i que hi ha vídeos a la xarxa espectaculars, poca gent haurà tingut la sort de veure explotar en viu el fruit del cogombre amarg o carabasseta pudenta (*Ecballium elaterium*). Quan aquest fruit madura, es crea una tensió que va augmentant progressivament a la seva coberta i al més mínim frec s'origina una explosió que llança un raig de líquid que conté les llavors a més de 3 metres de distància. Aquest mètode s'anomena «autocòria». Per cert, si la carabasseta pudenta s'anomena així és per alguna cosa. No et podràs menjar les seves llavors, perquè surten disparades, però, per si un cas, t'aviso: no te les mengis. Hi ha nombrosos fruits que llancen llavors com si fossin bales a la velocitat d'un tret. És un mecanisme anomenat «dispersió balística». Menció especial mereix *Hura crepitans*. Fixa't en el nom de l'espècie. Se la coneix (qui la conegui) com a «hura», i és un arbre d'importància fustaire, amb el tronc cobert d'espines. El seu fruit, en forma de càpsula, conté llavors que maduren amb les pluges i, quan es mullen, la capsula esclata, produint un soroll explosiu, i llança les llavors a una velocitat de 70 metres per segon fins a distàncies de 100 m.

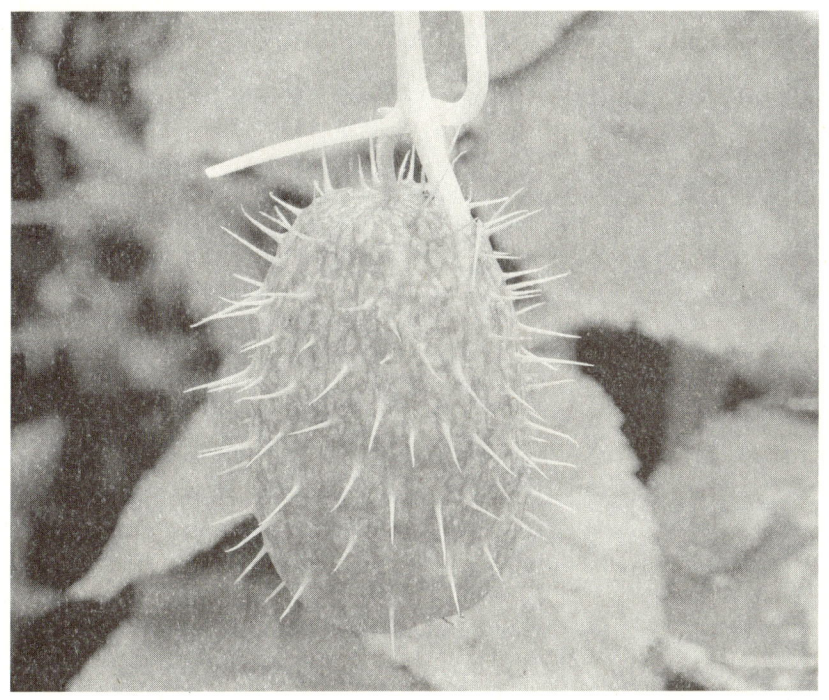

Ecballium elaterium, la carabasseta pudenta o esquitxagossos.

Tanmateix, no podia deixar passar el cas especial del cacauet i el trèvol subterrani (*Trifolium subterraneum*), que van per lliure i segueixen la llei de la independència i del mínim esforç. La seva estratègia és enterrar els seus fruits mitjançant moviments lents dirigits cap a la terra (geotropisme positiu) perquè hi madurin. D'aquesta forma, les llavors ja romanen enterrades de manera natural.

L'arribada de la llavor a un sòl amb les condicions idònies serà el començament d'una nova vida. Perquè aquest llibre arriba a la seva fi, però la vida, ai! La vida continua.

Epíleg

Estimada lectora, estimat lector, si has arribat fins aquí, espero haver-te transmès, ni que sigui una miqueta, la fascinació que les plantes exerceixen sobre mi. I si no he aconseguit que et fascinin, si més no, espero haver aconseguit que t'interessin una mica. Pensa que en depenem.

La població mundial no deixa de créixer i no sembla que ho farà aviat. Ha passat dels gairebé 1.000 milions d'habitants que hi havia el 1800 als més de 6.000 milions l'any 2000. Avui som més de 7.700 milions. A més, algunes fites històriques, com els antibiòtics, la cloració de l'aigua, les vacunes o els fertilitzants sintètics, entre molts altres, han permès que actualment dupliquem l'esperança de vida respecte a la Gran Bretanya medieval. El problema ve quan cal procurar aliment a una població en constant augment, mentre que la superfície destinada al cultiu no només no creix, sino que disminueix. Les fruites, les verdures, les hortalisses, els cereals i les llegums formen part d'una alimentació sana, i per a algunes persones, la seva única alimentació, així que el repte de cara al futur immediat és obtenir prou aliments, sans, segurs i respectuosos amb el medi. Per tant, el nostre futur depèn de les plantes. Parlem d'éssers vius que han existit des de fa gairebé 500 milions d'anys, molt abans que nosaltres arribéssim al planeta, i dels quals depenem per viure i respirar... i en algun moment fins i tot per fer-nos feliços.

Malgrat la seva importància, constitueixen un regne molt poc estudiat i, tanmateix, ple de curiositats. No deixa de fer-me una mica de pena que la majoria dels estudiants es decantin per investigar biotecnologia animal. Tots volen curar el càncer (enguany, trobar la vacuna de la COVID-19), però vivim en un món en constant creixement que cal alimentar. Per tant, investigar les plantes li pot fer més servei a la humanitat, a la d'ara i a la del futur. Amb un clima revolt i l'escalfament global amenaçant, a més de noves plantes emergint cada any i desplaçant-se amb més rapidesa per aquest món globalitzat, cada cop és més important conèixer els cultius tradicionals, així com noves tècniques per poder trobar les millors solucions. El blat de moro, les mongetes i la carbassa que els nadius americans plantaven junts no eren cultivats així per capritx. El blat de moro aportava ombra, les mongetes (com a lleguminoses, associades als rizobis) nitrogenaven el sòl i la carbassa evitava l'aparició de les males herbes. Això avui s'anomena «conreus associats». Moltes d'aquestes tècniques seguim aplicant-les, però també podem emprar la millora genètica clàssica o la biotecnologia moderna, mitjançant el desenvolupament de plantes transgèniques o plantes modificades per CRISPR/Cas9, per tal de fer cultius més resistents a les plagues i a condicions ambientals adverses o amb millors propietats nutricionals. En conseqüència, conèixer millor les plantes, a més d'un fascinant repte intel·lectual, és garantir-nos el futur.

Però el llibre no acaba aquí. Et posaré deures. Si t'ha agradat aquesta lectura, pots anar al parc o al jardí botànic més proper i mirar de localitzar alguna de les plantes que esmento i veure si identifiques alguna de les característiques que t'he explicat. Cerca les flors i contempla-les de prop. Si et continua cridant l'atenció el tema, t'interessarà saber que tots els anys, el 18 de maig, s'organitza el Dia Internacional de la Fascinació de les Plantes (com veus, no estic sola, som molts). Aquesta celebració l'organitza l'EPSO, que és la societat europea que engloba totes les societats científiques nacionals centrades en la investigació de les plantes (a Espanya és la Societat Espanyola de Fisiologia Vegetal). Quan s'apropa aquesta data, a moltes ciutats europees s'organitzen esdeveniments i conferències relacionades amb les plantes. Hi pots participar i aprofitar tot el que has llegit en aquestes pàgines. Segur que t'agrada. Només espero que la propera vegada que admiris la bellesa d'una flor, perquè la tinguis a les teves mans, perquè te l'hagin regalat, perquè t'hagi brotat a un test o perquè estiguis mirant un quadre de Georgia O'Keefe, vegis, igual que jo, que no només és bellesa, sinó el resultat de milers d'anys d'evolució i una complexitat biològica que és bella i a la vegada fascinant. Com va dir Martin Luther King: «Si sabés que el món s'acabava demà, jo, avui encara, plantaria un arbre».

Tant si t'ha agradat el llibre com si no, o vols escriure'm algun comentari, pots fer-ho al meu blog, *La Ciencia de Amara*, o al meu compte de X (@bioamara).

València, 4 de maig de 2020.
Confinada i en ple estat
d'alarma per la crisi sanitària de la COVID-19.

Els déus Esculapi, Flora, Ceres i Cupido
honoren la figura de Carl von Linné.

Notes

Anatomia de la flor

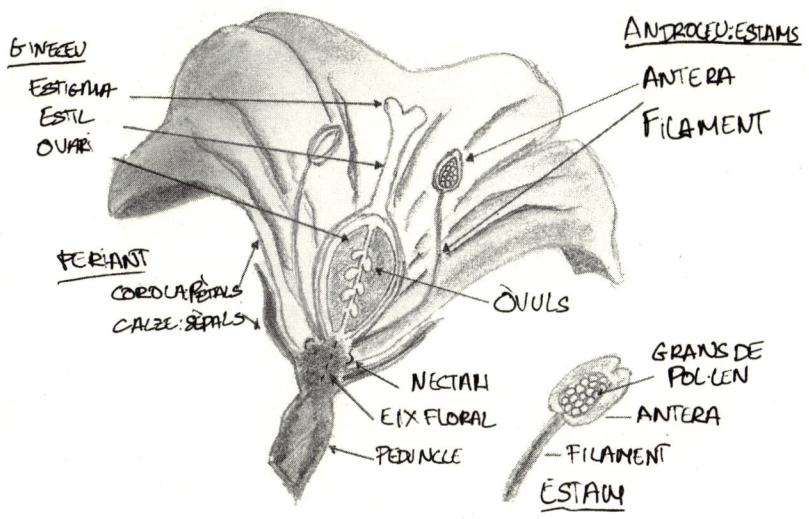

Anatomia del fruit

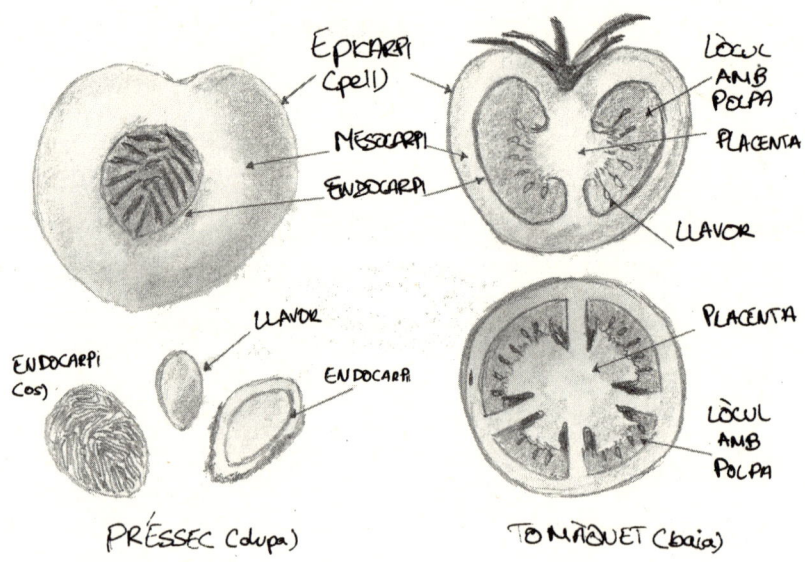

EPICARPI (pell)

MESOCARPI

ENDOCARPI

LÒCUL AMB POLPA

PLACENTA

LLAVOR

ENDOCARPI (cos)

LLAVOR

ENDOCARPI

PLACENTA

LÒCUL AMB POLPA

PRÉSSEC (drupa)

TOMÀQUET (baia)

Anatomia de la llavor

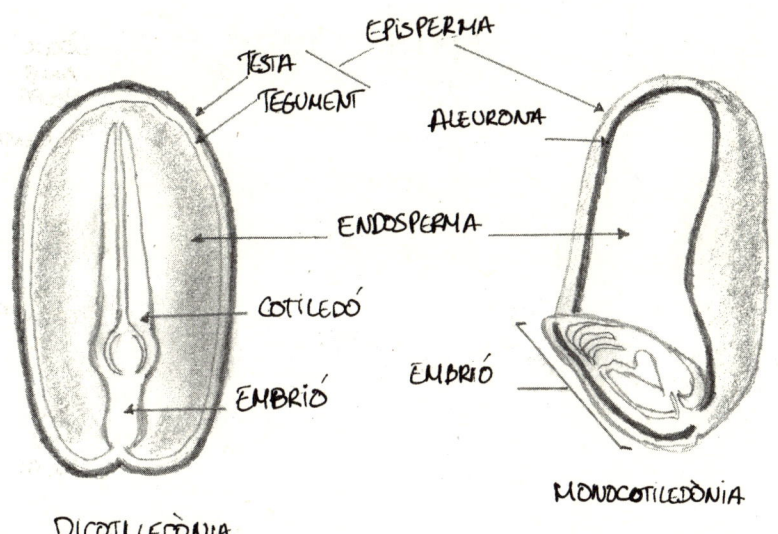

EPISPERMA

TESTA

TEGUMENT

ALEURONA

ENDOSPERMA

COTILEDÓ

EMBRIÓ

EMBRIÓ

DICOTILEDÒNIA

MONOCOTILEDÒNIA

Com anomenem les plantes? Guia ràpida

Per classificar els éssers vius, en biologia disposem d'un sistema jeràrquic on cada grup s'anomena «taxó» i engloba organismes que comparteixen un ancestre comú. El nivell que ocupa un taxó a la jerarquia és el rang o categoria taxonòmica.

Les grans categories taxonòmiques de més gran a més petita són:

1. Domini
2. Regne
3. Fílum
4. Classe
5. Ordre
6. Família
7. Gènere
8. Espècie

Partint del fílum podem trobar subdivisions fins a arribar a l'espècie. I dins de l'espècie, hi ha taxons intraespecífics com subespècie (subsp.), varietat (var.) i forma (f.).

Per anomenar els taxons del regne *Plantae* (les nostres protagonistes), existeixen unes regles de nomenclatura imposades pel Codi Internacional de Nomenclatura per a Algues, Fongs i Plantes (ICN).

- El nom ha d'anar en llatí o en forma llatinitzada a totes les categories.
- Fins a arribar al gènere, cada nom té una terminació. Per exemple, la família acaba en -aceae (llatí) o -àcies (català), com Rosaceae (rosàcies).
- Un cop classificat l'organisme, com l'anomenem? Totes les plantes, igual que tots els éssers vius, com tu i jo, tenen un nom i un cognom únics, de manera que els podem classificar i diferenciar de la resta.

Bond, James Bond. Bond mai diu el cognom sol. La nomenclatura en taxonomia se li atribueix a Carl von Linné (1707–1778), considerat el creador de la classificació dels éssers vius. Aquesta nomenclatura, de vegades anomenada «binomial», consta de dues paraules: la primera denota el gènere i la segona indica l'epítet específic.

- El gènere o nom genèric ha d'escriure's en cursiva i començar per majúscula. Per exemple: Rosa.
- El nom de l'espècie està compost per dues paraules, gènere i epítet, de manera que aquest darrer mai anirà sol. Així, coneixent l'epítet, sabrem també a quin gènere pertany. A diferència del gènere, l'epítet s'escriu enterament amb minúscula. Exemple: Rosa canina o R. canina (per abreujar si ja l'hem anomenat abans en la forma completa).
- En ocasions, podem veure escrit, després del gènere, «sp», en lloc de l'epítet específic. S'utilitza quan l'espècie és desconeguda o no és rellevant al text. Si veiem «spp», és el plural i acostuma a ser una forma de referir-se a moltes espècies (no a totes) dins d'un mateix gènere. S'escriu amb minúscula i sense cursiva. Exemple: Rosa sp. (una espècie desconeguda de rosa) o Rosa spp. (un grup d'espècies de rosa).

Amb les nostres plantes, podem trobat addicionalment per sota de l'espècie altres categories que ens ajuden a identificar-les amb més precisió:

CULTIVAR: Són categories pròpies independents (no taxonòmiques) de les plantes domèstiques que apareixen per cultiu, per hibridació, etc. S'escriuen amb majúscula i precedides per l'abreviació «cv». Exemple: *Solanum lycopersicum* cv. *Moneymaker.*

HÍBRIDS: Els híbrids produïts per encreuament sexual poden ser designats per fórmules o per nom. Per exemple: la maduixa, *Fragaria* x *ananassa*, és un híbrid procedent de l'encreuament de *Fragaria chiloensis* i *Fragaria virginiana.*

Índex de les plantes que apareixen al text

Arròs	*Oryza sativa*	Fam. Poàcies o gramínies
Aspèrula flairosa	*Galium odoratum*	Fam. Rubicàcies
Assutzena, lliri blanc	*Lillium*	Fam. Liliàcies
Atzavara	*Agave*	Fam. Asparagàcies
Auró	*Acer*	Fam. Sapindàcies
Avellaner comú	*Corylus avellana*	Fam. Betulàcies
Avena	*Avena sativa*	Fam. Poàcies o gramínies
Avet de Douglas, pi d'Oregon	*Pseudotsuga menziesii*	Fam. Pinàcies
Avet roig, pícea, pivet	*Picea abies*	Fam. Pinàcies
Banksia, arbre australià, mare-selva	*Banksia*	Fam. Proteàcies
Baobab	*Adansonia* spp.	Fam. Malvàcies
Barrella punxosa, espinadella	*Salsola kali*	Fam. Amarantàcies
Belladona o tabac bord	Atropa belladonna	Fam. Solanàcies
Bergamota	*Citrus × bergamia*	Fam. Rutàcies
Blat	*Triticum spp.*	Fam. Poàcies
Blat de moro	*Zea mays*	Fam. Poàcies o gramínies
Bromèlia	*Brocchinia spp.*	Fam. Bromeliàcies
Cabellera de la reina, herba gelada	*Mesembryanthemum crystallinum*	Fam. Aïzoàcies
Cacau, arbre del cacau	*Theobroma cacao*	Fam. Malvàcies
Cacauet, maní	*Arachis hypogaea*	Fam. Fabàcies o lleguminoses
Cactus old lady	*Mammillaria hahniana*	Fam. Cactàcies
Cafè	*Coffea spp.*	Fam. Rubiàcies
Caiena, xili en pols	*Capsicum spp.*	Fam. Solanàcies
Camèlia comú	*Camellia japonica*	Fam. Teàcies
Campaneta de jardí, corretjola gran, meravella	*Ipomoea purpurea*	Fam. Convolvulàcies
Campànula	*Campanula spp.*	Fam. Campanulàcies
Cànem, cànnabis o marihuana	*Cannabis sativa*	Fam. Canabàcies
Cànem indi	*Cannabis indica*	Fam. Canabàcies
Canya de sucre	*Saccharum officinarum*	Fam. Poàcies

Canyella, arbre de la canyella	*Cinnamomum verum o C. zeylanicum*	Fam. Lauràcies
Caoba d'Hondures	*Swietenia macrophylla*	Fam. Meliàcies
Capoquer, kapok	*Ceiba pentandra*	Fam. Malvàcies
Caqui	*Diospyros kaki*	Fam. Ebenàcies
Caoba de Honduras	*Swietenia macrophylla*	Fam. Meliáceas
Caqui	*Diospyros kaki*	Fam. Ebenáceas
Carbassa	*Cucurbita moschata C. ficifolia, C. mixta*	Fam. Cucurbitàcies
Cardamom	*Elettaria cardamomum, Amomum spp.*	Fam. Zingiberàcies
Card girgoler, panical campestre	*Eryngium campestre*	Fam. Apiàcies
Carxofa, carxofera	*Cynara scolimus*	Fam. Asteràcia
Cascall, dormidora	*Papaver somniferum*	Fam. Papaveràcies
Càssia, cinamom xinés	*Cinnamomum cassia*	Fam. Lauràcies
Castanyer	*Castanea sativa*	Fam. Fagàcies
Ceba	*Allium cepa*	Fam. Amarilidàcies
Cedre del Líban	*Cedrus libani*	Fam. Pinàcies
Cicuta, fonolllassa	*Conium maculatum*	Fam. Apiàcies
Cicuta menor, cicuta borda	*Cicuta virosa*	Fam. Apiàcies
Cincona, arbre de la quina	*Chinchona officinalis*	Fam. Rubiàcies
Cirerer	*Prunus cerasus*	Fam. Rosàcies
Civada	*Hordeum vulgare*	Fam. Poàcies o gramínies
Clau, clavell, girofle	*Syzygium aromaticum*	Fam. Mirtàcies
Clavell antàrtic, perla antàrtica	*Colobanthus quitensis*	Fam. Cariofilàcies
Coco de mar	*Lodoicea maldivica*	Fam. Arecàcies
Cocoter	*Cocos nucifera*	Fam. Arecàcies
Codony, condonyer	*Cydonia oblonga*	Fam. Rosàcies
Cogombre	*Cucumis sativus*	Fam. Cucurbitàcies
Cogombre bord, cobrómbol amarg, esquitxagossos	*Ecballium elaterium*	Fam. Apiàcies
Coliflor, bròquil, bròcoli	Brassica oleracea	*Fam. Brassicàcies o crucíferes*
Colza	*Brassica napus*	Fam. Brassicàcies

Comí	*Cuminum cyminum*	Fam. Apiàcies
Cotó	*Gossypium spp.*	Fam. Malvàcies
Creixen	*Nasturtium officinale*	Fam. Brassicàcies
Crisantem	*Chrysanthemum spp.*	Fam. Asteràcies
Cua de cavall, equiset	*Equisetum ramosissimum*	Fam. Equisetàcies
Curare	*Strychnos toxifera*	Fam. Loganiàcies
Cúrcuma	*Curcuma longa*	Fam. Zingiberàcies
Cuscuta	*Cuscuta spp.*	Fam. Convolvulàcies
Datiler, palmera de dàtils	*Phoenix dactylifera*	Fam. Arecàcies
Dauradella	*Selaginella lepidophylla*	Fam. Selaginelàcies
Dent de lleó	*Taraxacum officinale*	Fam. Asteràcies
Dent de lleó russa	*Taraxacum kok-saghyz*	Fam. Asteràcies
Desmodium gyrans	*Desmodium gyrans*	Fam. Fabàcies
Dracena	*Dracaena reflexa, var. angustifolia*	Fam. Asparagàcies
Drago	*Dracaena draco*	Fam. Asparagàcies
El·lèbor	*Helleborus spp.*	Fam. Ranunculàcies
Enciam	*Lactuca sativa*	Fam. Asteràcies
Espinac	*Spinacia oleracea*	Fam. Amarantàcies
Estramoni	*Datura stramonium*	Fam. Solanàcies
Eucaliptus	*Eucalyptus*	Fam. Mirtàcies
Eucaliptus fantasma	*Corymbia aparrerinja*	Fam. Mirtàcies
Farigola	*Thymus vulgaris*	Fam. Lamiàcies
Fava	*Vicia faba*	Fam. Fabàcies
Fava tonca	*Dypteryx odorata*	Fam. Fabàcies
Ficus	*Ficus spp.*	Fam. Moràcies
Figuera	*Ficus carica*	Fam. Moriàcies
Flor cadàver	*Amorphophallus titanum*	Fam. Aràcies
Flor de cristall	*Diphylleia grayi*	Fam. Berberidàcies
Flor de nit, llampedro	*Mirabilis jalapa*	Fam. Nictaginàcia
Franquènia pulverulenta	*Frankenia pulverulenta*	Fam. Frankeniàcies
Freixe de fulla gran/ ampla, estanca-sang	*Fraxinus excelsior*	Fam. Oleàcies
Fusta de sang, arbre de sang	*Corymbia terminalis*	Fam. Mirtàcies

Gardènia	*Gardenia spp.*	Fam. Rubiàcies
Gerani	*Pelargonium spp.*	Fam. Geraniàcies
Gerdó, gerd, gerdonera	*Rubus idaeus*	Fam. Rosàcies
Gessamí, llessamí	*Jasminum spp.*	Fam. Oliàcies
Gingebre	*Zingiber officinale*	Fam. Zingiberàcies
Ginkgo	*Ginkgo biloba*	Fam. Ginkgoàcies
Ginseng	*Panax ginseng*	Fam. Araliàcies
Gira-sol	*Helianthus annuus*	Fam. Asteràcies
Gram d'olor, agram d'olor	*Anthoxanthum odoratum*	Fam. Poàcies o gramínies
Guanàbana	*Annona muricata*	Fam. Anonàcies
Heliàmfora	*Heliamphora spp.*	Fam. Sarraceniàcies
Herba foradada, herba de Sant Joan	*Hypericum perforatum*	Fam. Hipericàcies
Herba llimona, citronel·la, lemongrass	*Cymbopogon spp.*	Fam. Poàcies
Heura	*Hedera helix*	Fam. Araliàcies
Hibisc de la Xina	*Hibiscus rosa-sinensis*	Fam. Malvàcies
Hura	*Hura crepitans*	Fam. Euforbiàcies
Hydnora	*Hydnora spp.*	Fam. Hidnoràcies
Julivert	*Petrosellinum crispum*	Fam. Apiàcies
Julivert bord, julivertassa	*Aethusa cynapium*	Fam. Apiàcies
Jusquiam	*Hyoscyamus spp.*	Fam. Solanàcies
Kiwi	*Actinidia deliciosa*	Fam. Actinidiàcies
Lantana, bandera espanyola	*Lantana camara*	Fam. Verbenàcies
Litxi	*Litchi chinensis*	Fam. Sapindàcies
Llengua de gat, besneula	*Cynoglossum officinale*	Fam. Boraginàcies
Llengua de serp, llagues de Crist, llança de Crist	*Ophioglossum vulgatum*	Fam. Ofioglosàcies
Llentia	*Lens culinaris*	Fam. Fabàcies o lleguminoses
Llessamí de nit, dama de nit, cèstrum d'olor	*Cestrum nocturnum*	Fam. Solanàcies
Lleterola, lletera	*Euphorbia resinifera*	Fam. Euforbiàcies
Lli, llinet	*Linum usitatissimum*	Fam. Llinàcies

Llima quefir, llimona àcida, llima combava	*Citrus × hystrix*	Fam. Rutàcies
Llimoner	*Citrus × limon*	Fam. Rutàcies
Lliri	*Iris spp.*	Fam. Iridàcies
Lliri africà, flor de l'amor	*Agapanthus africanus*	Fam. Amarilidàcies
Lliri cobra	*Darlingtonia californica*	Fam. Sarraceniàcies
Llorer	*Laurus nobilis*	Fam. Lauràcies
Lulo, naranjilla	*Solanum quitoense*	Fam. Solanàcies
Maduixa	*Fragaria × ananassa*	Fam. Rosàcies
Magraner	*Punica granatum*	Fam. Litràcia
Malva reial	*Alcea rosea*	Fam. Malvàcies
Mandariner	*Citrus reticulata* *Citrus × tangerina*	Fam. Rutàcies
Mandràgora	*Mandragora officinarum*	Fam. Solanàcies
Mangle negre	*Avicennia germinans*	Fam. Acantàcia
Mangle vermell	*Rhizophora mangle*	Fam. Rizoforàcies
Mango	*Mangifera indica*	Fam. Anacardiàcies
Manuka, arbre del te	*Leptospermum scoparium*	Fam. Mirtàcies
Marchantia polymorpha	*Marchantia polymorpha*	Fam. Marcantiàcies
Marri	*Corymbia calophylla*	Fam. Mirtàcies
Meló	*Cucumis melo*	Fam. Cucurbitàcies
Menta	*Mentha ssp.*	Fam. Lamiàcies
Mimosa, mimosa comuna	*Acacia dealbata*	Fam. Fabàcies o lleguminoses
Mimosa sensitiva, vergonyosa o dormilega	*Mimosa pudica*	Fam. Fabàcies o lleguminoses
Mirra	*Commiphora myrrha*	Fam. Burseràcies
Molsa de cerf	*Lycopodiella cernua*	Fam. Licopodiàcies
Mongetera, fesolera, mongeta comuna	*Phaseolus vulgaris*	Fam. Fabàcies o lleguminoses
Morera	*Morus spp*	Fam. Moràcies
Mostassa	*Sinapis spp.*	Fam. Brassicàcies o crucíferes
Murta, murtra, murter mirter, murtrera	*Mirtus communis*	Fam. Mirtàcies
Nabius	*Vaccinium myrtillus*	Fam. Ericàcies

Narcís	*Narcissus × spp.*	Fam. Amarilidàcies
Nesprer japonès	*Eriobotrya japonica*	Fam. Rosàcies
Noguera	*Juglans regia*	Fam. Juglandàcies
Oliver, olivera, ullastre	*Olea europaea*	Fam. Oliàcies
Om, olm	*Ulmus minor*	Fam. Ulmàcies
Opi	*Papaver somniferum*	Fam. Papaveràcies
Orella d'ós, borraina, fetge de roca, ales de fetge	*Ramonda myconi*	Fam. Gesneriàcies
Pal de campetx	*Haematoxylum campechianum*	Fam. Fabàcies
Palma d'oli	*Elaeis guineensis*	Fam. Arecàcies
Papaier	*Carica papaya*	Fam. Caricàcies
Paris japonica	*Paris japonica*	Fam. Melantiàcies
Passionera, flor de la passió	*Passiflora edulis*	Fam. Pasifloràcies
Pastanaga	*Daucus carota*	Fam. Apiàcies
Pastura antàrtica	*Deschampsia antarctica*	Fam. Poàcies
Patata	*Solanum tuberosum*	Fam. Solanàcies
Pebre	*Piper spp.*	Fam. Piperàcies
Pebre vermell cv bitxo, pebre de banyeta pebró, pimentó, pebrina	*Capsicum annuum*	Fam. Solanàcies
Pebrot, pebrotera	*Capsicum annuum*	Fam. Solanàcies
Pensament	*Viola × wittrockiana*	Fam. Violàcies
Pèsol	*Pisum sativum*	Fam. Fabàcies o lleguminoses
Petúnia	*Penunia × hybrida*	Fam. Solanàcies
Pi americà	*Pinus longaeva*	Fam. Pinàcies
Pi blanc, pi garriguenc	*Pinus halepensis*	Fam. Pinàcies
Pinya	*Ananas comosus*	Fam. Bromeliàcies
Pitahaia, pitaia	*Hylocereus spp.*	Fam. Cactàcies
Planta de sínia	*Aldrovanda vesiculosa*	Fam. Droseràcies
Planta fantasma, pipa dels indis	*Monotropa uniflora*	Fam. Ericàcies
Plantes gerra	*Nepenthes spp.*	Fam. Nepentàcies
Plàtan, plataner	*Musa × paradisiaca*	Fam. Musàcies

Pomer	*Malus domestica*	Fam. Rosàcies
Presseguer	*Prunus persica*	Fam. Rosàcies
Primavera de jardí	*Oenothera fruticosa*	Fam. Onagràcies
Pruner	*Prunus domestica*	Fam. Rosàcies
Quinoa	*Chenopodium quinoa*	Fam. Amarantàcies
Rafflesia	*Rafflesia ssp.*	Fam. Raflesiàcies
Rambutan	*Nephelium lappaceum*	Fam. Sapindàcies
Rave	*Raphanus sativus*	Fam. Brassicàcies
Regalèsia	*Glycyrrhiza glabra*	Fam. Fabàcies o lleguminoses
Remolatxa	*Beta vulgaris*	Fam. Amarantàcies
Ricí	*Ricinus communis*	Fam. Euforbiàcies
Rododendre	*Rhododendrum*	Fam. Ericàcies
Romaní, romer	*Salvia rosmarinus*	Fam. Lamiàcies
Rosa de Jericó, rosa de Nostra Sra., rosa de Setmana Santa	*Anastatica hierochuntica*	Fam. Brassicàceas o crucíferes
Rosella, babol, gall	*Papaver rhoeas*	Fam. Papaveràcies
Roser	*Rosa spp.*	Fam. Rosàcies
Roser silvestre, roser bord	*Rosa canina*	Fam. Rosàcies
Roure comú	*Quercus robur*	Fam. Fagàcies
Ruca	*Eruca vesicaria*	Fam. Brassicàcies
Ruda vera, herba de bruixa	*Ruta graveolens*	Fam. Rutàcies
Safrà	*Crocus sativus*	Fam. Iridàcies
Salat blanc, salgada vera	*Atriplex halimus*	Fam. Quenopodiàcies
Salicornia	*Salicornia*	Fam. Amarantàcies
Salze	*Salix ssp.*	Fam. Salicàcies
Sarcocornia	*Sarcocornia*	Fam. Amarantàcies
Sarcodes	*Sarcodes sanguinea*	Fam. Ericàcies
Sarracènia	*Sarracenia purpurea*	Fam. Sarraceniàcies
Sarracenia	*Sarracenia spp.*	Fam. Sarraceniàcies
Saussurea gnaphalodes	*Saussurea gnaphalodes*	Fam. Asteràcies
Scybalium	*Scybalium fungiforme*	Fam. Balanoforàcies
Sègol	*Secale cereale*	Fam. Poàcies o gramínies

Sempreviva, flor de paper	*Limonium sinuatum*	Fam. Plumbaginàcies
Sequoia	*Sequoia sempervivens*	Fam. Cupresàcies
Sèsam, alegria	*Sesamum indicum*	Fam. Pedaliàcies
Síndria	*Citrullus lanatus*	Fam. Cucurbitàcies c
Soja	*Glycine max*	Fam. Fabàcies
Striga	*Striga ssp.*	Fam. Orobancàcies
Tabac	*Nicotiana tabacum*	Fam. Solanàcies
Tamarinde	*Tamarindus indica*	Fam. Fabàcies
Taronger dolç	*Citrus × sinensis*	Fam. Rutàcies
Te	*Camellia sinensis*	Fam. Teàcies
Teca africana	*Pterocarpus angolensis*	Fam. Fabàcies
Teix	*Taxus baccata*	Fam. Taxàcies
Teix del Pacífic	*Taxus brevifolia*	Fam. Taxàcies
Tomàquet	*Solanum lycopersicum*	Fam. Solanàcies
Tomaqueta del dimoni, herba mora, morella vera	*Solanum nigrum*	Fam. Solanàcies
Tornassol, gira-sol, mira-sol	*Chrozophora tinctoria*	Fam. Euforbiàcies
Tradescàntia peluda	*Tradescantia sillamontana*	Fam. Commelinàcies
Trèvol	*Trifolium spp.*	Fam. Fabàcies
Trèvol d'olor, almegó	*Melilotus officinalis*	Fam. Fam. Fabàcies
Trèvol subterrani	*Trifolium subterraneum*	Fam. Fabàcies
Tulipa	*Tulipa spp.*	Fam. Liliàcies
Tulipa de jardí	*Tulipa gesneriana*	Fam. Liliàcies
Ungla de gat, uncària	*Uncaria tomentosa*	Fam. Rubiàcies
Vainilla	*Vanilla planifolia*	Fam. Orquidàcies
Venus atrapamosques	*Dionaea muscipula*	Fam. Droseràcies
Vinya	*Vitis vinifera*	Fam. Vitàcies
Viola d'olor	*Viola odorata*	Fam. Violàcies
Winterfat, greix d'hivern	*Krascheninnikovia Lanata*	Fam. Amarantàcies
Wòlfia	*Wolffia*	Fam. Aràcies
Xili, pebrina	*Capsicum spp.*	Fam. Solanàcies
Xiprer comú	*Cupressus sempervirens*	Fam. Cupresàcies
Xirimoia	*Annona cherimola*	Fam. Anonàcies

Bibliografía recomanada

PART I

Briones, C., Fernández Soto, A., Bermúdez de Castro, J.M. (2015). *Orígenes. El universo, la vida, los humanos.* Drakontos. Ed. Crítica.

Canales, C; del Rey, M. (2015). *Naves negras: La ruta de las especias.* Ed. EDAF.

Caro Baroja, J. (2015). *Las brujas y su mundo.* Ed. Alianza Editorial.

Druon, M. (2016). *Los venenos de la corona. Los reyes malditos III.* Ed. B de Bolsillo.

Goldgar, A. (2007). *Tulipmania, Money, Honor, and Knowledge in the Dutch Golden Age.* Chicago, IL, University of Chicago Press.

Harholt, J., Moestrup, Ø., Ulvskov, P. (2016). *Why Plants Were Terrestrial from the Beginning. Trends in Plant Science,* 21(2), 96-101. https://doi.org/10.1016/j.tplants.2015.11.010

Johannessen, J. A. (2017). *The Tulip Crisis of 1637.* En: *Innovations Lead to Economic Crises.* Ed. Palgrave Macmillan, Cham.

Margulis, L., Sagan, D. (2013). *Captando genomas. Una teoría sobre el origen de las especies.* Ed. Kairós S. A.

Michelet, J. (2004). *La bruja: Un estudio de las supersticiones en la Edad Media.* Ed. Akal.

Muñoz Páez, A. (2012). *Historia del veneno: de la cicuta al polonio.* Ed. Debate.

Orlikowska T., Podwyszyńska M., Marasek-Ciołakowska A., Sochacki D., Szymański R. (2018). *Tulip.* En: *Ornamental Crops. Handbook of Plant Breeding,* vol 11. Van Huylenbroeck J. (eds.) Springer, Cham.

Turner, J. (2018). *Las especias: Historia de una tentación.* Ed. Acantilado.

PART II

Basu, S., Kumar, G. (2020). *Nitrogen Fixation in a Legume-Rhizobium Symbiosis: The Roots of a Success Story.* En: *Plant Microbe Symbiosis.* Varma A., Tripathi S., Prasad R. (eds). Springer, Cham. https://doi.org/10.1007/978-3-030-36248-5_3

Darwin, C. (2008). *Plantas insectívoras.* Ed. La Catarata.

— *Plantas carnívoras.* Ed. Laetoli S.L.

Ellison, A.M. (2015). *They Really Do Eat Insects.* In: *Darwin-Inspired Learning. New Directions in Mathematics and Science Education.* Boulter C.J., Reiss M.J., Sanders D.L. (eds) SensePublishers, Rotterdam. https://doi.org/10.1007/978-94-6209-833-6_19

Hedrich, R., Neher E. (2018). *Venus flytrap: how an excitable, carnivorous plant works. Trends in Plant Science* 23: 220–234. https://doi.org/10.1016/j.tplants.2017.12.004

Hurst, C.J. (2016). *The Rasputin effect: when commensals and symbionts become parasitic.* En: *Advances in Environmental Microbiology.* Springer International Publishing Switzerland.

Lambers H., Oliveira, R.S. (2019). *Biotic Influences: Carnivory.* En: *Plant Physiological Ecology.* Springer, Cham. https://doi.org/10.1007/978-3-030-29639-1_17

PART III

Alamgir, A.N.M. (2017). *Cultivation of Herbal Drugs, Biotechnology, and In Vitro Production of Secondary Metabolites, High-Value Medicinal Plants, Herbal Wealth, and Herbal Trade.* En: *Therapeutic Use of Medicinal Plants and Their Extracts:* Volume 1. Progress in Drug Research, vol 73. Ed. Springer, Cham. https://doi.org/10.1007/978-3-319-63862-1_9

Alamgir, A.N.M. (2017). *Pharmacognostical Botany: Classification of Medicinal and Aromatic Plants (MAPs), Botanical Taxonomy, Morphology, and Anatomy of Drug Plants.* En: *Therapeutic Use of Medicinal Plants and Their Extracts:* Volume 1. Progress in Drug Research, vol 73. Ed. Springer, Cham. https://doi.org/10.1007/978-3-319-63862-1_6

Baluška, F., Mancuso, S., Volkmann, D. (2006). *Communication in Plants. Neuronal Aspects of Plant Life.* Ed. Springer-Verlag, Berlin, Heidelberg.

Darwin, C. (2009). *Los movimientos y hábitos de las plantas trepadoras.* Ed. La Catarata.

Dhanker, R., Chaudhary, S., Kumari, A., Kumar, R., Goyal, S. (2020). *Symbiotic Signaling: Insights from Arbuscular Mycorrhizal Symbiosis.* En: *Plant Microbe Symbiosis.* Varma A., Tripathi S., Prasad R. (eds). Springer, Cham.

Das, A.J., Stephenson, N.L., Davis, K.P. (2016). *Why do trees die? Characterizing the drivers of background tree mortality. Ecology* 97, 2616–2627. https://doi.org/10.1002/ecy.1497

Dou, J., Beitz, J., Temple, R. (2019). *Development of Plant-Derived Mixtures as Botanical Drugs: Clinical Considerations.* En: *The Science and Regulations of Naturally Derived Complex Drugs. AAPS Advances in the Pharmaceutical Sciences* Series, vol 32. Sasisekharan, R., Lee, S., Rosenberg, A., Walker, L. (eds) Springer, Cham. http://doi-org-443.webvpn.fjmu.edu.cn/10.1007/978-3-030-11751-1_14

Eich, E. (2008). *Solanaceae and Convolvulaceae: Secondary Metabolites. Biosynthesis, Chemotaxonomy, Biological and Economic Significance* (A Handbook). Springer Berlin Heidelberg

Hasanuzzaman, M. (2020). *Agronomic Crops Volume 3: Stress Responses and Tolerance.* Springer Nature Singapore Pte Ltd.

Horst, R.K. (2013). *Westcott's Plant Disease Handbook.* Springer Science + Business Media. Dordrecht.

Kingsbury, N. (2018). *Historias secretas de los* árboles. Ed. Blume.

Kirkham, T. (2019). Árboles *extraordinarios.* Ed. Planeta.

Kikuzawa, K., Lechowicz, M. J. (2011). *Ecology of Leaf Longevity in Ecological Research Monographs.* Ed. Springer.

Kumar, A., Singh Meena, V. (2019). *Plant Growth Promoting Rhizobacteria for Agricultural Sustainability. From Theory to Practices.* Springer Nature Singapore Pte Ltd.

Mancuso, S. (2017). *El futuro es vegetal.* Ed. Galaxia Gutenberg.

Mancuso, S., Viola, A. (2015). *Sensibilidad e inteligencia en el mundo vegetal.* Ed. Galaxia Gutenberg.

Mishra, R.C., Bae, H. (2019). *Plant Cognition: Ability to Perceive 'Touch' and 'Sound'.* En: *Sensory Biology of Plants.* Sopory S. (eds) Springer, Singapore. 10.1007/978-981-13-8922-110.1007/978-981-13-8922-1_6

Munné-Bosch, S. (2014). *Perennial roots to immortality. Plant Physiology.* 166: 720-725. https://doi.org/10.1104/pp.114.236000

Munné-Bosch, S. (2018). *Limits to Tree Growth and Longevity. Trends in Plant Science,* 23: 985-993. https://doi.org/10.1016/j.tplants.2018.08.001

Rocky Mountain Tree-Ring Research. OLDLIST, A Database of Old Trees. http://www.rmtrr.org/oldlist.htm

Shepherd, V.A. (2012). *At the Roots of Plant Neurobiology*. En: *Plant Electrophysiology*. Volkov A. (eds). Springer, Berlin, Heidelberg. https://doi.org/10.1007/978-3-642-29119-7_1

Sopory, S., Kaul, T. (2019). *Sentient Nature of Plants: Memory and Awareness*. En: *Sensory Biology of Plants*. Sopory S. (eds) Springer, Singapore. https://doi.org/10.1007/978-981-13-8922-1_23

Swart, E.R. (1963). *Age of the baobab tree*. Nature 4881: 708-709. https://doi.org/10.1038/198708b0

Varma, A., Prasad, R., Tuteja, N. (2017). *Mycorrhiza - Function, Diversity, State of the Art*. Springer International Publishing AG https://doi.org/10.1007/978-3-319-53064-2

Varma, A., Tripathi, S., Prasad, R. (2019). *Plant Biotic Interactions. State of the Art*. Springer Nature Switzerland AG. https://doi.org/10.1007/978-3-030-26657-8

Varma, A., Tripathi, S., Prasad, R. (2020). *Plant Microbe Symbiosis*. Springer Nature Switzerland AG. https://doi.org/10.1007/978-3-030-36248-5

Vats, S. (2018). *Biotic and Abiotic Stress Tolerance in Plants*. Springer Nature Singapore Pte Ltd. https://doi.org/10.1007/978-981-10-9029-5

Vidhasekaran, P. (2020). *Plant Innate Immunity Signals and Signaling Systems*. En: *Bioengineering and Molecular Manipulation for Crop Disease Management*. Springer Nature B.V. https://doi.org/10.1007/978-94-024-1940-5

Wohlleben, P. (2019). *Comprender a los árboles*. Ed. Obelisco.

Xu, Z., Chang, L. (2017). *Solanaceae*. En: *Identification and Control of Common Weeds*: Volume 3. Springer, Singapore.

PART IV

Bahadur, B., Manchikatla V.R., Leela, S., Krishnamurthy, K.V. (2015). *Plant Biology and Biotechnology Volume I: Plant Diversity, Organization, Function and Improvement*. Springer India. https://doi.org/10.1007/978-81-322-2286-6

Bahadur, B., Pullaiah, T., Krishnamurthy, K.V. (2015). *Angiosperms: An Overview*. En: *Plant Biology and Biotechnology*. Bahadur, B., Venkat

Rajam, M., Sahijram, L., Krishnamurthy, K. (eds). Springer, New Delhi.

Faisal, M., Alatar, A. (2019). *Synthetic Seeds. Germplasm Regeneration, Preservation and Prospects.* Springer Nature Switzerland. https://doi.org/10.1007/978-3-030-24631-0

Harley, M., Kesseler, R. (2012). *Polen.* Ed. Turner.

Kato, M. (2017). *Obligate Pollination Mutualism.* En *Ecological Research* Monographs Atsushi Kawakita. Springer, Tokyo https://doi.org/10.1007/978-4-431-56532-1

Mancuso, S. (2019). *El increíble viaje de las plantas.* Ed. Galaxia Gutenberg.

Seguí-Simarro, J.M. (2010). *Biología y Biotecnología Reproductiva de Plantas.* Ed. Universitat Politècnica de València.

Stuppy, W., Kesseler, R. (2013). *Semillas.* Ed. Turner.

GENERAL

Alonso, J.R., González, Y. (2016). *Botánica Insólita.* Ed. Next Door Publishers S. L.

González Jara, D. (2018). *El reino ignorado: Una sorprendente visión del maravilloso mundo de las plantas.* Editorial Ariel.

Madigan, M., Martinko, J.M., Bender, K.S., Buckley, D.H., Stahl, D.A. (2015). *Brock. Biología de los microorganismos* (13ª ED). Ed. Pearson.

Magdalena, C. (2018). *El mesías de las plantas.* Ed. Debate.

Mulet, J.M. (2017). *Transgénicos sin miedo.* Ed. Destino.

Raven, P.H., Evert, R.F., Eichhorn, S.E. (1992). *Biología de las Plantas.* Ed. Reverte.

Taiz, L., Zeiger, E. (2007). *Fisiología Vegetal* (2 volúmenes). Ed. Universidad Jaume I.